预制装配式建筑施工技术系列丛书



# 预制装配式混凝土结构工程量清单计价

中国建设教育协会
远大住宅工业集团股份有限公司 主编

中国建筑工业出版社

**图书在版编目（CIP）数据**

预制装配式混凝土结构工程量清单计价/中国建设教育协会，远大住宅工业集团股份有限公司主编．—北京：中国建筑工业出版社，2019.1

（预制装配式建筑施工技术系列丛书）

ISBN 978-7-112-23116-4

Ⅰ.①预…　Ⅱ.①中…②远…　Ⅲ.①预制结构-混凝土结构-建筑工程-工程造价　Ⅳ.①TU756

中国版本图书馆 CIP 数据核字(2018)第 292454 号

本书梳理了长沙远大住宅工业集团二十多年、上千项目历练而来的现场经验技术，总结了适用于现阶段我国装配式建筑施工的相关经验，涵盖了概述、预制装配式建筑工程识图、影响预制装配式工程的相关施工方案、工程量清单计价案例分析、工程成本预算编制方法 5 方面内容。旨在为我国装配式建筑施工技术的发展提供些许有益的参考和借鉴，帮助行业范围内的其他单位更好地了解装配式建筑施工工艺，最终助力预制混凝土装配式建筑产业化与规模化的快速发展。

*　　*　　*

责任编辑：李　明　李　杰　杜　川
责任校对：焦　乐

**预制装配式建筑施工技术系列丛书**
**预制装配式混凝土结构工程量清单计价**

中国建设教育协会
远大住宅工业集团股份有限公司　主编

*

中国建筑工业出版社出版、发行（北京海淀三里河路 9 号）
各地新华书店、建筑书店经销
北京红光制版公司制版
北京京华铭诚工贸有限公司印刷

*

开本：787×1092 毫米　1/16　印张：16¼　插页：6　字数：430 千字
2019 年 3 月第一版　2019 年 3 月第一次印刷
定价：**60.00** 元
ISBN 978-7-112-23116-4
(33133)

**主编单位：**中国建设教育协会

远大住宅工业集团股份有限公司

**主　　编：**谭新明

**副 主 编：**李　云

**编制人员：**唐　芬　石东红　杨　权　龙坪峰

张　胜　张志明　李会琴　钱兴军

曹彭娣　彭　彪　潘　芬

# 前　言

中共中央、国务院在2016年2月6日《关于进一步加强城市规划建设管理工作的若干意见》中明确要求：大力推广装配式建筑，减少建筑垃圾和扬尘污染，缩短建造工期，提升工程质量。要求制定装配式建筑设计、施工和验收规范。完善部品部件标准，实现建筑部品部件工厂化生产。鼓励建筑企业装配式施工，现场装配。建设国家级装配式建筑生产基地。加大政策支持力度，力争用10年左右时间，使装配式建筑占新建建筑的比例达到30%。在这样的背景下，发展装配式建筑成为国务院加强城市规划管理工作的重点，同时又是建筑业调结构、促改革，以及建筑企业转型升级的重要内容。

在装配式建筑的推进发展的过程中，其计价方式也随之发生变化，工程造价是工程建设的核心之一，也是市场运行的重要内容，装配式混凝土结构建筑工程工程造价成为现阶段工程造价管理的重点。

《预制装配式混凝土结构工程量清单计价》参考了装配式混凝土结构的相关标准、以最新规范和定额为依据，以及详细装配式工程图纸讲解，从工程实例出发，为即将从事造价行业及已经从事造价工作的人员提供切实可行的参考依据和仿真模拟。本书将是广大建筑工程施工技术与管理人员必备工具书之一。

本书主要内容适用于预制装配式混凝土结构工程，编写时参考了《建设工程工程量清单计价规范》GB 50500—2013、《房屋建筑与装饰工程工程量计算规范》GB 50854—2013、《装配式建筑工程消耗量定额》TY01—01(01)—2016、湖南省装配式建设工程消耗量标准及相关计价文件。

本书包括五章内容：概述、预制装配式建筑工程识图、影响预制装配式工程的相关施工方案、工程量清单计价案例分析、工程成本预算编制方法 。

装配式建筑是国内迅速发展的行业，很多课题正在研究探索中，加上时间仓促和能力有限，本书会存在差错和不足，恳请并感谢读者给予批评指正。

编者

# 目　　录

# 第1章　概述

## 1.1　预制装配式混凝土建筑的概念及技术特点

### 1.1.1　预制装配式混凝土建筑的概念

预制装配式混凝土建筑是指由预制混凝土构件通过可靠的连接方式装配而成的混凝土建筑，其结构系统、外围护系统、设备与管线系统、内装系统的主要部分均采用预制部品部件集成，结构包括装配整体式混凝土结构、全装配混凝土结构等。在建筑工程中，简称预制装配式建筑；在结构工程中，简称预制装配式结构。

全预制装配式建筑是指所有结构构件均由工厂内生产，运至现场进行装配。全预制装配式建筑通常采用柔性连接技术，所谓柔性连接是指连接部位抗弯能力比预制构件低，地震作用下弹塑性变形通常发生在连接处，而梁柱构件本身不会破坏，变形在弹性范围内，因此结构恢复性能好，震后只需对连接部位进行修复即可继续使用，具有较好的经济性。

预制装配整体式建筑是指部分结构构件均由工厂内生产，如：预制外墙、预制内隔墙、预制露台、预制楼板，预制梁、预制楼梯等预制构件运至现场后，与主要竖向承重构件（预制或现浇梁柱、剪力墙等）通过叠合层现浇楼板浇筑成整体的建筑。预制装配整体式结构通常采用强连接节点，由于强连接的预制装配式结构在地震中依靠构件截面的非弹性变形耗能能力，能够达到与现浇混凝土结构相同或相近的抗震能力，具有良好的整体性能，具有足够的强度、刚度和延性，能有效抵抗地震力且具有良好的经济性。

### 1.1.2　预制装配式混凝土建筑的技术特点

我国现有的建筑技术体系（钢筋混凝土现浇体系）又称湿法作业，即从搭设脚手架、支模、绑扎钢筋到现场浇筑混凝土的作业模式。客观上讲，虽然对城乡建设快速发展贡献很大，但弊端亦十分突出：一是粗放式，钢材、水泥浪费严重；二是用水量过大；三是工地脏、乱、差，往往是城市可吸入颗粒物的重要污染源；四是质量通病严重，开裂渗漏问题突出；五是劳动力成本飙升、招工难、管理难以及质量控制难。这表明传统技术已亟须改进，加上节能减排的要求，必须加快转型，大力发展预制装配式建筑。

预制装配式混凝土结构是我国建筑结构发展的重要方向之一，有利于我国建筑工业化的发展，提高生产效率节约能源，发展绿色环保建筑，并且有利于提高和保证建筑工程质量。与现浇施工方法相比，预制装配式混凝土结构有利于绿色施工，因为预制装配式施工更能符合绿色施工的节地、节能、节材、节水和环境保护等要求，降低对环境的负面影响，包括降低噪声、防止扬尘、减少环境污染、清洁运输、减少场地干扰，节约水、电、材料等资源和能源，遵循可持续发展的原则。

预制装配式混凝土建筑与现浇钢筋混凝土建筑的区别在于不同的设计、生产、运输和施工方式，由于需现场拼接，所以带来了构件和节点的设计方法、施工方式的变化。两种技术相比较，最大特点是生产方式的转变，主要体现在五化上：建筑设计标准化、部品生产工厂化、现场施工装配化、结构装修一体化和建造过程信息化。其主要优势体现在提升工程建设效率、提升工程建设品质、保障施工安全、提升经济效益以及低碳低能耗、节约资源、实现可持续发展等方面。

另外与传统施工相比，预制装配式混凝土建筑主要施工技术特点如下：

（1）装配施工对材料的现场加工少，减少了对环境的污染；

（2）PC 构件在工厂以机械化数控设备来生产，提高了 PC 构件的精准度，从而保证了预制装配式建筑工程的质量；

（3）现场投入重型机械设备，减少大量劳动力，可有效地降低工程的成本；

（4）PC 预制构件的生产过程中，可以采用一体化生产，提高 PC 构件的精准度，从而保证预制装配式建筑工程的质量品质。例如，外墙保温材料与钢筋混凝土的结合等生产过程采用新工艺能够减少施工工序，提高整体效率以及确保工程质量。

（5）现场工人数量将大幅度减少，工人的专业性要求提高。预制装配式建筑施工不需要支模浇筑等一系列的工序，相应的工人数量也将大幅度减少，以同体量的建筑来比较，现代化的预制装配式建筑施工相比传统现浇施工人数减少 50%左右。当然，预制装配式建筑施工需要的构件吊装和安装工人的专业技术能力较传统施工工人的要求更高，专业的预制装配式建筑工人需要在上岗前进行一系列的理论和实践方面的培训。

（6）工程建设效率、工程质量、施工安全保障得到有效提升。大量的构件在工厂生产，减少了传统模式下过长的施工周期，有效地提高了工程建设的效率。

（7）资源消耗降低、施工现场更加整洁有序。从传统的现浇施工模式（湿式作业）转变为预制装配式施工模式（干式作业）后，水资源的消耗明显降低，这对我国建筑业的可持续发展意义重大。此外，传统施工现场木模板的使用大量减少，而预制构件工厂使用较多的钢模板能长期循环利用。同时，构件在施工现场的有序堆放和吊装点的合理分布，也会让建筑工地变得更加整洁有序。

## 1.2 预制装配式混凝土结构建筑技术体系简介

### 1.2.1 装配整体式剪力墙结构体系

剪力墙结构体系在我国建筑市场中一直占据重要地位，以其在居住建筑中的结构墙和分隔墙兼用，以及无梁、柱外露等特点得到市场的广泛认可。按照主要受力构件的预制及连接方式，国内的装配式剪力墙结构体系可分为：（1）装配整体式剪力墙结构体系，竖向钢筋连接方式包括套筒灌浆连接、浆锚搭接连接等；（2）叠合剪力墙结构体系；（3）多层剪力墙结构体系。

各结构体系中，装配整体式剪力墙结构体系应用较多，适用的房屋高度最大；叠合板剪力墙目前主要应用于多层建筑或者低烈度地区高度不大的高层建筑以及装配整体式地下室、地下综合管廊等；多层剪力墙结构目前应用较少，但基于其高效、简便的特点，在新型城镇化的推进过程中前景广阔。

此外，还有一种应用较多的剪力墙结构体系，即结构主体采用现浇剪力墙结构，外墙、楼梯、楼板、隔墙等采用预制构件。这种方式在我国南方部分省市应用较多，结构设计方法与现浇结构基本相同，但预制装配化程度较低。

装配整体式剪力墙结构的主要受力构件，如内外墙板、楼板等在工厂生产，并在现场组装而成。预制构件之间通过现浇节点连接在一起，有效地保证了建筑物的整体性和抗震性能。

装配整体式剪力墙结构可大大提高结构尺寸的精度和住宅的整体质量；减少模板和脚手架作业，提高施工安全性；外墙保温材料和结构材料（钢筋混凝土）复合一体化生产，节能保温效果明显，保温系统的耐久性得到极大的提高。

装配整体式剪力墙结构的构件通过标准化生产，土建和装修一体化设计，减少浪费；户型标准化，模数协调，房屋使用面积相对较高，节约土地资源；采用装配式建造，减少现场湿作业；降低施工噪声和粉尘污染，减少建筑垃圾和污水排放。

装配整体式剪力墙结构是装配式混凝土结构的一种，以预制混凝土剪力墙墙板构件和现浇混凝土剪力墙作为竖向承重和水平抗侧力构件，通过整体式连接而成。其中同层预制混凝土剪力墙墙板间以及预制混凝土剪力墙与现浇剪力墙的整体连接—采用现浇段将预制混凝土剪力墙与现浇剪力墙连接成为整体；楼层间的预制混凝土剪力墙的整体连接—通过预制混凝土剪力墙底部结合面灌浆以及顶部水平现浇带和圈梁，将相邻楼层的预制混凝土剪力墙连接成为整体。预制混凝土剪力墙与水平楼盖之间的整体连接—水平现浇带和圈梁。

### 1.2.2 框架结构体系

装配式混凝土框架结构是近几年发展起来的，主要参照日本的相关技术，包括鹿岛、前田等公司的技术体系，同时结合我国特点进行吸收和再研究而成的结构技术体系。

由于技术和使用习惯等原因，我国装配式框架结构的适用高度较低，适用于低层、多层和高度适中的高层建筑，其最大适用高度低于剪力墙结构或框架－剪力墙结构。装配式框架在我国大陆地区主要应用于厂房、仓库、商场、停车场、办公楼、教学楼、医务楼、商务楼以及居住等建筑，这些结构要求具有开敞的大空间和相对灵活的室内布局，同时对于建筑总高度的要求也相对适中。但总体而言，目前装配式框架结构较少应用于居住建筑。而在日本以及中国台湾等地区，框架结构则大量应用于包括居住建筑在内的高层、超高层民用建筑。

相对于其他装配式混凝土结构体系，装配式混凝土框架结构的主要特点是：连接节点单一、简单，结构构件的连接可靠并容易保证质量，方便采用等同现浇的设计概念。框架结构布置灵活，容易满足不同的建筑功能需求，结合外墙板、内墙板及预制楼板或预制叠合楼板应用，预制率可以达到很高水平，很适合装配式建筑发展。

目前，国内研究和应用的装配式混凝土框架结构根据构建形式及连接形式，可大致分为以下几种：

（1）框架柱现浇，梁、板、楼梯等采用预制叠合构件或预制构件，是装配式混凝土框架结构的初级技术体系；

（2）在上述体系中将框架柱也采用预制构件，节点刚性连接，性能接近于现浇框架结构，即装配整体式框架结构技术体系。根据连接形式，可细分为：

1）框架梁、柱预制，通过梁柱后浇节点区进行整体连接，是《装配式混凝土结构技术规程》JGJ 1—2014 中纳入的结构体系；

2）梁柱节点与构件一同预制，在梁、柱构件上设置后浇段连接；

3）采用现浇或多段预制混凝土柱，预制预应力混凝土叠合梁、板，通过钢筋混凝土后浇部分将梁、板、柱及节点连成整体的框架结构体系；

4）采用预埋型钢等进行辅助连接的框架体系。通常采用预制框架柱、叠合梁、叠合板或预制楼板，通过梁、柱内预埋型钢螺栓连接或焊接，并结合节点区后浇混凝土，形成整体结构。

（3）框架梁、柱均为预制，采用后张预应力筋自复位连接，或者采用预埋件和螺栓连接等形式，节点性能介于刚性连接与铰接之间。

装配式混凝土框架结构结合钢支撑或消能减震装置。这种体系可提高结构的抗震性能，增大结构适用高度，扩大适用范围。

各种装配式混凝土框架结构的外围护结构通常采用预制混凝土外挂墙板体系，楼面体系主要采用预制叠合楼板，楼梯为预制楼梯。

### 1.2.3 框架-剪力墙结构体系

框架-剪力墙结构是由框架和剪力墙共同承受竖向和水平作用的结构，兼有框架结构和剪力墙结构的特点，体系中剪力墙和框架布置灵活，较易实现大空间和较高的适用高度，可以满足不同建筑功能的要求，可广泛应用于居住建筑、商业建筑、办公建筑、工业厂房等，有利于用户个性化室内空间的改造。

当剪力墙在结构中集中布置形成筒体时就成为框架-核心筒结构。主要特点是剪力墙布置在建筑平面核心区域，形成结构刚度和承载力较大的筒体，同时可作为竖向交通核（楼梯、电梯间）及设备管井使用；框架结构布置在交通周边区域形成第二道抗侧力体系。外周框架和核心筒之间形成较大的自由空间，便于实现各种建筑功能的要求，特别适用于办公、酒店、公寓、综合楼等高层和超高层民用建筑。

根据预制构件部位的不同，可分为装配整体式框架-现浇剪力墙结构、装配整体式框架-现浇核心筒结构、装配整体式框架-剪力墙结构 3 种形式。前两者中剪力墙部分均为现浇。

（1）装配整体式框架-现浇剪力墙结构中，框架结构部分的技术要求详见装配式混凝土框架部分；剪力墙部分为现浇结构，与普通现浇剪力墙结构要求相同。

《装配式混凝土结构技术规程》JGJ 1—2014 规定，在保证框架部分连接可靠的情况下，装配整体式框架一现浇剪力墙结构与现浇框架-剪力墙结构最大适用高度相同。

这种体系的优点是适用高度高，抗震性能好，框架部分的装配化程度较高。主要缺点是现场同时存在预制装配和现浇两种作业方式，施工组织和管理复杂，效率不高。

（2）装配整体式框架－现浇核心筒结构中，核心筒具有很大的水平抗侧刚度和承载力，是框架－核心筒结构的主要受力构件，可以分担绝大部分的水平剪力（一般大于80%）和大部分的倾覆弯矩（一般大于50%）。由于核心筒具有空间结构特点，若将核心筒设计为预制装配式结构，会造成预制剪力墙构件生产、运输、安装施工的困难，效率及经济效益不高，因此核心筒一般采用现浇结构形式。核心筒部位的混凝土浇筑量大且集中，可采用滑模施工等较先进的施工工艺，施工效率高。而外框架部分主要承担竖向荷载和部分水平荷载，承受的水平剪力很小，且主要由柱、梁、板等构件组成，适合装配式工法施工，现有的钢框架－现浇混凝土核心筒结构体系就是应用比较成熟的范例。

如果装配式框架部分采用简化的连接方式，如铰接或半刚接等，以核心筒承受全部的侧向地震作用，对装配效率会有大幅提升，但是需要在设计理论上进行创新。

（3）装配整体式框架－剪力墙结构的研究，国外比如日本进行过类似研究并有大量工程实践，但体系稍有不同，国内基本处于空白状态。目前的框架－剪力墙结构建筑完全依靠传统现浇工法施工，已有相当成熟的装配式框架体系和装配式剪力墙体系，但在框架-剪力墙结构上却显得并不适应。国内目前正在开展相关的研究工作，根据研究成果已在沈阳建筑大学研究生公寓项目、万科研发中心公寓等项目上开展了相关试点应用。

## 1.3 预制装配式混凝土结构技术应用现状

### 1.3.1 结构体系应用现状

依据我国国情，目前应用最多的预制装配式混凝土结构体系是装配整体式混凝土剪力墙结构，装配整体式混凝土框架结构也有一定的应用，装配整体式混凝土框架－剪力墙结构有少量应用。

**1. 装配整体式混凝土剪力墙结构**

装配整体式混凝土剪力墙结构的主要3种做法应用：

（1）部分或全部预制剪力墙承重体系，通过竖缝节点区后浇混凝土和水平缝节点区后浇混凝土带或圈梁实现结构的整体连接；竖向受力钢筋采用套筒灌浆、浆锚搭接等连接技术进行连接。北方地区外墙板一般采用夹心保温墙板，它由内叶墙板、夹心保温层、外叶墙板三部分组成，内叶墙板和外叶墙板之间通过拉结件联系，可实现外装修、保温、承重一体化。这种做法是《装配式混凝土结构技术规程》JGJ 1—2014中推荐的主要方法，可用于高层剪力墙结构。

（2）叠合式剪力墙，即将剪力墙从厚度方向划分为三层，内外两层预制，通过桁架钢筋连接，中间现浇混凝土；墙板竖向分布钢筋和水平分布钢筋通过附加钢筋实现间接搭接。该种做法目前纳入安徽省地方标准《叠合板式混凝土剪力墙结构技术规程》DB34/810—2008。

（3）预制剪力墙外墙模板，即剪力墙外墙由预制的混凝土外墙模板和现浇部分形成，其中预制外墙模板设桁架钢筋与现浇部分连接，可部分参与结构受力。该种做法目前已纳入上海市工程建设规范《装配整体式混凝土住宅体系设计规程》DG/TJ 08—2071—2010。

**2. 装配整体式混凝土框架结构**

装配整体式混凝土框架结构体系主要参考了日本和中国台湾的技术，柱竖向受力钢筋采用套筒灌浆技术进行连接，主要做法分为两种：一是节点区域预制（或梁柱节点区域和周边部分构件一并预制）这种做法是将框架结构施工中最为复杂的节点部分在工厂进行预制，避免了节点区各个方向钢筋交叉避让的问题，但要求预制构件的精度较高，且预制构件尺寸比较大，运输比较困难；二是梁、柱各自预制为线性构件，节点区域现浇，这种做法预制构件非常规整，但节点区域钢筋交叉现象比较严重，这也是该种做法需要考虑的最为关键的环节，考虑目前我国构件厂和施工单位的工艺水平，《装配式混凝土结构技术规程》JGJ 1—2014 中推荐了这种做法。

**3. 装配整体式混凝土框架一剪力墙结构**

目前因为装配整体式混凝土框架一剪力墙结构所做的试验较少，相应的结构体系应用也很少。目前国内正在进行装配整体式混凝土框架-剪力墙结构体系的研究。

以上 3 种主要的结构体系都是基于等同现浇混凝土结构的设计概念，其设计方法与现浇混凝土结构基本相同。

### 1.3.2 预制装配式混凝土结构建筑模数的应用

长期以来建筑业的粗放式发展，造成标准化设计思维的严重缺失，目前有很多建筑设计人员正在探索利用模数协调原则整合开间、进深尺寸，将功能空间做成模块，从而践行少规格、多组合的设计原则，并且利用少数的基本单元，通过组合形成多样化的建筑平面。通过外墙材料、色彩、纹理的变化，实现建筑立面的多样化。同时将建筑的各种构配件、部分和构造连接技术实行标准化、互换通用，构建建筑通用体系，从而实现建筑的装配式建造方式。

目前国内装配式住宅的建设主要采用的是建筑专用体系，即仅在一个企业内部或者某一个工程项目（如政府公租房）中实现一定程度的标准化，以提高模板重复利用率，降低造价。

如深圳市对保障性住房的标准化、模数化设计进行了研究和实践，构建了 12 个标注户型，（面积 $35m^2$、$50m^2$、$65m^2$、$80m^2$），户型平面采用常用的模数，主要以 3M 为主，并采用净尺寸，减少了厨卫种类。同时根据深圳市特点，建立了 10 个适应性最好的组合平面。

中国香港公屋发展已经 60 年，采用专用体系做法，基本户型有 4 种，建筑实体是根据地形及建设规模用基本户型进行组合。因户型标准化程度高，有利于实现工业化方式建造。中国香港公屋的户型尺寸是多年、多人次居住经验的总结，经过调整，不断完善，得出“最优化尺寸”，没有采用模数。

目前随着预制装配式建筑的增多，应对建筑模数统一协调的问题引起重视。只有设计、生产、安装一体化，做到主体结构与建筑部品之间、部品与部品之间的模数协调，才能实现建筑的装配化。

### 1.3.3 连接技术应用现状

装配式混凝土结构通过构件与构件、构件与后浇混凝土、构件与现浇混凝土等关键部位的连接保证结构的整体受力性能，连接技术的选择是设计中最为关键的环节。目前，由于我国主要采用等同现浇的设计概念，高层建筑基本上采用装配整体式混凝土结构，即预制构件之间，通过可靠的连接方式，与现场后浇混凝土、水泥基灌浆料等形成整体的装配式混凝土结构。竖向受力钢筋的连接方式主要有钢筋套筒灌浆连接、浆锚搭接连接。现浇混凝土结构中的搭接、焊接、机械连接等钢筋连接技术在施工条件允许的情况下也可以采用。

钢筋套筒灌浆连接由金属套筒插入钢筋，并灌注高强、早强、可膨胀的水泥基灌浆料，通过刚度很大的套筒对可微膨胀灌浆料的约束作用，在钢筋表面和套筒内壁间产生正向作用力，钢筋借助该正向力在其粗糙的、带肋的表面产生摩擦力，从而实现受力钢筋之间应力的传递。套筒可以分为全灌浆和半灌浆两种形式。钢筋套筒灌浆连接在欧美、日本等地的应用，已有40多年的历史，经历了大地震的考验，编制有成熟的标准，得到普遍的应用。国内已有大量的试验数据支撑，主要用于柱、剪力墙等竖向构件中。《装配式混凝土结构技术规程》JGJ 1—2014对套筒灌浆连接的设计、施工和验收提出了要求，另外《钢筋连接用套筒灌浆料》JG/T 408—2013、《钢筋连接用灌浆套筒》JG/T 398—2012、《钢筋套筒灌浆连接应用技术规程》JGJ 355—2015等专项标准，也都为该项连接技术的推广应用提供了技术依据。

钢筋浆锚连接是在预制构件中预留孔洞，受力钢筋分别在孔洞内外通过间接搭接实现钢筋间应力的传递。此项技术的关键在于预留孔洞的成型方式、灌浆的质量以及对搭接钢筋的约束等各个方面。目前主要包括约束浆锚搭接连接和金属波纹管搭接连接两种方式，主要用于剪力墙竖向钢筋之间的连接。

除以上这两种主要的连接技术外，国内也在研发相关的干式连接工法，比如通过型钢进行预制构件之间的连接的技术，用于低多层的各类预埋件连接技术。

### 1.3.4 预制构件生产技术应用现状

随着装配式混凝土结构的大量应用，各地预制构件生产企业正在逐步增加，其生产技术也得到了广泛应用，相关构件包括预制墙板、梁、柱、叠合板、阳台、空调板、女儿墙，每类构件都包括各种形式。

新型的预制装配式建筑对预制构件的要求相对较高，主要表现为：一是构件尺寸及各类预留预埋定位尺寸精度要求高，二是外观质量要求高，三是集成化程度高，等等。这些都要求生产企业在工厂化生产构件技术方面有更高的水平。

在生产线方面有固定台座或定制模具的生产方式，也有机械化、自动化程度较高的流水线生产方式，在生产应用中针对各种构件的特点各有优势。为追求建筑立面效果以及构件美观，清水混凝土预制技术、饰面层反打技术、彩色混凝土等相关技术也得到很好的应用。其他如脱模剂、露骨料缓凝剂等诸多生产技术也在不断发展，并有长足进步。

预制构件生产技术较现场现浇混凝土更加严格，质量也有所提高。虽然《装配式混凝土结构技术规程》JGJ 1—2014 中，对预制构件的制作和质量验收提出了初步的要求，但是随着预制技术的迅速发展和提高，其内容也有待完善和补充。目前许多地方标准，如北京、上海、沈阳、合肥、福建等地均出台了专门的预制构件制作、施工及质量验收标准，为该项工作提供了技术保障。

### 1.3.5 施工技术

装配式混凝土结构与现浇混凝土结构是两种截然不同的施工方法。由于部分构件在工厂预制，并在现场通过后浇段或钢筋连接技术装配成整体，施工现场的模板工程、混凝土工程、钢筋工程大幅度较少，而预制构件的运输、吊运、安装、支撑等成为施工中的关键。多年以来，现浇混凝土施工已经成为我国建筑业最为主要的生产方式，劳动工人也多为农民工，技术含量低，并缺乏相应的培训。因此目前装配式混凝土结构施工中最大的问题是技术工人的缺乏，施工单位的施工组织计划还未能适应生产方式的较大变化。因此，许多装配式混凝土结构的施工现场仍处于粗放生产的状况，精细程度不足，质量不能得到保障。这一现象必须加以纠正。

国家标准《混凝土结构工程施工规范》GB 50666—2011、《装配式混凝土建筑技术标准》GB/T 51231—2016 及行业标准《装配式混凝土结构技术规程》JGJ 1—2014 都提及了装配式混凝土结构的施工，北京市地方标准《装配式混凝土结构施工及质量验收规程》DB11/T 1030—2013 等也都给出详细的规定。随着装配式混凝土结构施工的进步，此方面的内容还需尽快完善和补充。

施工工序在装配式混凝土结构的施工中非常重要。国内对这方面的要求还不够严格，一是前期的设计或是深化设计未能全面考虑施工操作的流程，二是现场工人对已安装到位为原则的施工方法，还缺乏工序控制的思维。

### 1.3.6 预制外墙板接缝、窗洞口防水做法

预制外墙板的接缝及门窗洞口是易发生渗漏的部位，是防水的关键部位。目前国内外墙板的接缝防水薄弱部位主要采用结构防水、材料防水和构造防水相结合的做法。

(1) 采用预制夹心保温墙板的剪力墙结构，内叶承重墙板之间竖向缝一般采用结构抗震要求的边缘构件，设置预留钢筋，并后浇混凝土，形成结构防水。同时，外叶墙板及保温层外伸，作为竖向后浇混凝土的外模板，所形成的缝需再进行保温及防水处理，形成构造防水和材料防水。剪力墙水平缝处的防水概念与垂直缝类同，水平缝处设置后浇带或后浇圈梁，并通过套筒灌浆技术实现上下墙体的连接，形成结构防水。外叶墙板上下均做企口构造，并对接缝进行保温及防水处理；竖缝及水平缝间，均填塞背衬材料后采用密封胶封堵。在保证施工质量的前提下，目前外墙板的防水效果良好。

(2) 中国香港地区不考虑抗震设防要求，因此高层住宅中一般外围护墙体采用预制非承重构件，与现浇的承重部分通过联系钢筋结合为整体，预制外墙板均无保温，窗在工厂预装，较好地解决了渗水问题。外墙板缝均采用结构防水、墙板下方做有披水构造防水，

不再用防水材料处理。

（3）台湾润泰集团采用预制框架结构，主要采用预制柱、叠合梁、叠合板、外墙挂板等构件。因为是预制外墙挂板，因此对防水材料变形能力的要求较高，除了主要对3个部位进行防水外（建筑主体防水、板面涂料防水、缝嵌胶条防水）特别采用了关节式防水和导水排水方式，并在预制板周边加设一条韧带加强，有效抵抗变位，通过现场预制构件拼接实现二道防水。导水排水是指连接竖向缝在下方每隔几层做断水处理及设置排水口，防水效果理想。

### 1.3.7 集成技术的应用

装配式建筑要求技术集成化，对于预制构件来说，其集成的技术越多，后续的施工环节越容易，这也是预制构件发展的一个方向。

目前，预制夹心保温剪力墙外墙板应用中可集成承重、保温和外装修三项技术。

中国香港今年对整体卫生间有深入的研究，目前已发展到第四代。整体卫生间一次安装到位，内墙面瓷砖可在工厂预贴，洁具也可以在工厂预设，但为了减少运输、施工阶段的破损也常在施工完成之后安装。上下水管均布置在墙外。卫生间一侧设置粗糙面与承重墙体现浇在一起，卫生间墙体非常重，其自重荷载由本层承受。

## 1.4 预制装配式混凝土结构的标准及标准设计在我国的发展

随着国民经济的快速发展、工业化与城镇化进程的加快、劳动力成本的不断增长，我国在预制装配式结构方面的研究与应用逐渐升温，在一些地方政府积极推进和一些企业积极响应之下，对于预制装配式结构工程相关标准规范的研究编制已初显成果。

在预制装配式建筑领域，我国现行的工程建设标准可以按照以下方法分为几类：按照级别，可分为国家标准、行业标准、地方标准和协会标准；按照专业，可分为建筑领域、结构领域、设备领域等；按照用途，可分为评价标准、设计标准、技术标准、施工验收标准、产品标准等。有些标准是专门针对装配式建筑，如《装配式混凝土结构技术规程》JGJ 1—2014，有些标准是有部分内容设计装配式建筑，如《混凝土结构设计规范》GB 50010—2010。

20世纪70—80年代，特别在改革开放初期，在装配式结构的应用高潮时期，国家标准《预制混凝土构件质量检测评定标准》、行业标准《装配式大板居住建筑设计和施工规程》以及协会标准《钢筋混凝土装配整体式框架节点与连接设计规程》等相继出台。20世纪80年代末至21世纪初，装配式结构在民用建筑中的应用处于低潮阶段。近几年来，随着国民经济的快速发展、工业化与城镇化进程的加快、劳动力成本的不断增长，我国在装配式结构方面的研究与应用逐渐升温，一些地方政府积极推进，一些企业积极响应，开展相关技术的研究和应用，并形成了良好的发展态势。为了满足我国装配式结构工程应用的需求，相关部门和机构组织编制和修订了国家标准《工业化建筑评价标准》GB/T

51129—2017、行业标准《装配式混凝土结构技术规程》JGJ 1—2014，国家标准《装配式混凝土建筑技术标准》GB/T 51231—2016、产品标准《钢筋连接用套筒灌浆料》JG 408—2015等，北京、上海、深圳、辽宁、黑龙江、内蒙古、安徽、江苏、福建等省市也陆续编制了相关地方标准。

标准设计方面，20世纪50年代末，编制了单层工业厂房结构构件和配件成套设计标准，这是我国第一套全国通用的单层厂房设计标准，这一阶段还编制了我国第一套建筑设备专业设计标准，包括采暖、通风、动力、电气、给水排水四个专业。1964～1988年，完善了单层厂房构配件成套设计标准，设计承重构件时做了大量的结构试验，尤其对承受初、中级工作制吊车梁均完成了200万次、400万次动力疲劳试验等系统试验，保证这一套设计标准质量安全可靠、经济合理。

目前，全国已发布的预制装配式建筑相关规范、标准、规程及图集如下：

《装配式混凝土建筑技术标准》GB/T 51231—2016

《装配式混凝土结构技术规程》JGJ 1—2014

《装配式建筑评价标准》GB/T 51129—2017

《装配式混凝土结构住宅建筑设计示例（剪力墙结构）》15J939—1

《装配式混凝土结构表示方法及图例（剪力墙结构）》15G107—1

《预制混凝土剪力墙外墙板》15G365—1

《预制混凝土剪力墙内墙板》15G365—2

《桁架钢筋混凝土叠合板（60mm厚底板）》15G366—1

《预制钢筋混凝土板式楼梯》15G367—1

《装配式混凝土结构连接节点构造（楼盖结构和楼梯）》15G310—1

《装配式混凝土结构连接节点构造（剪力墙结构）》15G310—2

《预制钢筋混凝土阳台板、空调板及女儿墙（剪力墙结构）》15G368—1

## 1.5 术语

（1）预制装配式建筑

结构系统、外围护系统、设备与管线系统、内装系统的主要部分采用预制部品部件集成的建筑。

（2）预制装配式混凝土建筑

建筑的结构系统由混凝土部件（预制构件）构成的预制装配式建筑。

（3）建筑系统集成

以装配化建造方式为基础，统筹策划、设计、生产和施工等，实现建筑结构系统、外围护系统、设备与管线系统、内装系统一体化的过程。

（4）干式工法

采用干作业施工的建造方法。

（5）预制混凝土构件

在工厂或现场预先生产制作的混凝土构件，简称预制构件。

（6）预制装配式混凝土结构

由预制混凝土构件通过可靠的连接方式进行连接并与现场后浇混凝土、水泥基灌浆料形成整体的预制装配式混凝土结构，简称装配整体式结构。

（7）装配整体式混凝土框架结构

全部或部分框架梁、柱采用预制构件构建成的装配整体式混凝土结构，简称装配整体式混凝土框架结构。

（8）装配整体式混凝土剪力墙结构

全部或部分剪力墙采用预制墙板构建成的装配整体式混凝土结构，简称装配整体式混凝土剪力墙结构。

（9）混凝土装配-现浇式剪力墙结构

全部或部分剪力墙采用预制墙板，通过可靠的方式进行连接并与后浇混凝土形成整体的混凝土装配-现浇式剪力墙结构，其整体性能与全现浇混凝土剪力墙结构接近。

（10）多层全预制装配式混凝土墙-板结构体系

由预制混凝土墙板作为竖向承重及抗侧力构件，预制混凝土楼板作为楼盖，预制构件之间均采用连接盒连接，在现场装配而成的多层墙-板结构体系。

（11）混凝土叠合楼盖装配整体式建筑

水平受力构件采用叠合楼盖，竖向受力构件采用现浇剪力墙、柱组成的装配整体式建筑。

（12）混凝土叠合受弯构件

预制混凝土梁、板顶部在现场与后浇混凝土结合而形成的整体受弯构件，简称叠合板、叠合梁。

（13）叠合梁

在预制钢筋混凝土梁上架立受力负筋后，再在预制梁上部浇筑一定高度的混凝土所形成的整体梁。

（14）叠合板

在预制混凝土板上配筋并在其上部浇筑一定高度混凝土所形成的整体楼板。

（15）叠合楼盖

由叠合梁（或部分现浇梁）和叠合楼板（或部分现浇楼板）组成的装配整体式楼盖。

（16）叠合面

预制构件与上部现浇混凝土之间由于二次浇筑所形成的水平接触面。

（17）预制外挂墙板

安装在主体结构上，起维护、装饰作用的非承重预制混凝土外墙板，简称外挂墙板。

（18）预制混凝土夹心保温外墙板

中间夹有保温层的预制混凝土外墙板，简称夹心外墙板。

（19）混凝土粗糙面

预制构件结合面上的凹凸不平或骨料显露的表面，简称粗糙面。

（20）钢筋套筒灌浆连接

在预制混凝土构件内预埋的金属套筒中插入钢筋并灌注水泥基灌浆料而实现的钢筋连接方式。

（21）钢筋浆锚搭接连接

在预制混凝土构件中预留孔道，在孔道中插入需搭接的钢筋，并灌注水泥基灌浆料而实现的钢筋连接方式。

（22）水泥基灌浆料

一种以水泥为基本材料，配以适当的细骨料，以及少量混凝土外加剂和其他材料组成的单组分干混料，可填充于钢筋连接用灌浆套筒内，共同形成连接接头。

（23）钢筋连接用灌浆套筒

钢筋套筒灌浆连接所用的金属套筒，通常采用铸造工艺或者机械加工工艺铸造，简称灌浆套筒。

（24）连接盒

预埋在预制构件中用于实现构件之间钢筋或螺栓连接的盒式金属连接部件。

（25）预埋套筒

预埋在预制构件中用于锚固连接螺栓的套筒形金属连接部件。

（26）盒式连接

由预埋连接盒和连接钢筋或连接螺栓进行连接，保证预制墙板之间和预制墙板与楼板之间的可靠连接。

（27）集成厨房

地面、吊顶、墙面、橱柜、厨房设备及管线等通过设计集成、工厂生产，在工地主要采用干式工法装配而成的厨房。

（28）集成卫生间

地面、吊顶、墙面和洁具设备及管线等通过设计集成、工厂生产，在工地主要采用干式工法装配而成的卫生间。

（29）装配率

单体建筑室外地坪以上的主体结构、围护墙和内隔墙、装修与设备管线等采用预制部品部件的综合比例。

（30）预制率

工业化建筑室外地坪以上主体结构和围护结构中预制部分的混凝土用量占对应构件混凝土总用量的体积比。

## 1.6 国家及部分省市发布的有关预制装配式建筑工程造价文件

（1）《国务院办公厅关于大力发展预制装配式建筑的指导意见》（国办发〔2016〕71号）

（2）北京市住房和城乡建设委员会关于执行2017年《〈北京市建设工程计价依据——预算消耗量定额〉预制装配式房屋建筑工程》有关规定的通知（京建法〔2017〕8号）

（3）广东省住房和城乡建设厅关于印发《广东省预制装配式建筑工程综合定额（试行）》的通知（粤建科〔2017〕151号）

（4）湖南省住房和城乡建设厅关于印发《湖南省预制装配式建设工程消耗量标准（试行）》的通知（湘建价〔2016〕237 号）

（5）关于发布《安徽省工业化建筑计价定额》的通知（建标〔2015〕242 号）

（6）江苏省住房城乡建设厅关于印发《江苏省预制装配式混凝土建筑工程定额（试行）》的通知（苏建价〔2017〕83 号）

（7）《预制装配式建筑工程消耗量定额》自 3 月 1 日起施行，发布部门：浙江省住房和城乡建设厅 发布时间：2017 年 02 月 21 日

（8）河北省住房和城乡建设厅文件（冀建市〔2016〕19 号）河北省住房和城乡建设厅关于颁布《河北省预制装配式混凝土结构工程定额（试行）》《河北省预制装配式混凝土结构工程工程量清单（试行）》的通知

（9）山东省住房和城乡建设厅（鲁建标字〔2015〕17 号）关于发布《山东省装配整体式混凝土结构建筑工程补充定额（试行）》的通知

# 第 2 章　预制装配式建筑工程识图

## 2.1　建筑识图

### 2.1.1　外墙挂板体系

外挂内浇体系，即竖向受力结构的剪力墙、柱子现浇；楼板、梁（或梁带墙）叠合；外挂墙板、隔墙、楼梯、空调板等全预制，预留钢筋，锚入现浇部分的体系。预制构件在工厂生产，效率更高，质量更好，不受天气变化的影响。现场现浇工作量大幅减少，并且减少了大量现场模板的使用，施工进度快，生产和施工效率高，综合成本低。

#### 2.1.1.1　建筑平面图

本项目为预制混凝土装配式建筑，采用内浇外挂的装配式体系。叠合楼板和叠合阳台为预制层 60mm 厚＋现浇层 70mm 厚，全预制空调板 100mm 厚，楼梯梯段也采用全预制，预制隔墙采用 200mm 厚和 100mm 厚规格（图 2-1）。

总体来讲，大量预制构件的生产和使用，减少了大量现场模板的使用，减小了施工难度，使施工周期大大降低。

#### 2.1.1.2　建筑立面图

建筑外立面一至二层采用大理石外饰面，二层及以上采用真石漆外饰面，并且外挂墙板横竖缝之间的外饰面采用打胶处理（图 2-2）。

#### 2.1.1.3　建筑剖面图

剖面图比较直观地表达了建筑竖向空间的大小，以及一些必要的剖切点。能为识图者更好地提供相关信息（图 2-3）。

#### 2.1.1.4　建筑墙身大样图

建筑墙身大样具体表达了建筑外内墙的材料和做法，以及空调板，阳台板等材料的信息，是预算专员最主要的参考图纸之一（图 2-4）。

#### 2.1.1.5　建筑大样节点详图

说明：预制外挂墙板从外到里分别是 60mm 厚的钢筋混凝土外叶，中间 50mm 厚的挤塑保温板；60mm 厚的钢筋混凝土内叶；叠合楼板预制层 60mm 厚，现浇层 70mm 厚（图 2-5～图 2-10）。

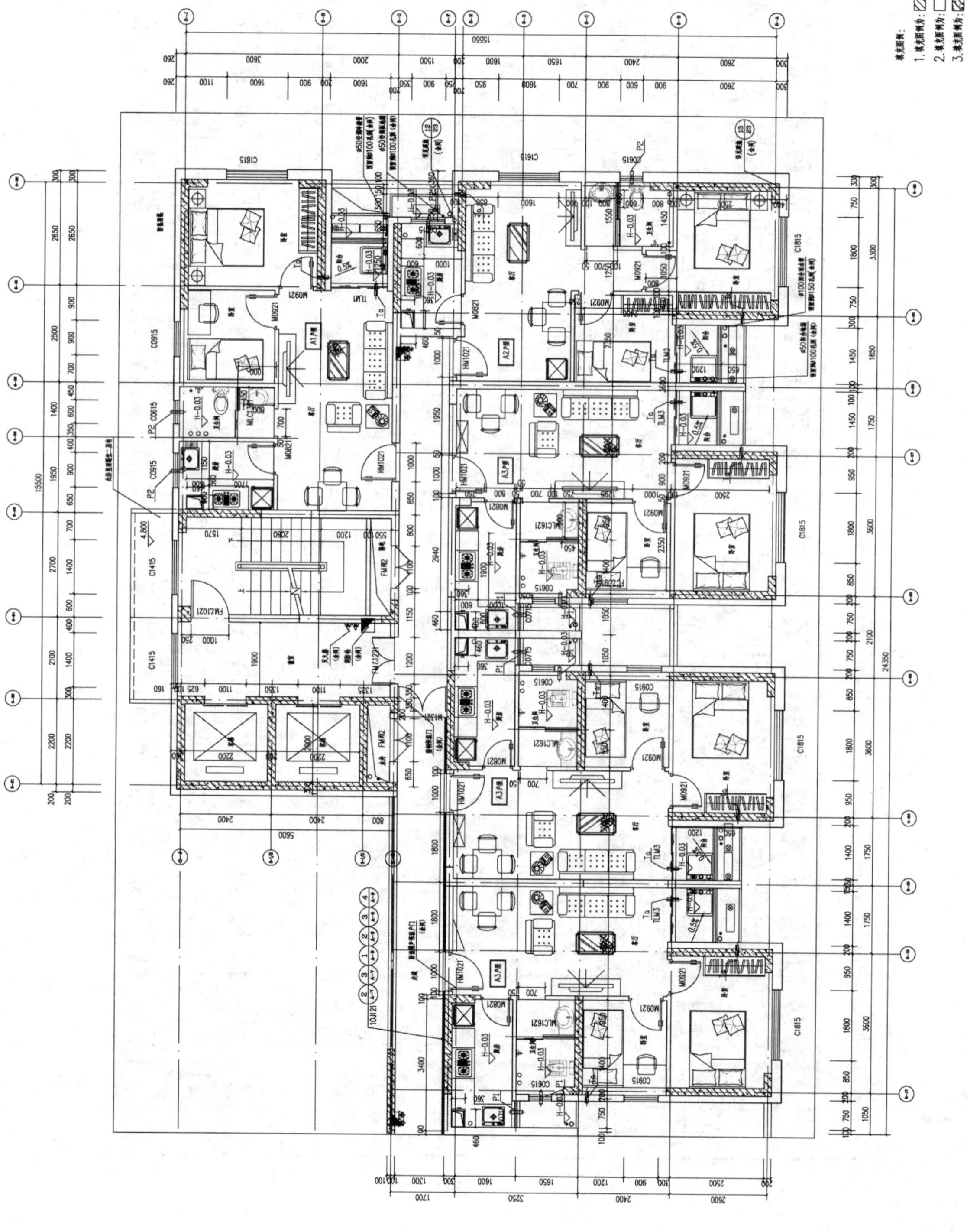

图 2-1　标准层平面图（详图见文末插页）

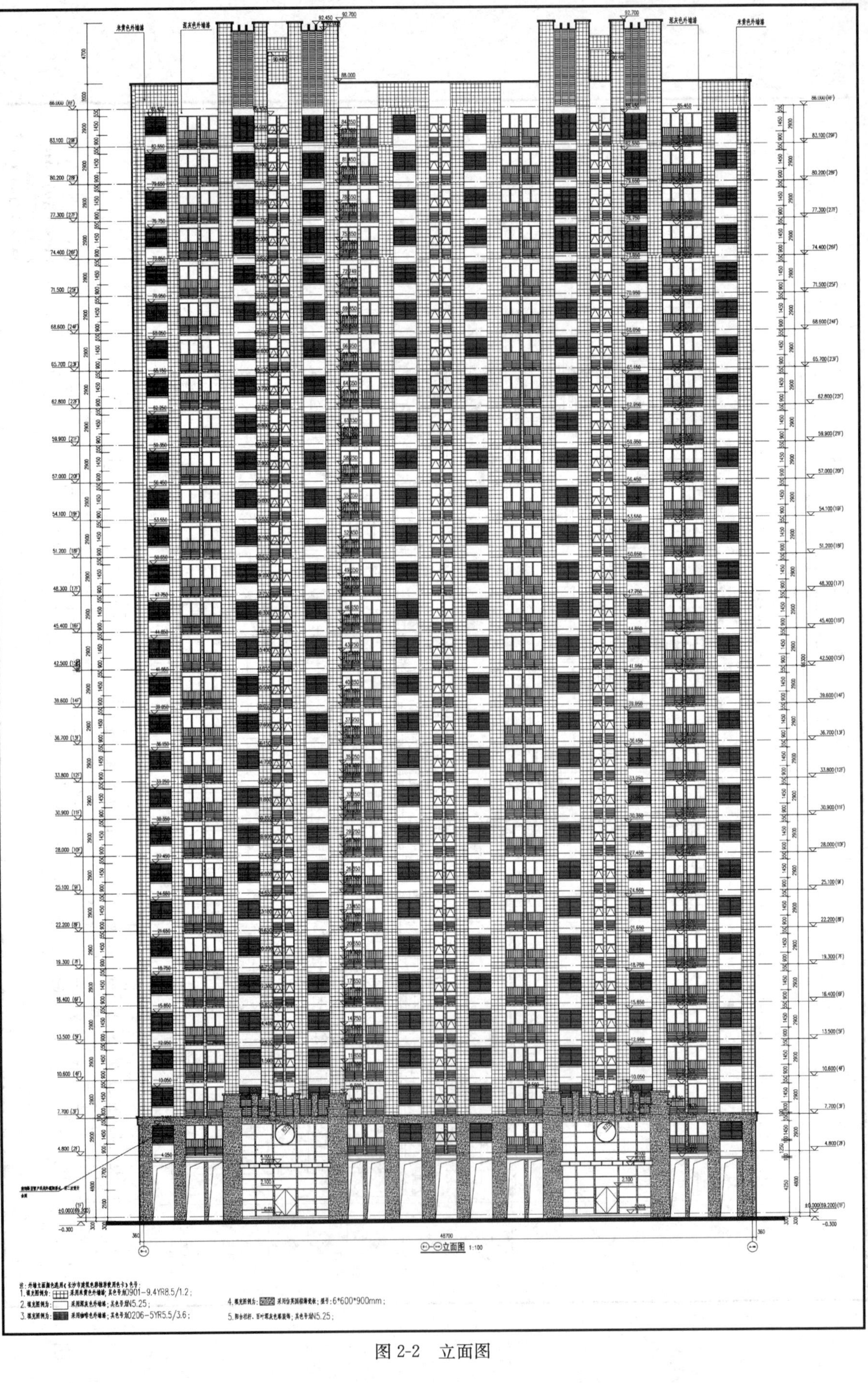
米黄色外墙漆
深灰色外墙漆
立面图 1:100
注：外墙立面颜色选用《长沙市建筑色彩推荐使用色卡》色号：
1. 填充图例为： 采用米黄色外墙漆；其色号为0901-9.4YR8.5/1.2；
2. 填充图例为： 采用深灰色外墙漆；其色号为N5.25；
3. 填充图例为： 采用咖啡色外墙漆；其色号为0206-5YR5.5/3.6；
4. 填充图例为： 采用仿真回保温装饰板；规号：6*600*900mm；
5. 阳台栏杆、百叶深灰色装饰；其色号为N5.25；

图 2-2　立面图

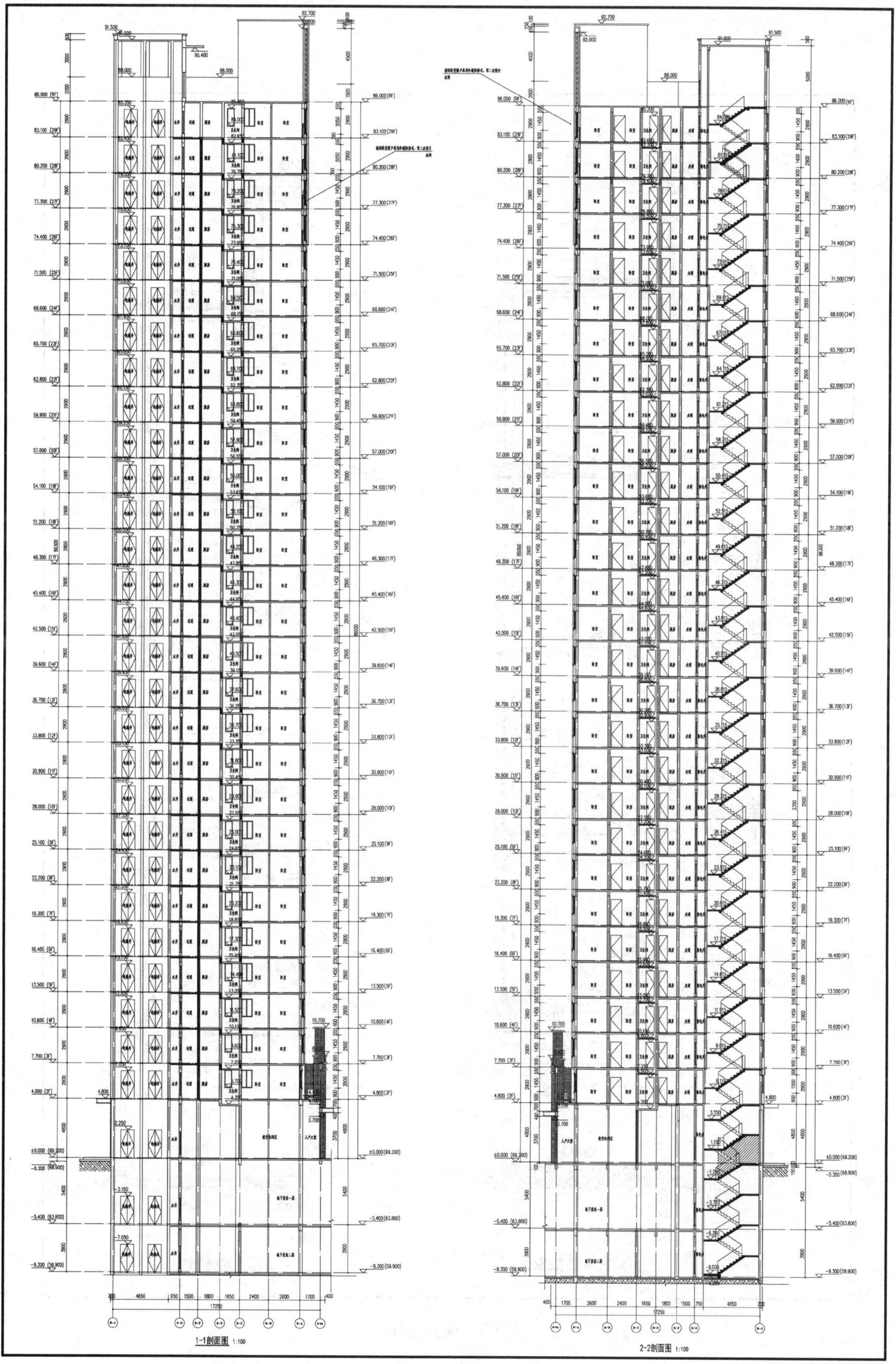


图 2-3　剖面图

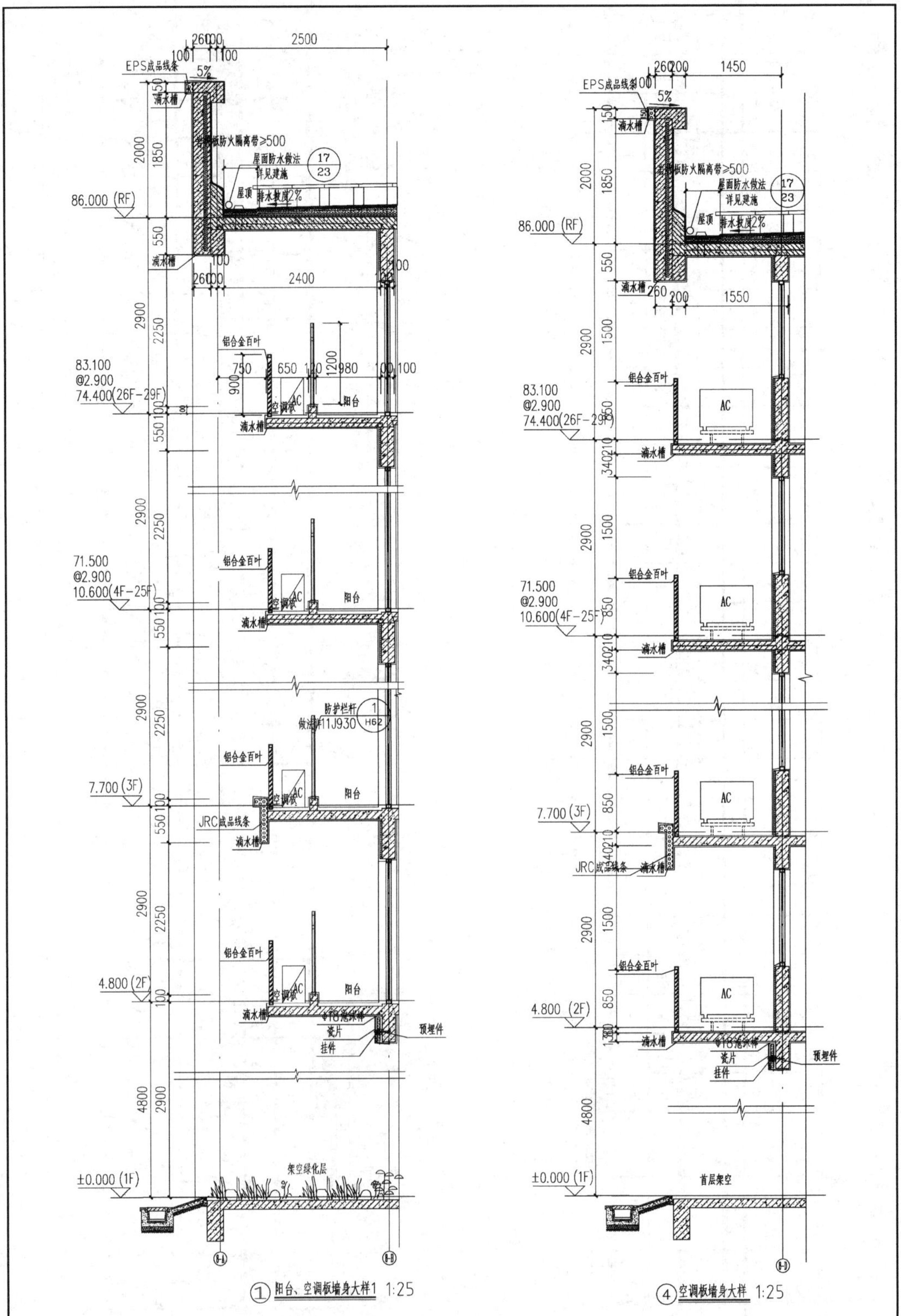


图 2-4　墙身大样图

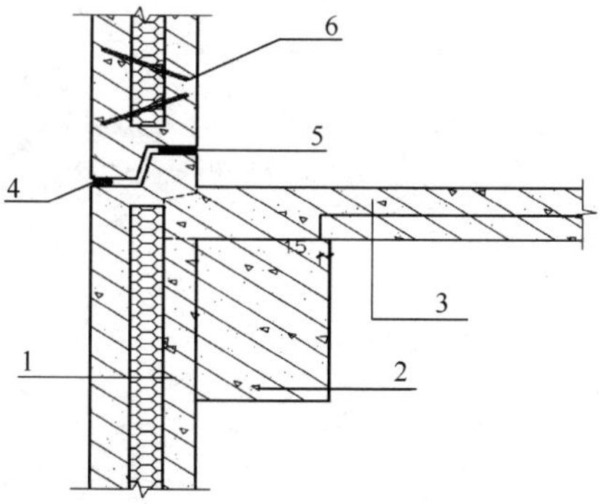


图 2-5 外挂墙板节点

1—预制外挂墙板（60mm 厚钢筋混凝土＋50mm 厚泡沫＋60mm 厚钢筋混凝土）；2—叠合梁预制层；3—叠合楼板；4—聚乙烯棒和聚氨酯防水胶；5—垫块；6—非金属连接件

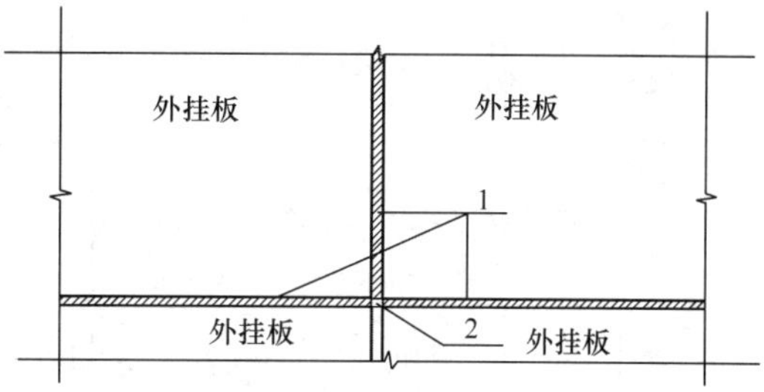


图 2-6 外挂墙板导水孔示意

1—外挂墙板间防水胶；2—导水孔

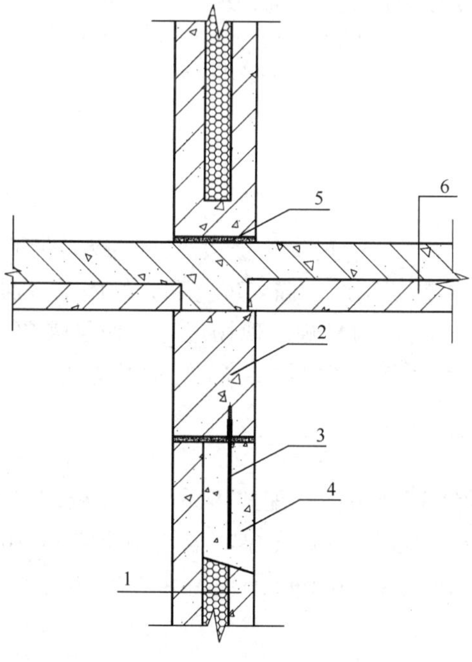


图 2-7 内墙板节点 1

1—预制内墙板（60mm 厚钢筋混凝土＋80mm 厚泡沫＋60mm 厚钢筋混凝土）；2—叠合梁预制层；3—插筋；4—插筋槽用高强度砂浆抹平；5—高标号水泥砂浆；6—叠合楼板

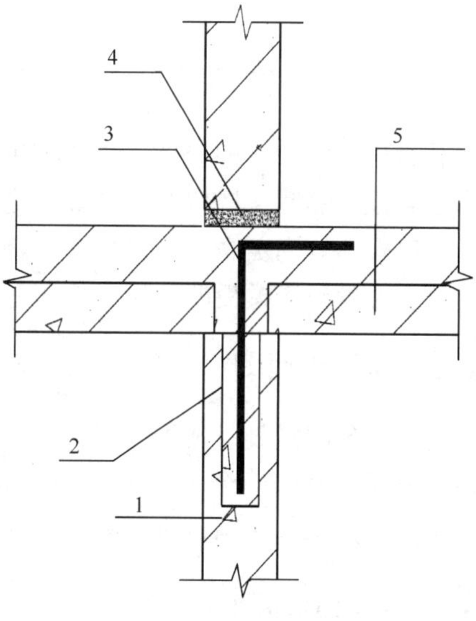


图 2-8 内墙板节点 2

1—预制内墙 100mm 厚；2—灌浆孔；3—连接筋；4—高标号砂浆；5—叠合楼板

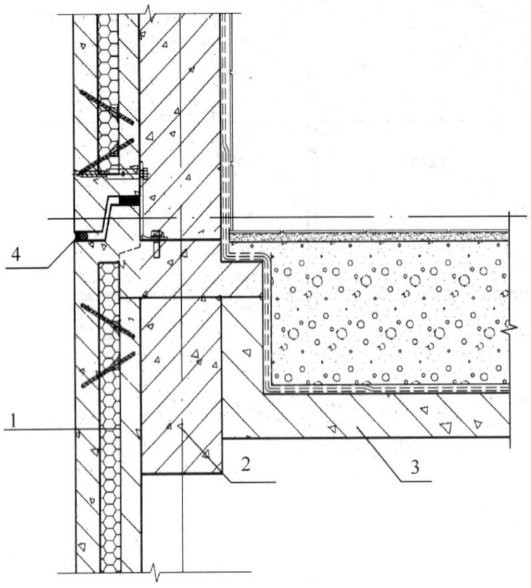


图 2-9　预制沉箱大样图

1—预制外墙挂板 160mm 厚；2—叠合梁预制层；3—预制沉箱；4—聚乙烯棒和聚氨酯防水胶

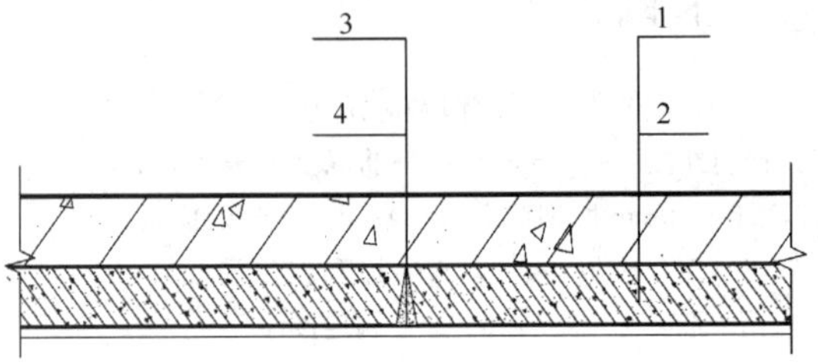


图 2-10　叠合楼板大样图

1—叠合楼板现浇层 70mm 厚；2—叠合楼板预制层 60mm 厚；3—抗裂砂浆分层填缝；4—耐碱抗裂网格布一层，两侧各搭 200mm

## 2.1.2　梁下墙挂板体系

梁下墙挂板体系，即竖向受力结构的剪力墙、柱子现浇；楼板、梁（或梁带墙）叠合；外挂墙板、隔墙、楼梯、空调板等全预制，预留钢筋，锚入现浇部分的体系。预制构件在工厂生产，效率更高，质量更好，不受天气变化的影响。现场现浇工作量大幅减少，并且减少了大量现场模板的使用，施工进度快，生产和施工效率高，综合成本低。

### 2.1.2.1　建筑平面图

本项目为预制混凝土装配式建筑，采用梁下墙挂板的装配式体系。预制外墙 200mm 厚，叠合楼板和叠合阳台为预制层 60mm 厚＋现浇层 70mm 厚，全预制空调板 100mm 厚，楼梯梯段采用全预制，预制隔墙采用 200mm 厚和 100mm 厚规格（图 2-11）。

### 2.1.2.2　建筑立面图

建筑外立面一至五层为真石漆外饰面，并且外墙板横缝间的外饰面采用打胶处理（图 2-12）。

### 2.1.2.3　建筑剖面图

剖面图比较直观地表达了建筑竖向空间的大小，以及一些必要的剖切点。能为识图者更好地提供相关信息（图 2-13）。

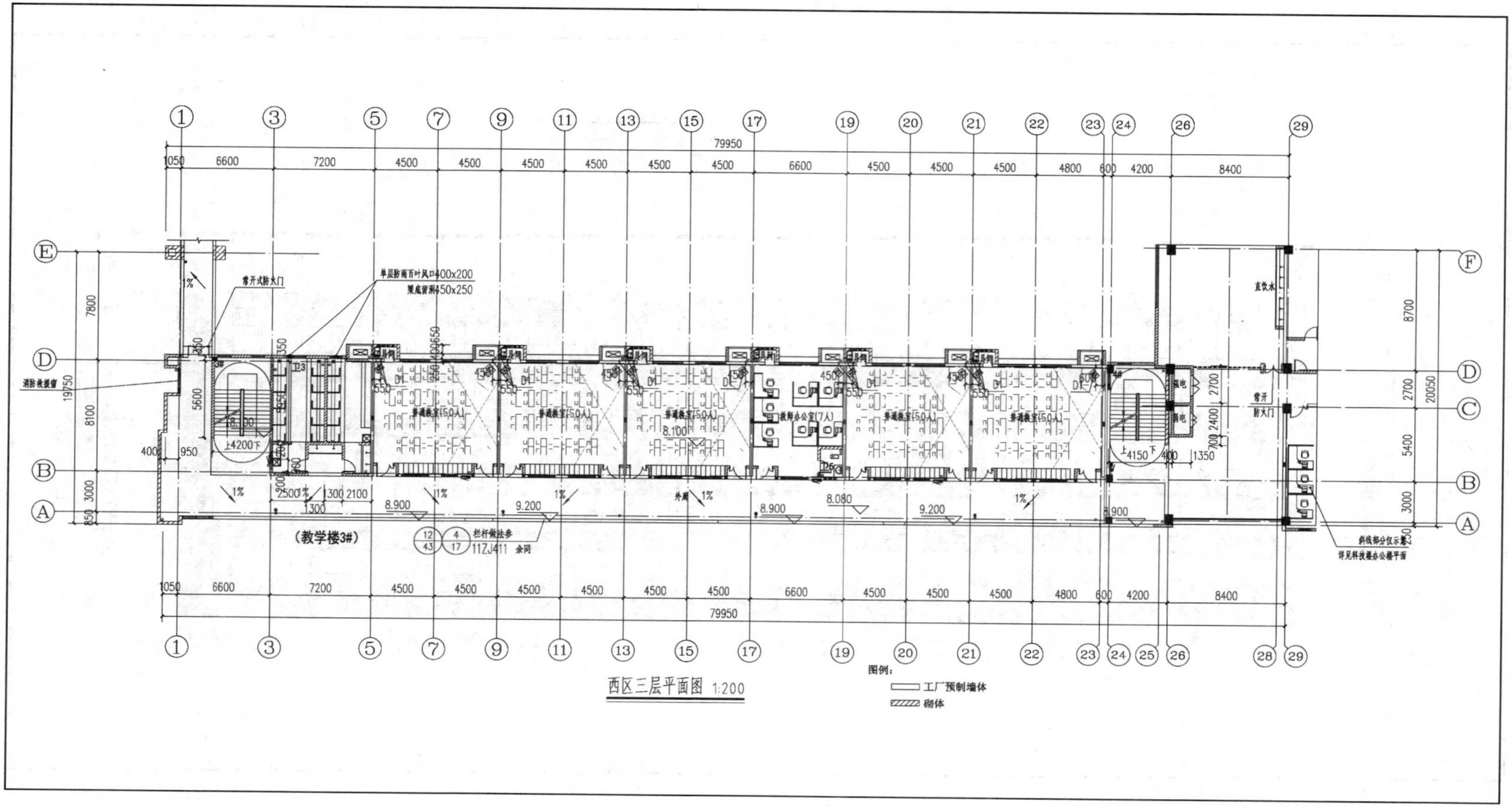


图 2-11 标准层平面图（详图见文末插页）

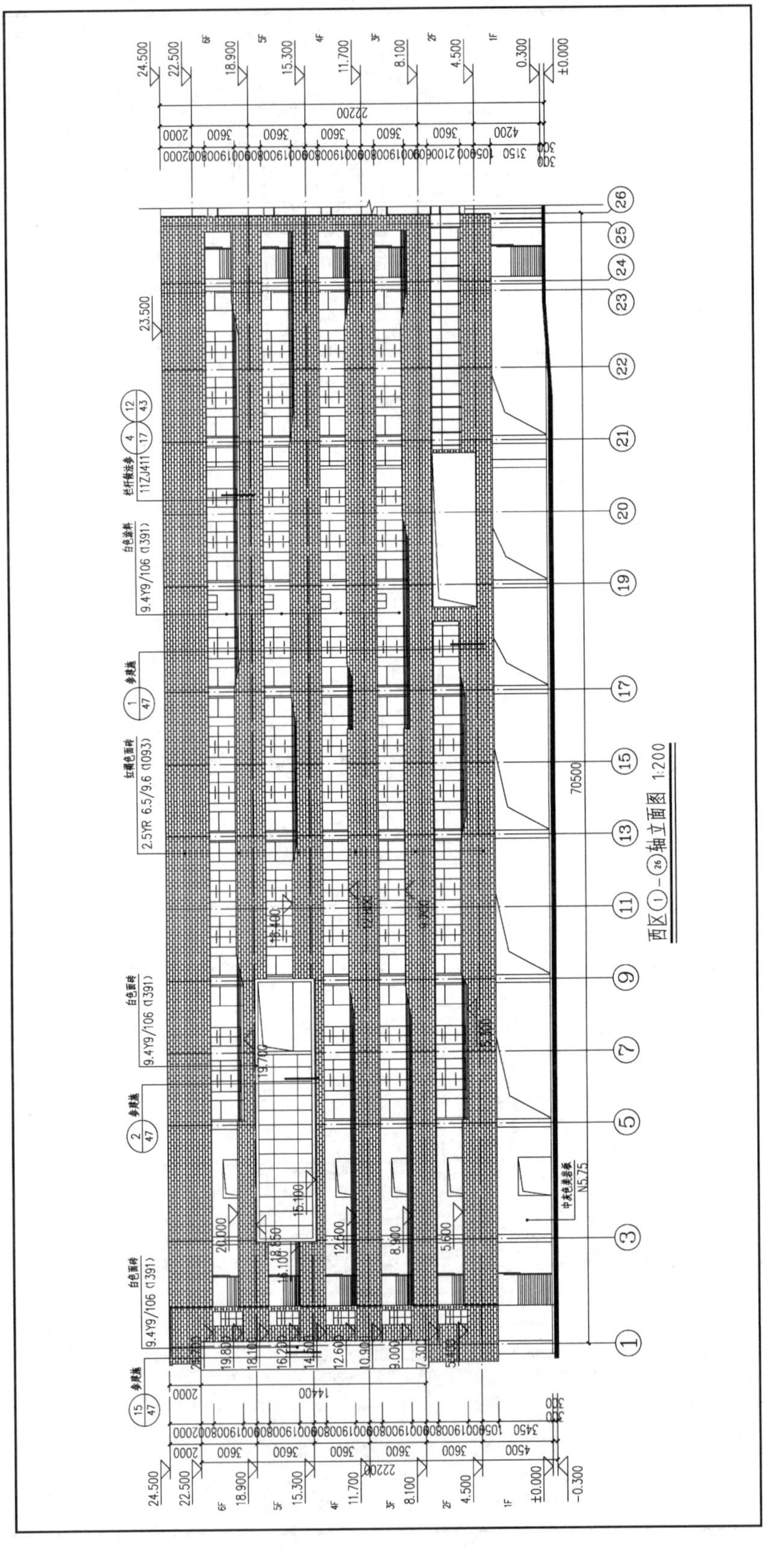
西区①-㉖轴立面图 1:200
2.5YR 6.5/9.6 (1093)
9.4Y9/106 (1391)
11ZJ411
70500
22200
14400

图 2-12 立面图

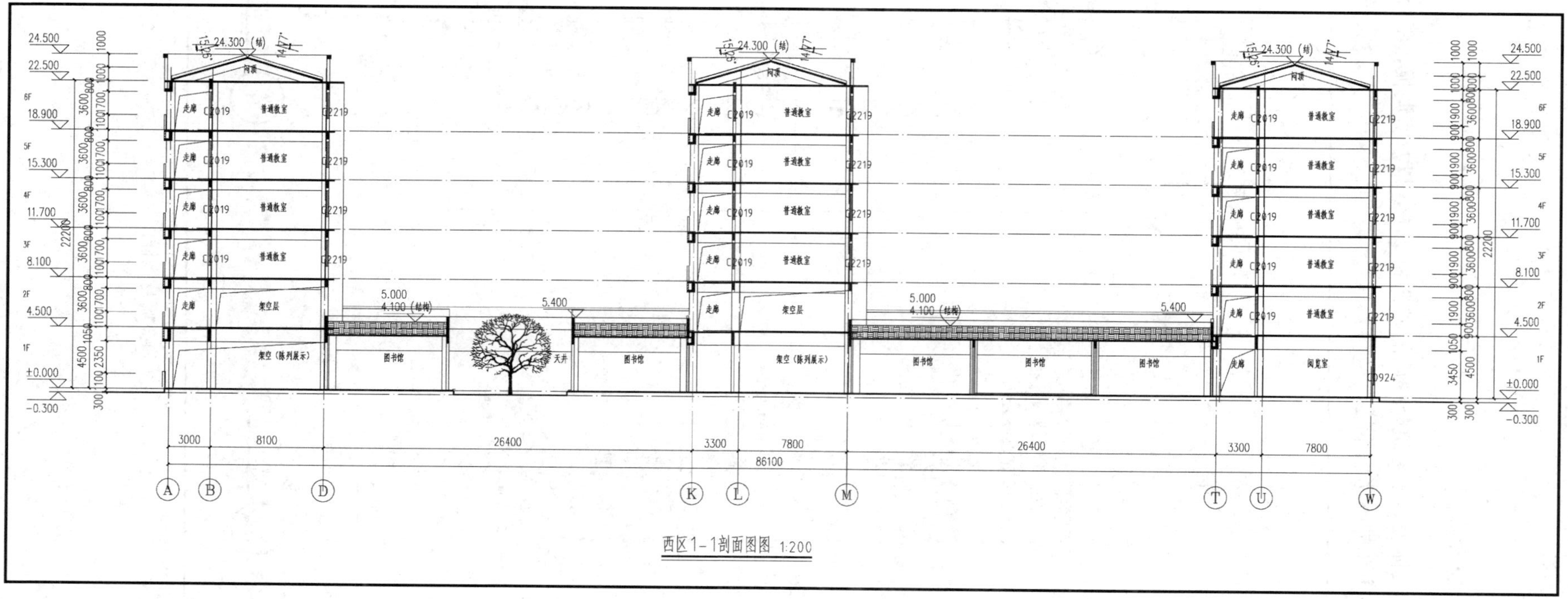
24.300（结）
阁楼
走廊
普通教室
架空层
架空（陈列展示）
图书馆
天井
阅览室
C2019
C2219
C0924
24.500
22.500
18.900
15.300
11.700
8.100
4.500
±0.000
-0.300
5.000
4.100（结构）
5.400
3000
8100
26400
3300
7800
86100
22200
A
B
D
K
L
M
T
U
W
西区1-1剖面图图 1:200

图 2-13 剖面图

### 2.1.2.4 建筑墙身大样图

建筑墙身大样具体表达了建筑外内墙的材料和做法，以及空调板，阳台板等材料的信息，是预算专员最主要的参考图纸之一（图 2-14）。

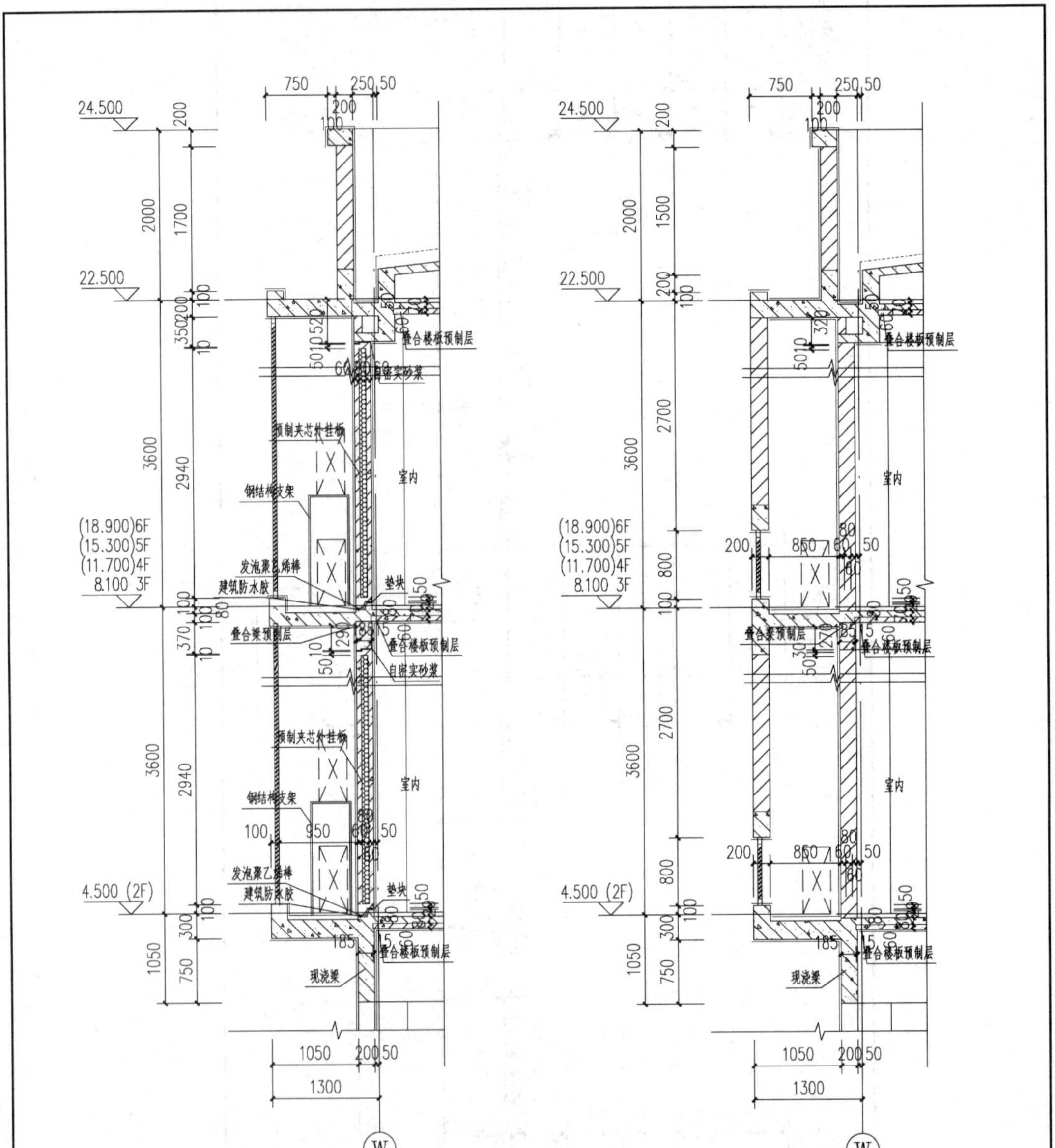


图 2-14　墙身大样图

#### 2.1.2.5 建筑大样节点详图

见图 2-15、图 2-16。

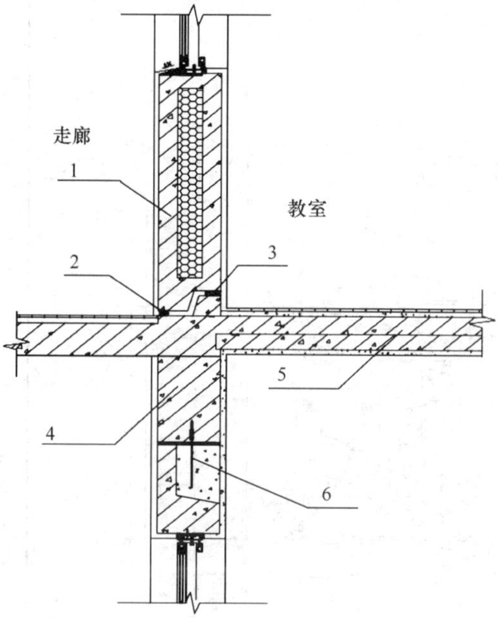


图 2-15 外墙板节点

1—预制外墙板 200mm 厚；2—聚乙烯棒和聚氨酯防水胶；3—垫块；4—叠合梁预制层；5—叠合楼板；6—插筋槽用高强度砂浆抹平

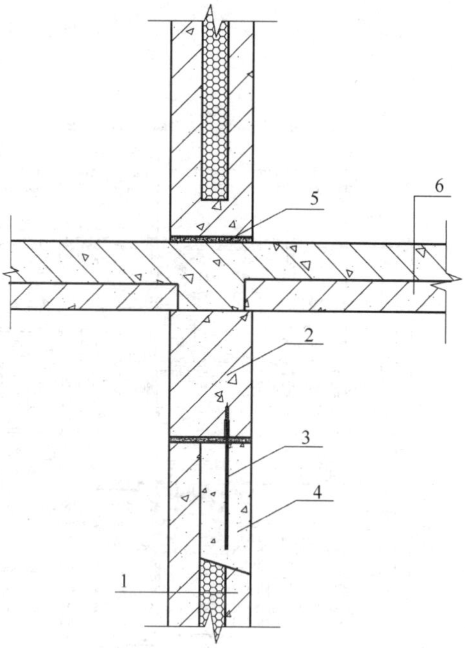


图 2-16 内墙板节点

1—预制内墙板（60mm 厚钢筋混凝土＋80mm 厚泡沫＋60mm 厚钢筋混凝土）；2—叠合梁预制层；3—插筋；4—插筋槽用高强度砂浆抹平；5—高标号水泥砂浆；6—叠合楼板

### 2.1.3 预制剪力墙套筒灌浆体系

预制剪力墙套筒灌浆体系，即预制外墙和部分预制剪力墙通过套筒灌浆连接；楼板、梁（或梁带墙）叠合；外挂墙板、隔墙、楼梯、空调板等全预制，预留钢筋，锚入现浇部分的体系。预制构件在工厂生产，效率更高，质量更好，不受天气变化的影响。现场现浇工作量大幅减少，并且减少了大量现场模板的使用，施工进度快，生产和施工效率高，综合成本低。

#### 2.1.3.1 建筑平面图

本项目为预制混凝土装配式建筑，采用预制外墙和部分预制剪力墙的装配式体系。外墙采 310mm 厚（200mm 厚内叶板＋50mm 厚保温层＋50mm 厚外叶板），叠合楼板和叠合阳台为预制层 60mm 厚＋现浇层 70mm 厚，全预制空调板 100mm 厚，楼梯梯段也采用全预制，预制隔墙采用 200mm 厚和 100mm 厚规格（图 2-17）。

#### 2.1.3.2 建筑立面图

建筑外立面采用真石漆外饰面，并且外墙板横缝间的外饰面采用打胶处理（图 2-18）。

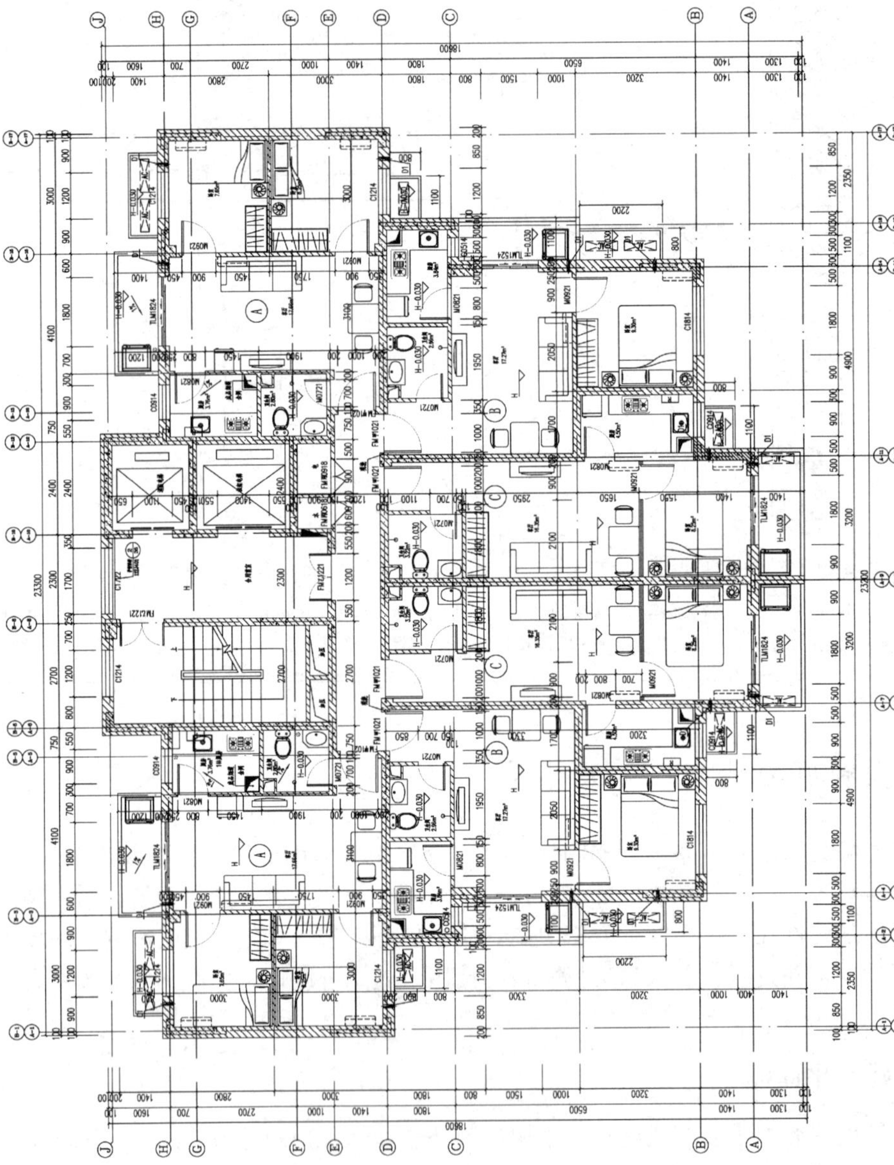

标准户型大样图 1:50

图 2-17 标准层平面图（详图见文末插页）

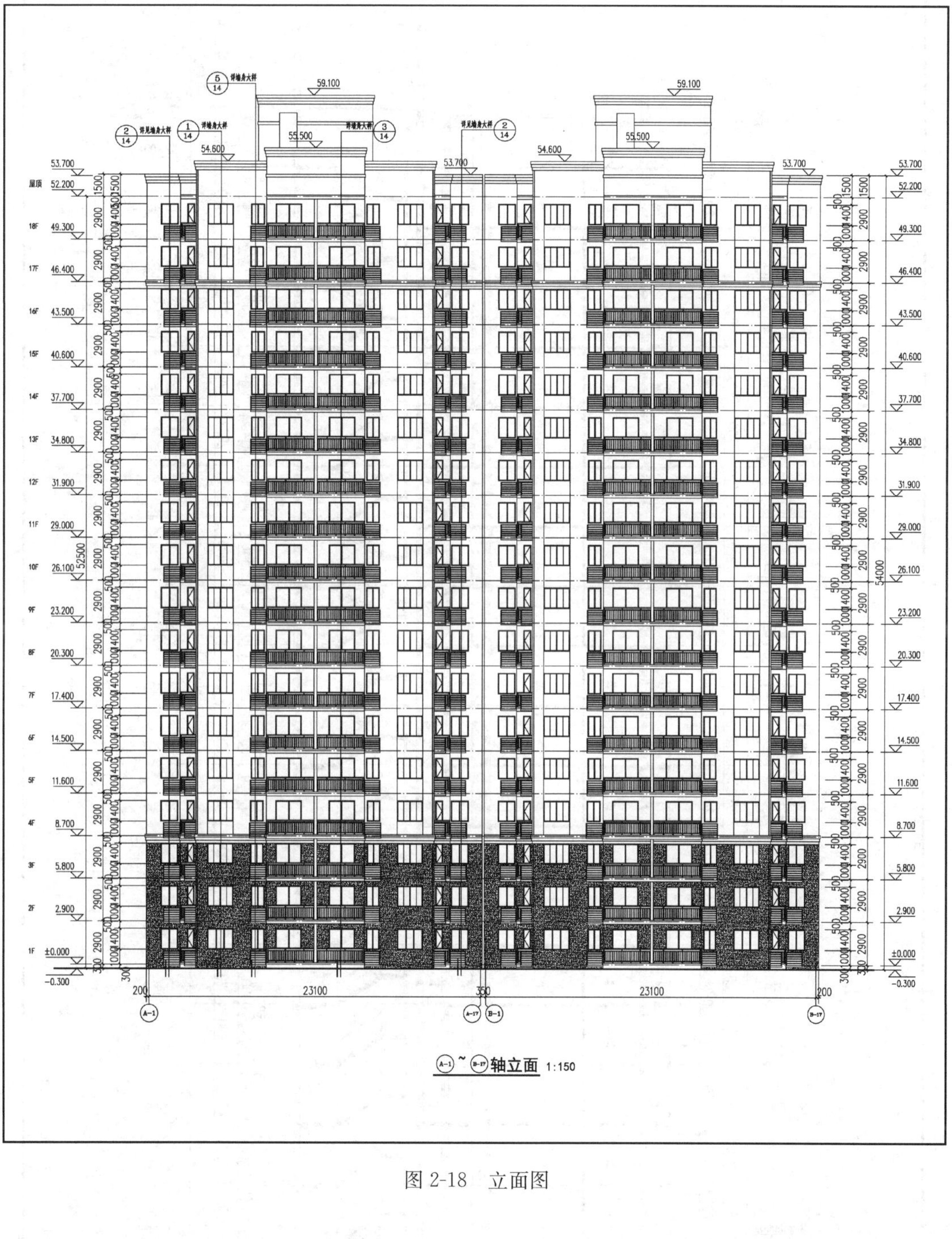


图 2-18　立面图

## 2.1.3.3　建筑剖面图

剖面图比较直观地表达了建筑竖向空间的大小，以及一些必要的剖切点。能为识图者更好地提供相关信息（图 2-19）。

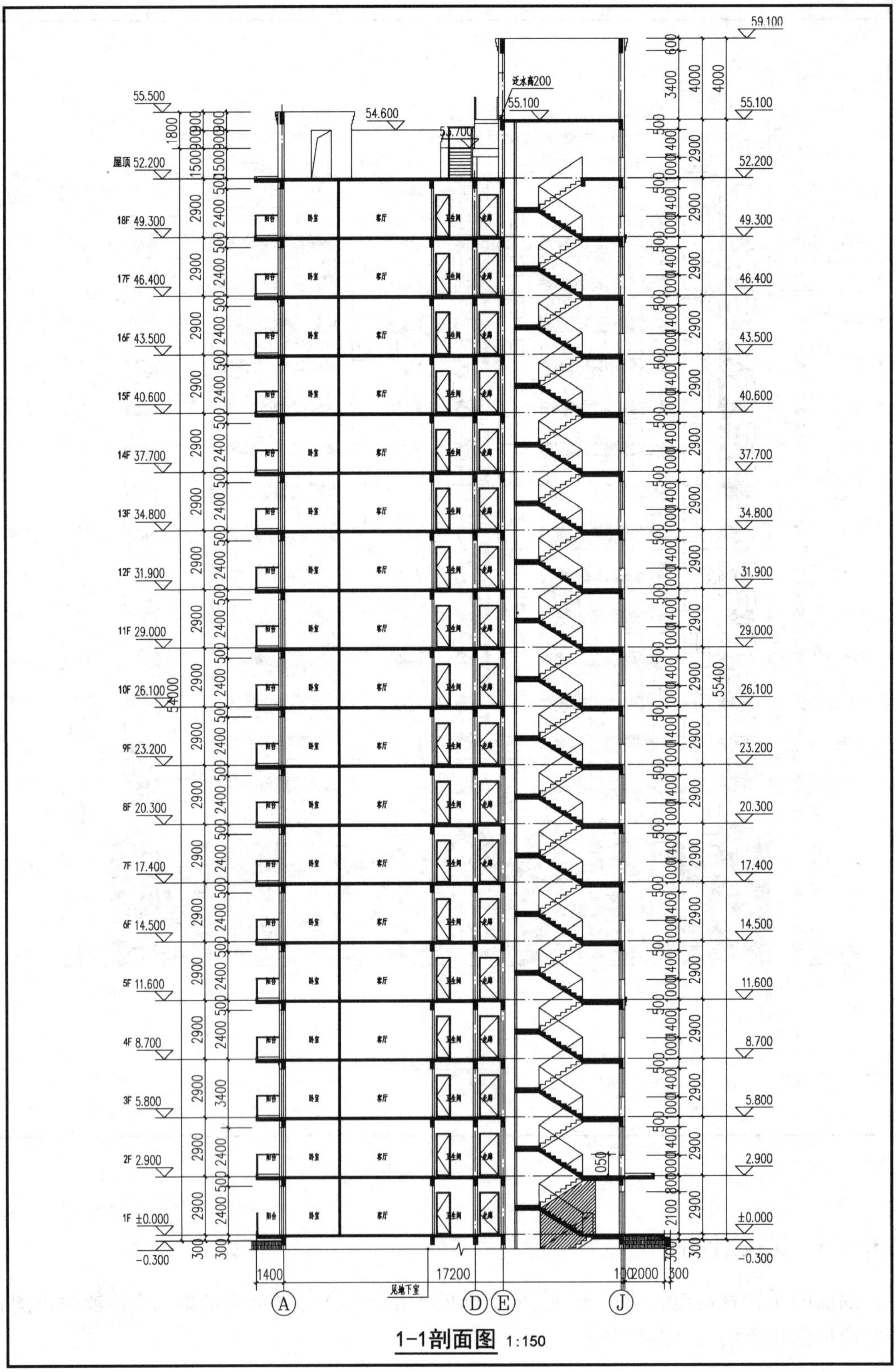


图 2-19　剖面图

### 2.1.3.4 建筑墙身大样图

见图 2-20。

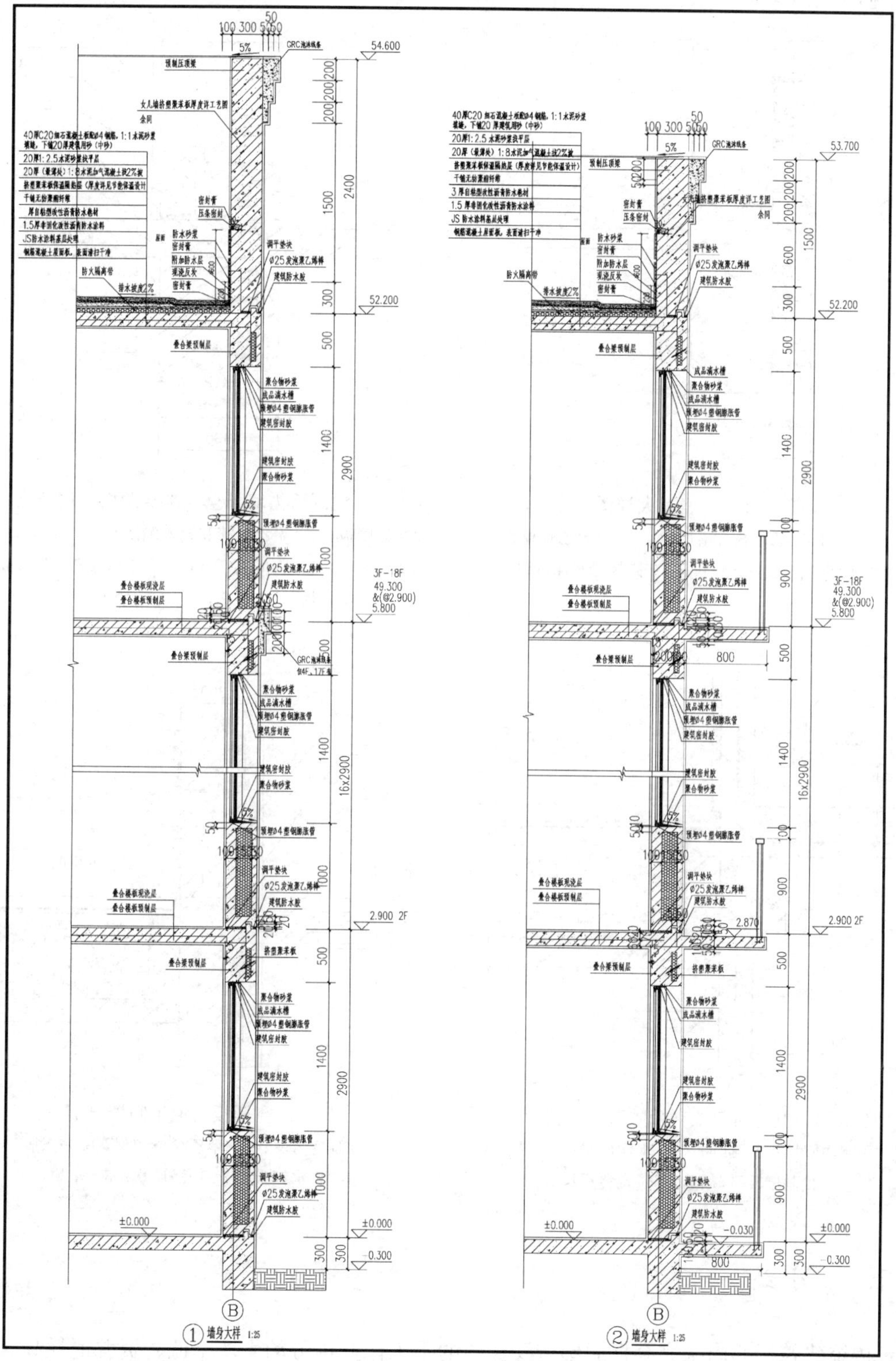


图 2-20 墙身大样图

#### 2.1.3.5 建筑大样节点详图

见图 2-21～图 2-24。

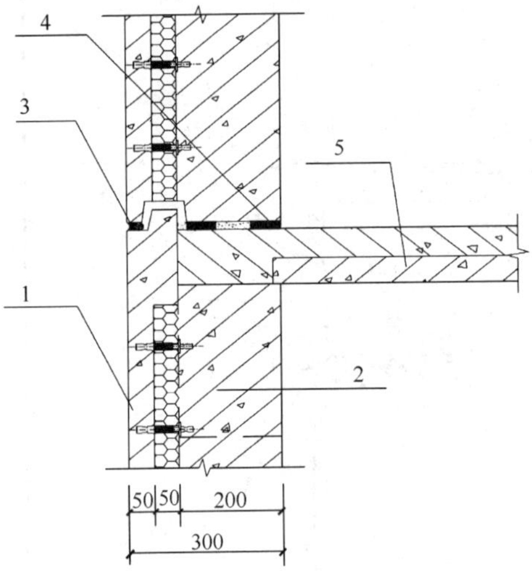


图 2-21 外墙板大样图

1—预制外墙；2—叠合梁预制层；3—聚乙烯棒和聚氨酯防水胶；4—垫块；5—高标号水泥砂浆

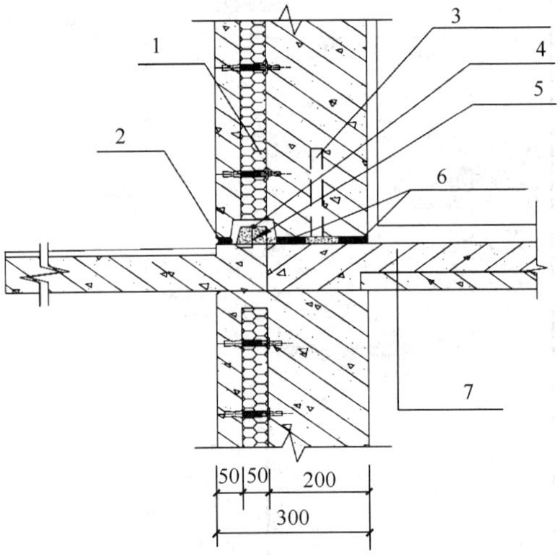


图 2-22 预制剪力墙与全预制空调板连接节点

1—预制外墙板；2—聚乙烯棒和聚氨酯防水胶；3—套筒；4—现浇反坎；5—1.5mm 厚 30mm×50mm（高）L 形止水钢板；6—垫块；7—叠合楼板

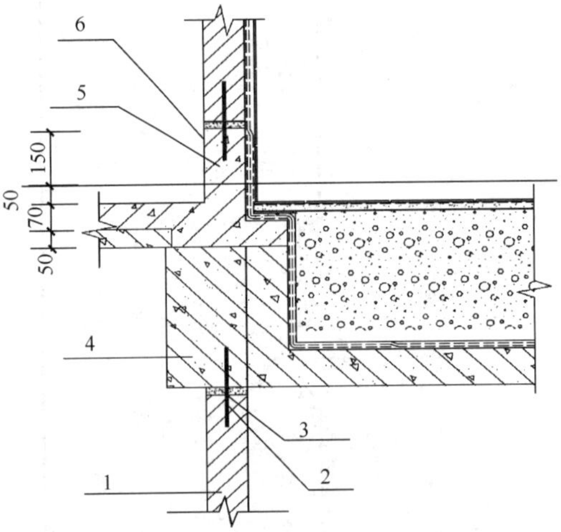


图 2-23 卫生间与梁（带隔墙）连接节点

1—预制内隔墙；2—插筋；3—水泥砂浆；4—叠合梁预制层；5—插筋；6—现浇反坎

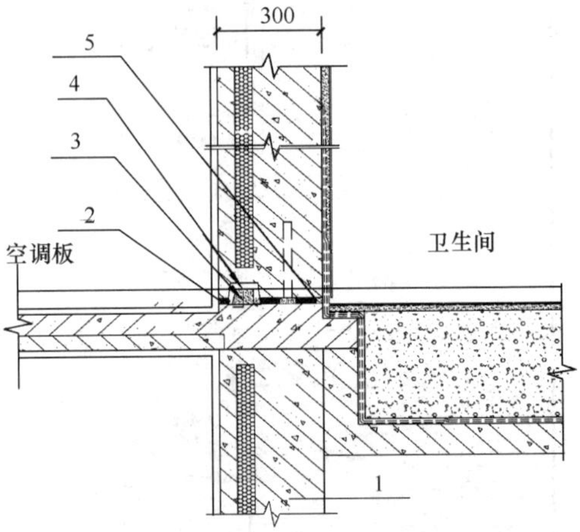


图 2-24 空调板与卫生间墙身节点

1—预制剪力墙；2—聚乙烯棒和聚氨酯防水胶；3—止水钢板；4—现浇反坎；5—垫块

### 2.1.4 小结

传统建筑行业尚未完全摆脱秦砖汉瓦式的手工作业，劳动生产率低、资源消耗高、建筑垃圾污染程度高，这种粗放型的住宅生产方式，不符合可持续发展要求，不适应提高住宅质量的需要，必须实行住宅生产方式的变革。

而预制装配式建筑与传统建筑相比，除了具有质量好、建设速度快、成本低等特点外，还具有节水、节能、节时、节材、节地、环保的“五节一环保”特点。

（1）节水 80％预制装配式建筑的很多工序都是在工厂完成的，是区别于传统泥瓦匠施工模式的“干法造房”，大量节约施工用水。

（2）节能 70％预制装配式建筑采用集中工业化生产，综合能耗低，建造过程节能、墙体高效保湿、门窗密闭节能、使用新能源及节能型产品。

（3）节时 70％预制装配式建筑采用工业化大幅度提高劳动生产率，与传统建筑方式比，只需其 1/3 建设周期。

（4）节材 20％预制装配式建筑采用工厂规模化生产，优化集成，最大限度减少材料损耗。

（5）节地 20％预制装配式建筑可利用更小面积实现同等功能，提高土地利用率。

预制装配式建筑的出现，必定会促进中国建筑产业的改造升级，促进中国建筑的良性发展。

## 2.2 结构识图

### 2.2.1 结构平面布置图讲解

下文将以装配式混凝土结构平面布置图为例讲解相关标识的含义。

装配式混凝土结构标准层平面布置图与传统结构施工图的区别在于多了外围护系统（外挂墙板、预制剪力墙）拆分平面布置图。

如图 2-26 中，DKL9 的编号标注含义为预制叠合梁 9，此类编号标识的通用形式为：DKLX。在编号中，如若预制混凝土叠合梁的截面尺寸和配筋均相同，仅梁与轴线的关系不同，也可将其编为同一叠合梁编号，但应在图中明确与轴线的几何关系。

DBD67-3315-2 的编号标注含义为：该叠合底板为桁架钢筋混凝土叠合板用底板单向板（DBD），预制底板厚度为 60mm，现浇叠合层厚度为 70mm，预制底板的标志跨度为 3300mm，预制底板的标志宽度为 1500mm，底板跨度方向钢筋代号为 2（对应施工图中可以查底板钢筋编号表，明确 2 所表示的受力钢筋及分布钢筋的直径和间距）。此类编号标识的通用形式为：DBD ××—××××—×（图 2-28、图 2-29）。

类似的，底板编号 DBS1-67-3924-22，表示：双向受力叠合板用底板（DBS），拼装位置为边板（DBS 后 1 为边板，2 为中板），预制底板厚度为 60mm，现浇叠合层厚度为 70mm，预制底板的标志跨度为 3900mm，预制底板的标志宽度为 2400mm，底板跨度方向、宽度方向钢筋代号均为 22（对应施工图中可以查底板钢筋编号表，明确 22 所分别表示的跨度方向及宽度方向的钢筋直径和间距）。此类编号标识通用形式为：DBS ×—××—××××—××。

图 2-27 中 ，KTB-76-140，表示：预制空调板，其挑出长度为 760mm，宽度为

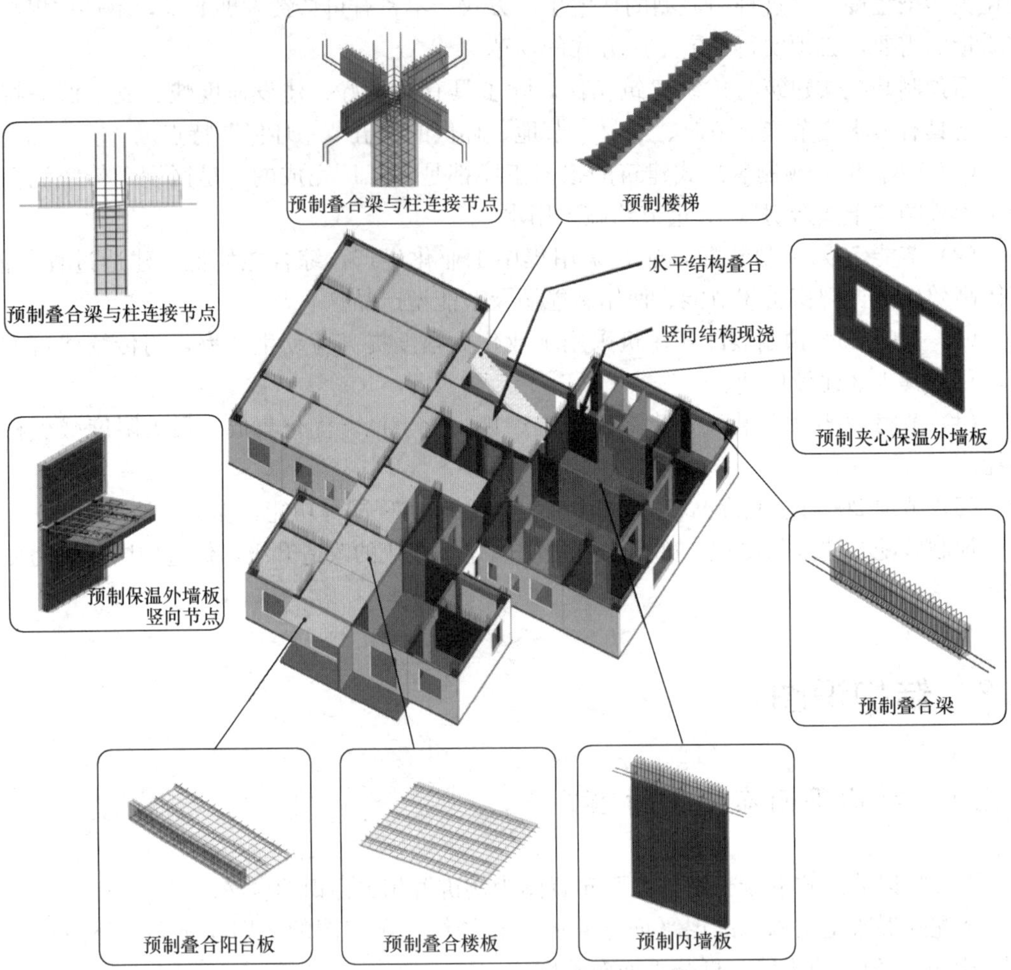


图 2-25　装配式混凝土结构标准层三维构件分解示意

1400mm，通用编号标识为：KTB—××—×××。

类似的，编号标识 YTB-D-1036-08，表示预制阳台板，D 表示预制阳台板类型为叠合板式阳台（B 表示全预制板式阳台，L 表示全预制梁式阳台），阳台挑出长度为1000mm，阳台开间为 3600mm，封边高度为 800mm（仅用于板式阳台）。此类编号标识通用形式为：YTB—×—××××—××。

叠合楼盖施工图主要包括预制底板及拼缝钢筋平面布置图、现浇层面筋平面布置图。图中（a）、(b)、(c）分别表示支座处（边梁）、叠合板拼缝处、支座处（中梁）的拼缝钢筋。叠合板拼缝钢筋的直径和间距、伸入两侧后浇混凝土叠合层的锚固长度等详见结构施工图。

## 2.2.2　标准楼梯选用示例图讲解

图 2-30 中，JT-30-25 表示预制钢筋混凝土板式楼梯为剪刀楼梯（JT），层高3000mm，楼梯间净宽为 2500mm。此类编号标识通用形式为 JT—××—××。

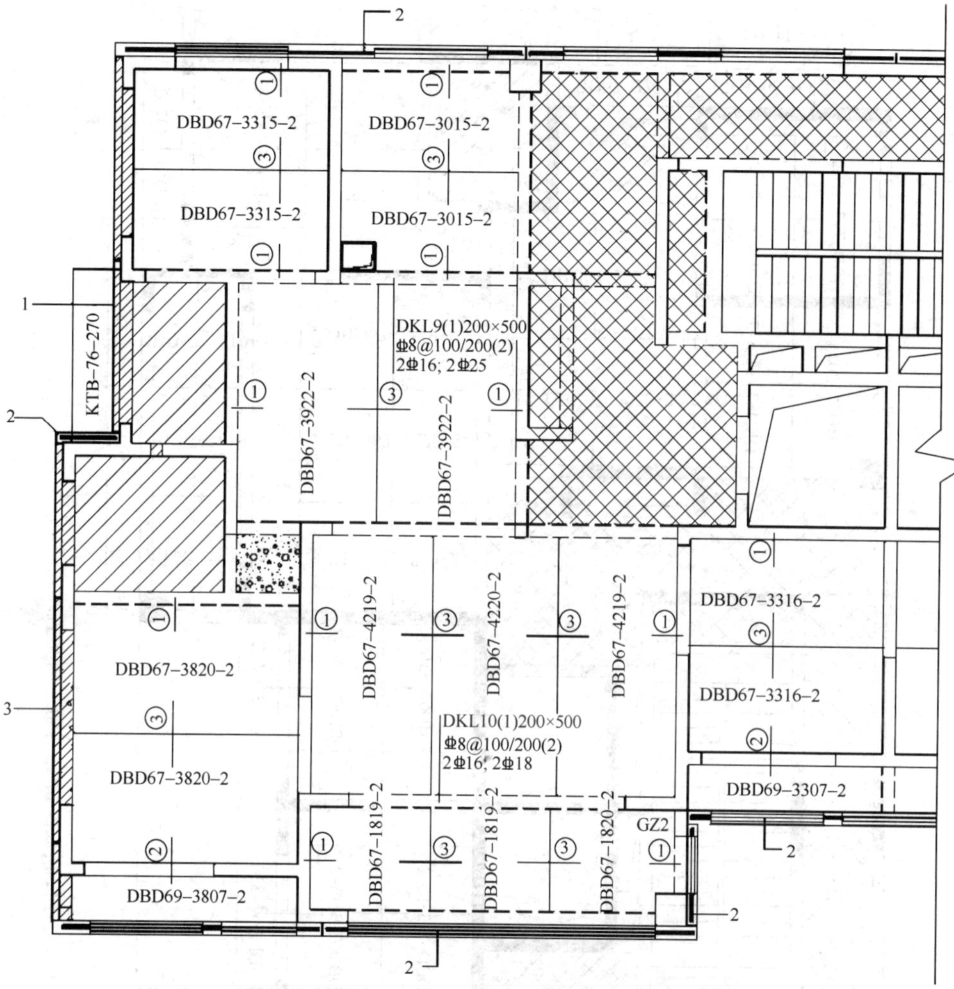


图 2-26　装配式混凝土结构标准层平面布置示意

1—预制梁带隔墙；2—外挂墙板；3—预制剪力墙

注：图中竖向构件全部现浇，所有非阴影部分梁表示叠合梁；阴影部分板表示全现浇。

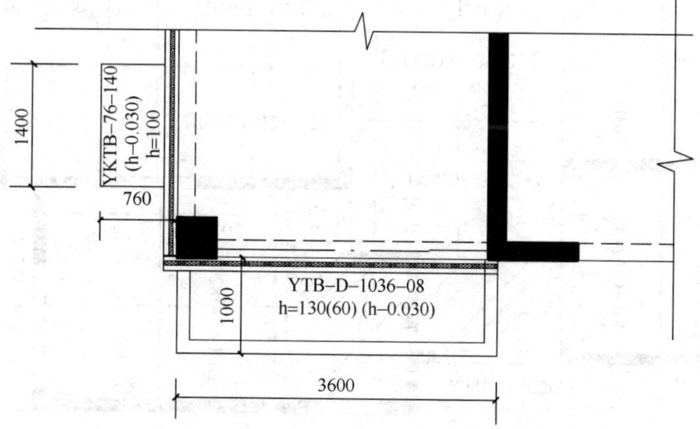


图 2-27　装配式混凝土结构标准层平面布置示意

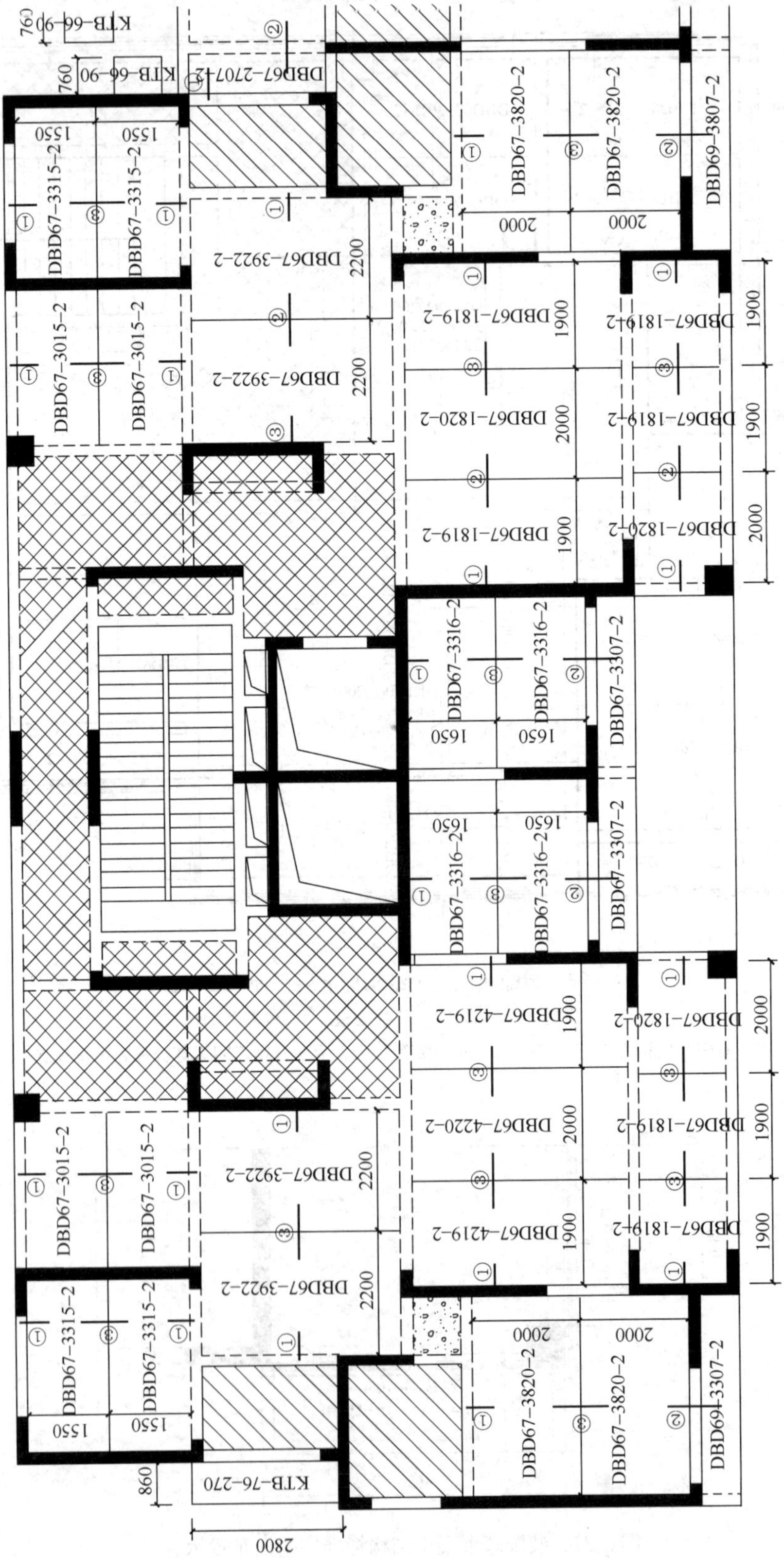


图 2-28　叠合板底板及拼缝钢筋平面布置示意

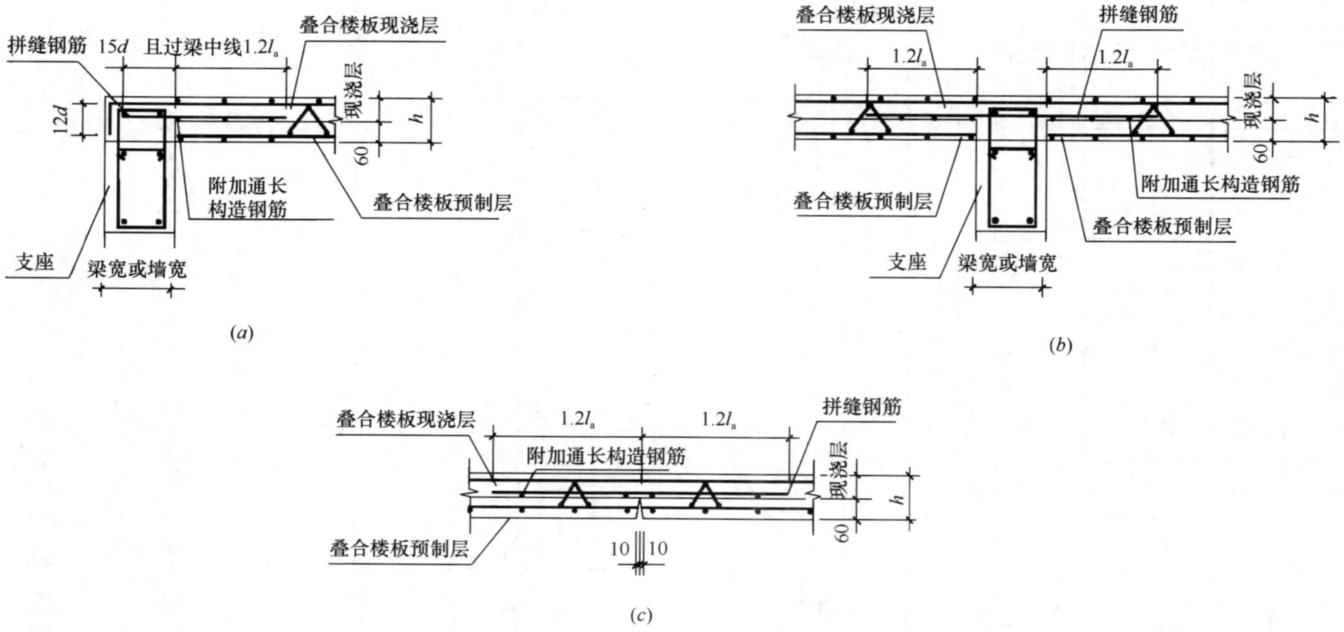


图 2-29　叠合板拼缝钢筋节点详图示意

(*a*) 楼板自由边界与边梁拼接节点；(*b*) 楼板自由边界与中梁搭接节点；(*c*) 楼板与楼板拼接节点

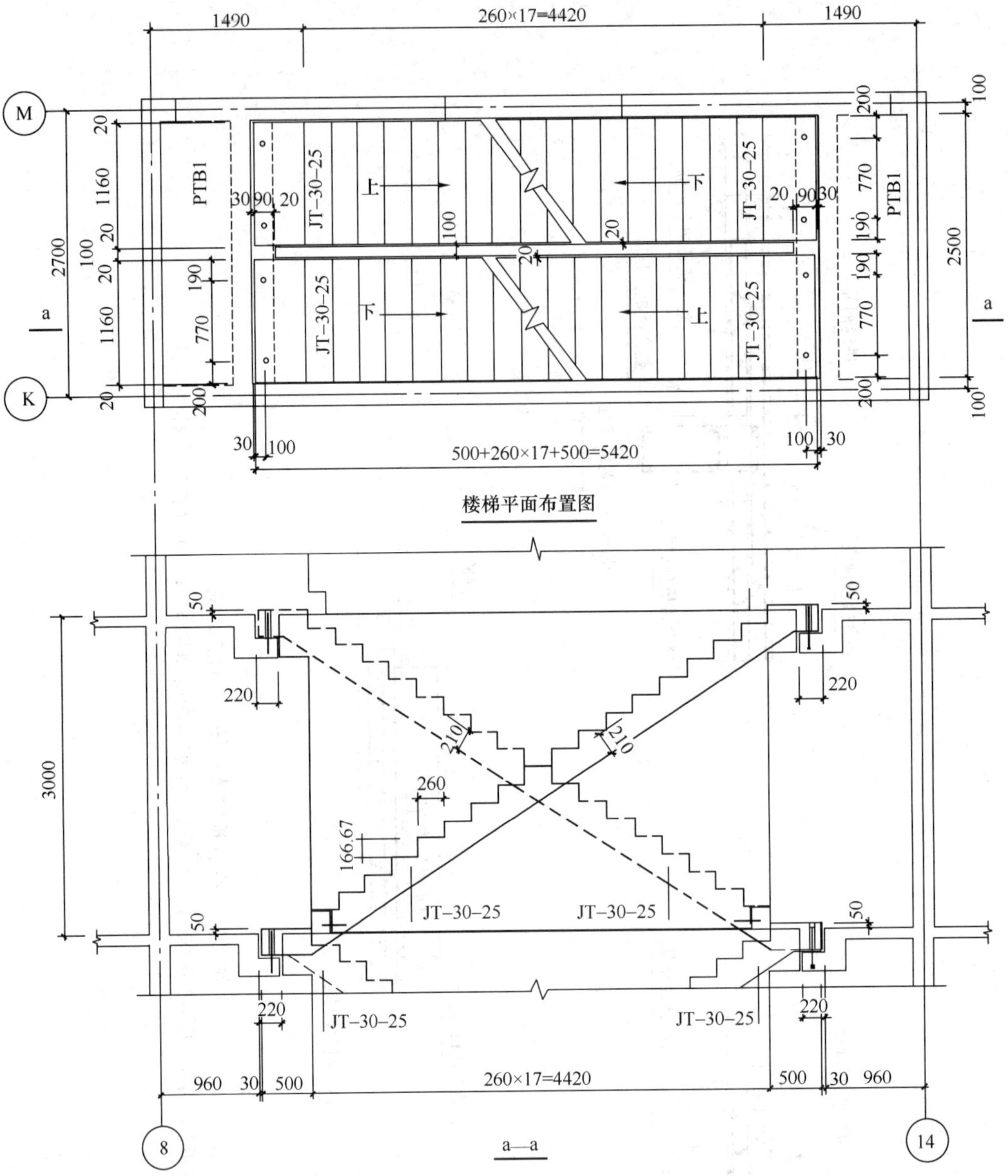


图 2-30　标准楼梯选用示例

类似的，ST-30-25 表示预制钢筋混凝土板式楼梯为双跑楼梯（ST），层高 3000mm，楼梯间净宽为 2500mm 。此类编号标识通用形式为 ST—××—××。

## 2.2.3　套筒灌浆技术图文讲解

装配整体式剪力墙结构即全部或部分剪力墙采用预制墙板，通过可靠的方式进行连接并与现场后浇混凝土形成整体的混凝土装配-现浇式剪力墙结构，其中上下层预制剪力墙的竖向连接采用钢筋套筒灌浆连接。

（1）钢筋套筒灌浆连接接头由带肋钢筋、灌浆套筒和专用灌浆料所组成，见图 2-31；

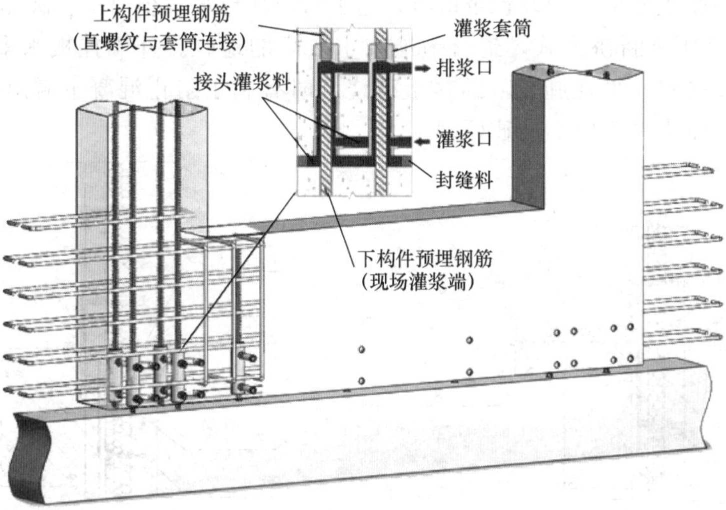


图 2-31 套筒灌浆连接示意

（2）连接技术原理是：连接钢筋插入套筒后，将专用灌浆料灌入套筒，充满套筒与钢筋之间的间隙，灌浆料硬化后与钢筋横肋和套筒内壁形成紧密啮合，并在钢筋和套筒之间有效传力，即将两根钢筋连接在一起；

（3）按钢筋与连接套筒相连接方式的不同，分为全灌浆和半灌浆两种接头。

全灌浆接头是一种传统的灌浆连接形式，连接套筒与两端的钢筋均采用灌浆连接方式，两端的钢筋均须为带肋钢筋，接头结构如图 2-32 中（*a*）所示。

半灌浆接头是一种较新的灌浆连接形式，连接套筒与一端钢筋采用灌浆连接方式连接，而另一端采用机械连接方式连接，目前已有应用的机械连接方式是直螺纹连接和锥螺纹连接，接头结构如图 2-32 中（*b*）所示。

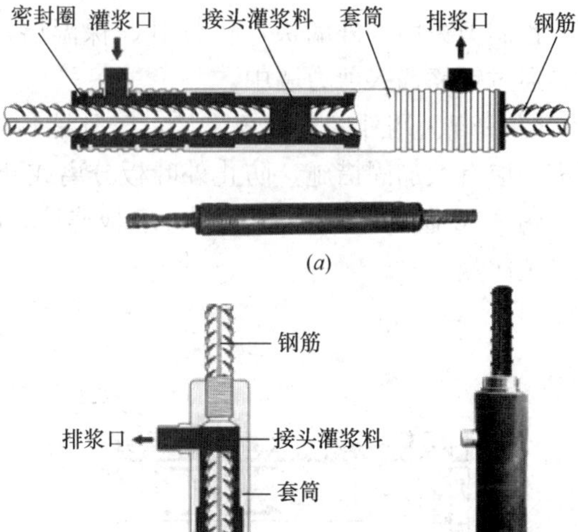


(*a*)

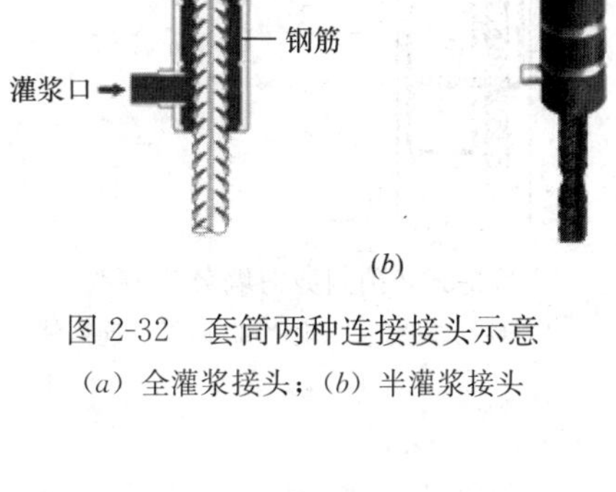


(*b*)

图 2-32 套筒两种连接接头示意

（*a*）全灌浆接头；（*b*）半灌浆接头

## 2.2.4 构件节点详图

### 2.2.4.1 外挂墙板节点

三明治外挂墙板由外叶、保温层、内叶组成。外挂墙板通过连接钢筋锚入楼板现浇层或现浇梁内与主体连接。

图 2-33 中外墙挂板上下混凝土封边，

增加企口强度。外墙挂板水平缝设置企口，企口主要用于防水，且在施工浇筑楼板现浇层时有利于阻止混凝土溢出。当设置企口时，施工时应注意水平企口不被破坏。

图 2-34 中采用全断桥方式，适合节能要求较高的地区。外墙挂板水平缝设置企口，企业口主要用于防水，且在施工浇筑楼板现浇层时有利于阻止混凝土溢出。当设置企口时，施工时应注意水平企口不被破坏。

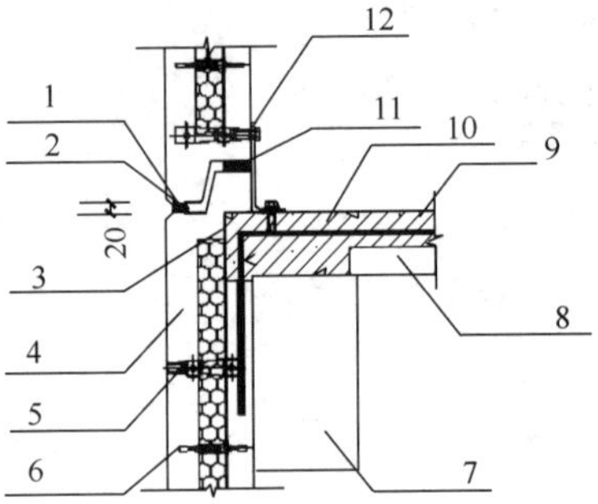


图 2-33　外墙挂板上下连接节点一

1—建筑密封胶；2—发泡聚乙烯棒；3—墙板槽口 130×130×50；4—夹心三明治外挂板；5—外爬架套筒；6—玻璃纤维筋；7—叠合梁预制层；8—叠合楼板预制层；9—连接钢筋；10—混凝土现浇层；11—企口；12—限位连接件

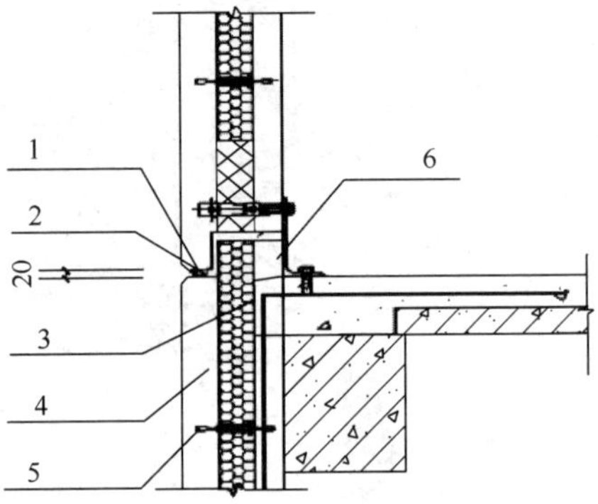


图 2-34　外墙挂板上下连接节点二

1—建筑密封胶；2—发泡聚乙烯棒；3—墙板槽口 130×130×50；4—夹心三明治外挂板；5—玻璃纤维筋；6—企口

### 2.2.4.2　预制剪力墙（外墙板）水平连接节点

预制剪力墙（外墙板）由外叶、保温层、内叶组成，水平方向由转角连接件临时固定，通过钢筋锚入剪力墙中。

图 2-35 采用外墙板转角连接，若外墙板外叶悬挑长度过长，则浇筑混凝土时，外叶板需采取有效加固措施，防止外叶板分离或开裂。

图 2-36 通过采用 PCF 板与外墙板连接，减少外叶悬挑长度，有利于混凝土浇筑，增加吊装次数。

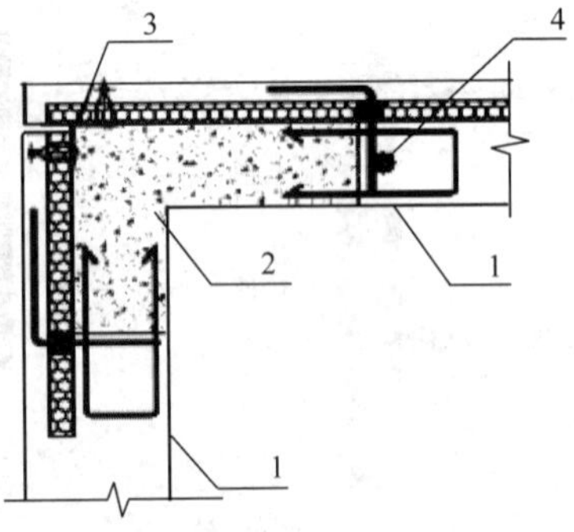


图 2-35　预制剪力墙分平节点一

1—预制外墙；2—现浇部分；3—连接件；4—灌浆套筒

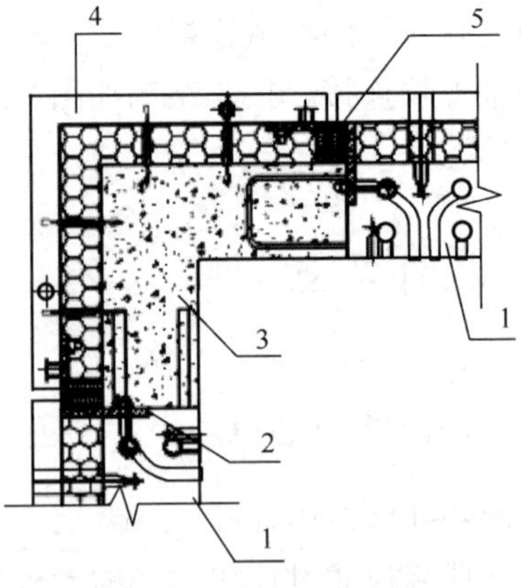


图 2-36　预制剪力墙水平节点二

1—预制外墙；2—连接件；3—现浇部分；4—PCF 板；5—后放保温材料

### 2.2.4.3 预制剪力墙（外墙板）竖向连接节点

预制剪力墙（外墙板）由外叶、保温层、内叶组成，上下层预制剪力墙的竖向连接通过灌浆套筒连接。

图 2-37 采用单排套筒连接，施工精度相对要求较低，企口高于楼板面，有利于浇筑楼板面时防止砂浆溢出。企口强度较高，有利于存放及运输。

图 2-38 双排套筒连接，施工精度相对要求较高，保温竖向拉通。企口形式需采取保护措施。

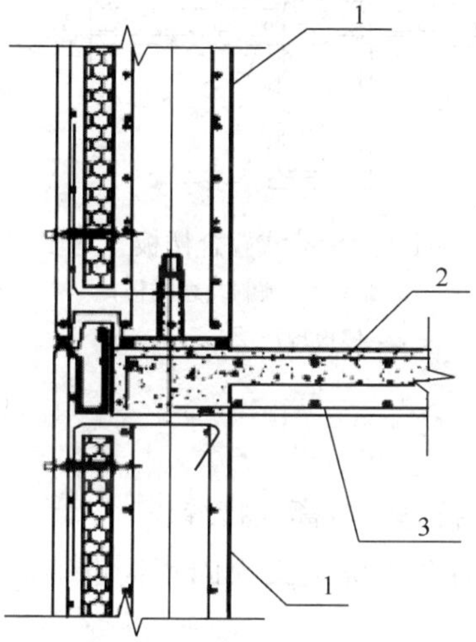


图 2-37 预制剪力墙竖向节点一

1—预制外墙；2—楼板现浇层；3—叠合楼板

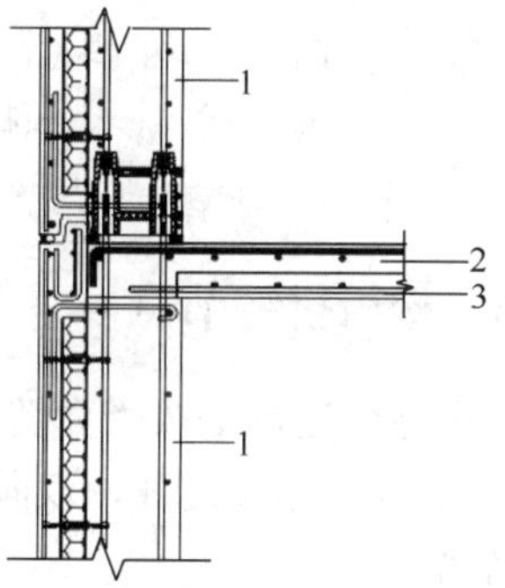


图 2-38 预制剪力墙竖向节点二

1—预制外墙；2—楼板现浇层；3—叠合楼板

### 2.2.4.4 预制叠合梁节点

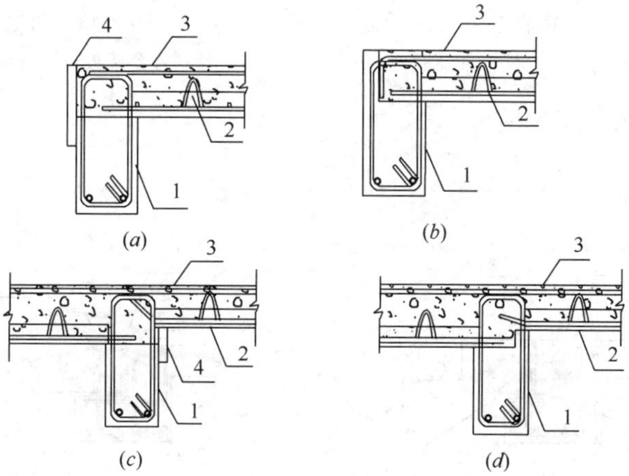


图 2-39 预制叠合梁做法

1—预制叠合梁；2—预制叠合楼板；3—楼板现浇层；4—模板

### 2.2.4.5 楼板节点

（1）桁架式叠合楼板

见图 2-40。

（2）无桁架式叠合楼板

见图 2-41。

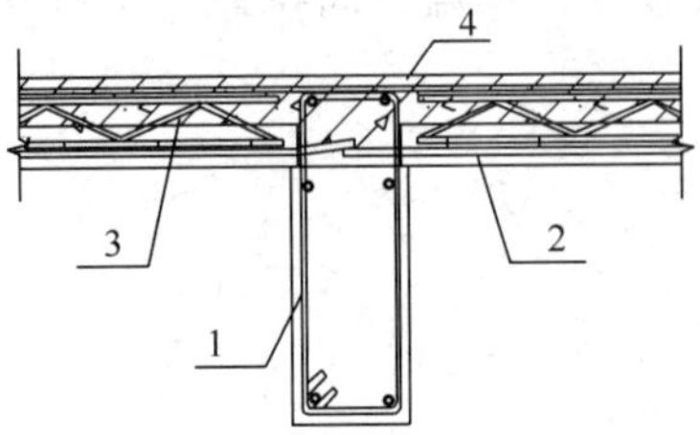


图 2-40 桁架式叠合楼板

1—预制叠合梁；2—预制叠合楼板；3—桁架；4—楼板现浇层

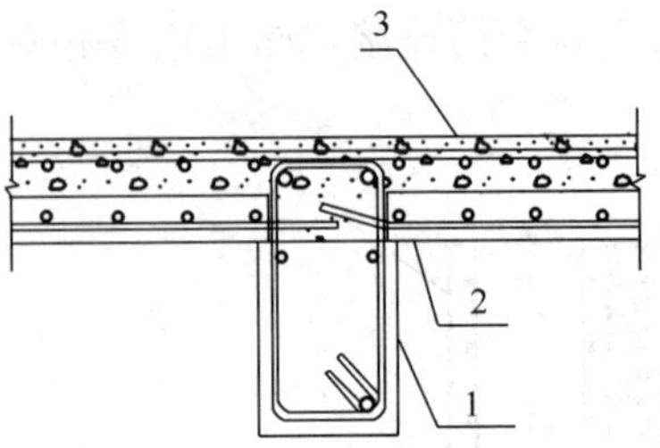


图 2-41 无桁架式叠合楼板

1—预制叠合梁；2—预制叠合楼板；3—楼板现浇层

### 2.2.4.6 楼板拼缝节点

楼板拼缝构造做法按受力情况分为两种，整体式接缝，分离式接缝。

图 2-42 为整体式接缝，双向板受力，施工现场需在现浇带支模固定，设计时需考虑伸出钢筋错开。

图 2-43 为分离式接缝，单向板受力，施工现场零支模，后期需抗裂处理。

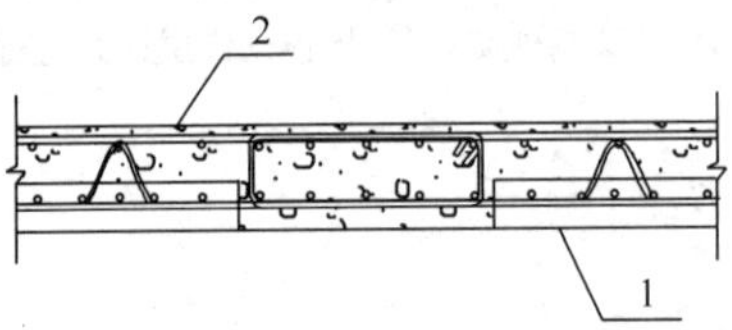


图 2-42 拼缝节点一

1—预制叠合楼板；2—楼板现浇层

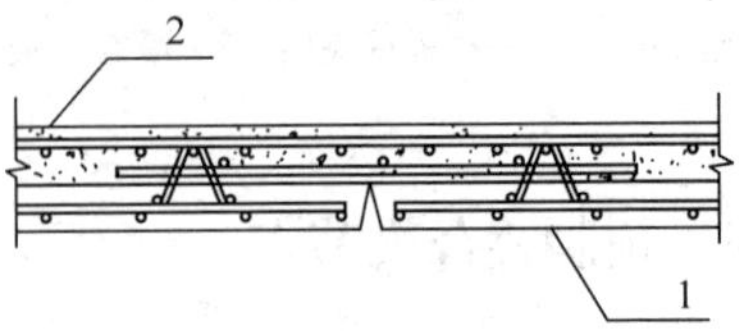


图 2-43 拼缝节点二

1—预制叠合楼板；2—楼板现浇层

### 2.2.4.7 楼梯节点

（1）搁置式楼梯

见图 2-44。

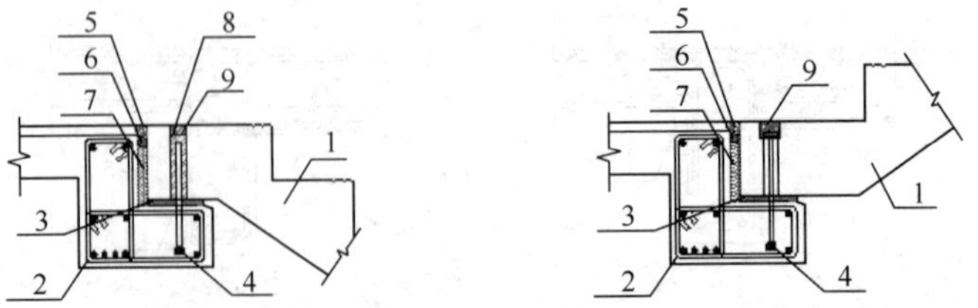


图 2-44 搁置式楼梯

1—预制梯段；2—预制梯梁；3—水泥砂浆找平层；4—锚头；5—注胶；6—PE 棒；7—聚苯填充；8—灌浆料；9—砂浆封堵

(2) 锚固式楼梯

见图 2-45。

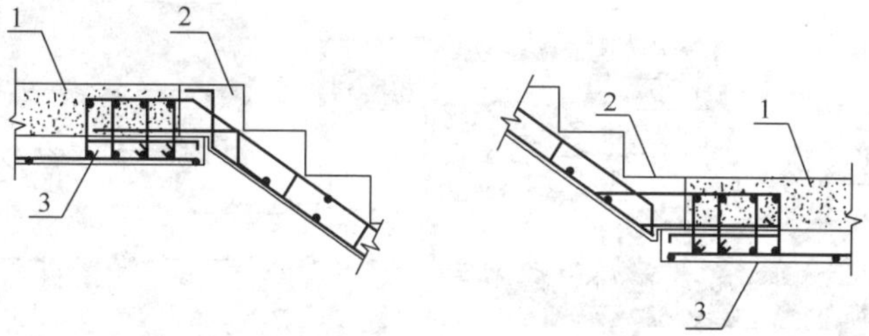


图 2-45 锚固式楼梯

1—现浇层；2—预制梯段；3—叠合楼板（休息平台）

# 2.3 工艺识图

## 2.3.1 预制构件工艺图定义及组成

### 2.3.1.1 预制工艺图定义

根据现有建筑、结构、设备等施工蓝图纸进行构件拆分深化、并考虑生产、运输、吊装等相关工艺所设计生成的预制构件图。是工厂生产和现场装配施工的重要依据。

### 2.3.1.2 预制构件工艺详图组成

(1) 图纸目录

说明工艺图各图纸名称、序号、构件类别、图幅等，便于查阅。

(2) 预制构件平面布置图

主要说明当前预制构件位置、预制层段以及与其他构件的对应关系，并对预制构件进行构件编号。主要包括：外墙板、内墙、隔墙、梁、楼板、柱、楼梯等各类预制结构平面布置图，是绘制预制构件工艺详图和现场吊装的主要依据。

(3) 技术说明及节点大样

总技术说明主要是对预制构件工艺详图进行补充说明。包括预制构件的生产技术要求、注意事项、处理方法、图纸体现不清楚需要进一步说明的内容等。

节点大样主要体现当前预制构件与其他构件的搭接关系，一般分为通用大样和特殊大样。

(4) 预制构件工艺详图

详细表达单独构件形状特征、配筋信息、水电预埋、节点大样、预埋件等内容。主要包括外墙板、内墙、隔墙、梁、楼板、柱、楼梯等工艺详图。是预制构件生产和 BOM 清单的主要依据。

(5) 构件三维布置图

见图 2-46。

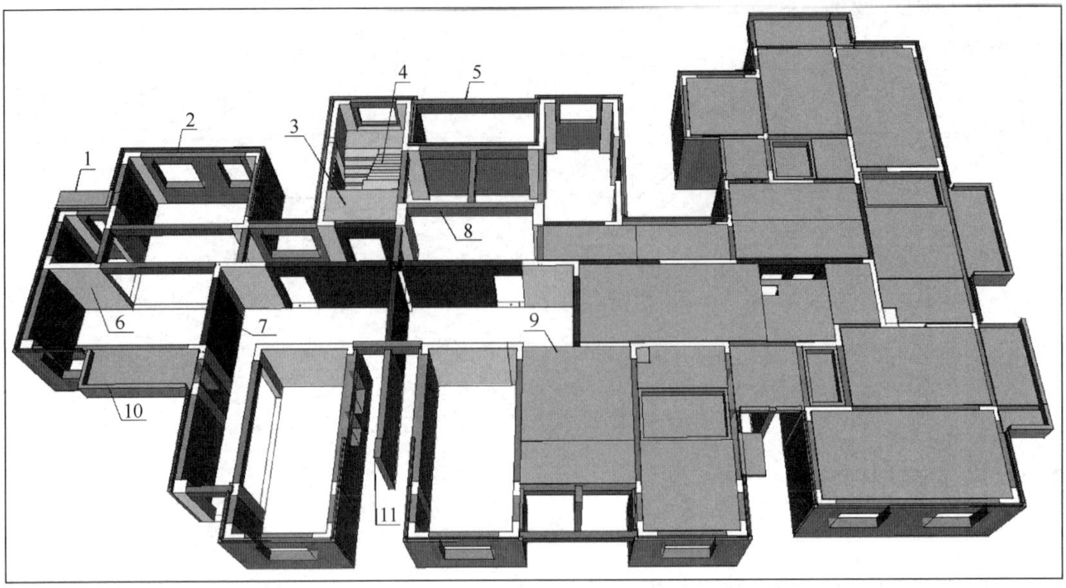


图 2-46　构件三维布置图

1—全预制空调板；2—预制外墙板；3—现浇平台板；4—预制楼梯；5—预制叠合梁；6—现浇剪力墙；7—预制内墙；8—现浇梁；9—预制叠合楼板；10—预制叠合阳台板；11—预制隔墙

## 2.3.2　预制构件平面布置图

### 2.3.2.1　预制构件平面布置图要点

（1）工艺平面布置图由预制构件平面图主体、结构标高表、技术说明、图例等部分组成。

1）构件平面图主体，是以建筑结构施工蓝图为依据，以当前预制构件拆分图为基础用建筑轴网结构墙柱定位图及相关构件为底图，并对当前预制构件进行编号和标注最终所形成的预制构件平面布置图。主要体现当前构件的投影形状、编号、位置、特殊标高、节点大样的索引符号、与相关构件的装配关系、预制层段等。以外墙板为例详见图 2-47。

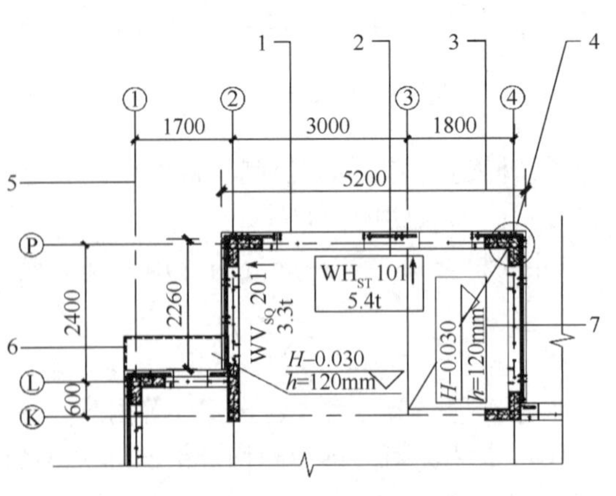


图 2-47　部分外墙板平面图

1—预制外墙板；2—构件编号；3—构件尺寸标注；4—现浇柱；5—轴网；6—预制空调板；7—特殊标高

2）结构标高表，一般直接借用结构施工蓝图上的标高表，用粗线标出当前预制构件的预制层段。主要体现信息有标高、层高、预制层段、构件混凝土等级等。

3）技术说明，主要说明构件厚度、

抗震等级、建筑结构标高差、构件数量、构件重量范围等。

4）图例，一般只放有预制构件、现浇混凝土、砌筑体、轻质材料等图例。

（2）预制构件平面图中构件尺寸是预制构件的最大长度尺寸。底图中的构件一般只画出与当前预制构件相关部分，算量时不能作为依据。

（3）预制构件编号组成：

1）外墙、内墙、隔墙、梁编号组成类似，以图 2-48 外墙板为例：

2）楼板编号组成：

见图 2-49。

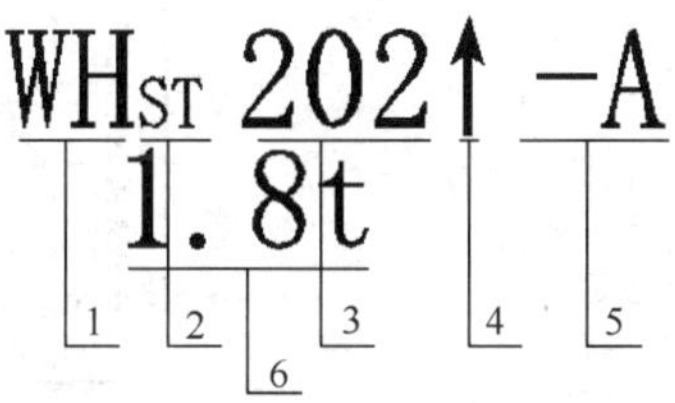


图 2-48　预制外墙板编号组成

1—构件类型代号［WH（V）—X（Y）轴线方向的外墙板］；2—特征代号（ST—需要水洗的梁带填充墙）；3—构件序号（202—第 2 排的第 2 个构件）；4—视图方向；5—后缀(仅代表吊装优先等级，不属于编号内容的一部分，根据需要设置)；6—结构重量（重量为估算所得，没考虑预埋件、开槽洞等影响，仅做参考，t 为重量单位：吨）

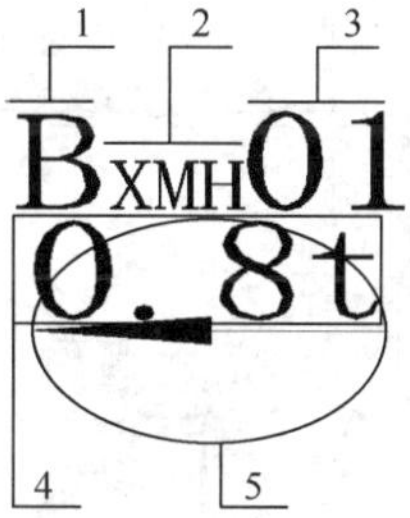


图 2-49　预制楼板编号组成

1—构件类型代号（B—板（包括楼板、空调板、阳台板、沉箱））；2—特征代号（XMH—表示下倒角、模板面、桁架）；3—构件序号（01—第 1 块楼板）；4—构件重量（重量为估算所得，没有考虑预埋件、开槽洞等影响，仅做参考，t 为重量单位：吨）；5—吊装方向

3）柱子编号组成：

见图 2-50。

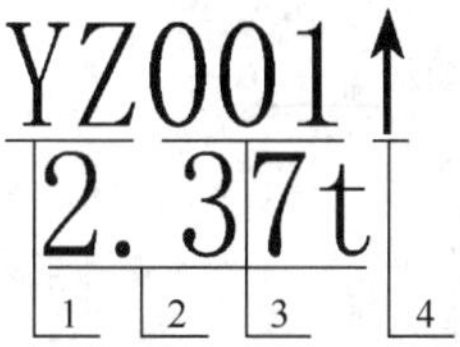


图 2-50　预制柱编号组成

1—构件类型代号（YZ—预制柱）；2—构件重量（重量为估算所得，没有考虑预埋件、开槽洞等影响，仅做参考，t 为重量单位：吨）；3—构件序号（001—第 1 块预制柱）；4—视图方向

### 2.3.2.2　各构件平面布置图举例说明

（1）预制外墙板平面布置图

见图 2-51。

（2）预制内墙板平面布置图

见图 2-52。

（3）预制隔墙板平面布置图

见图 2-53。

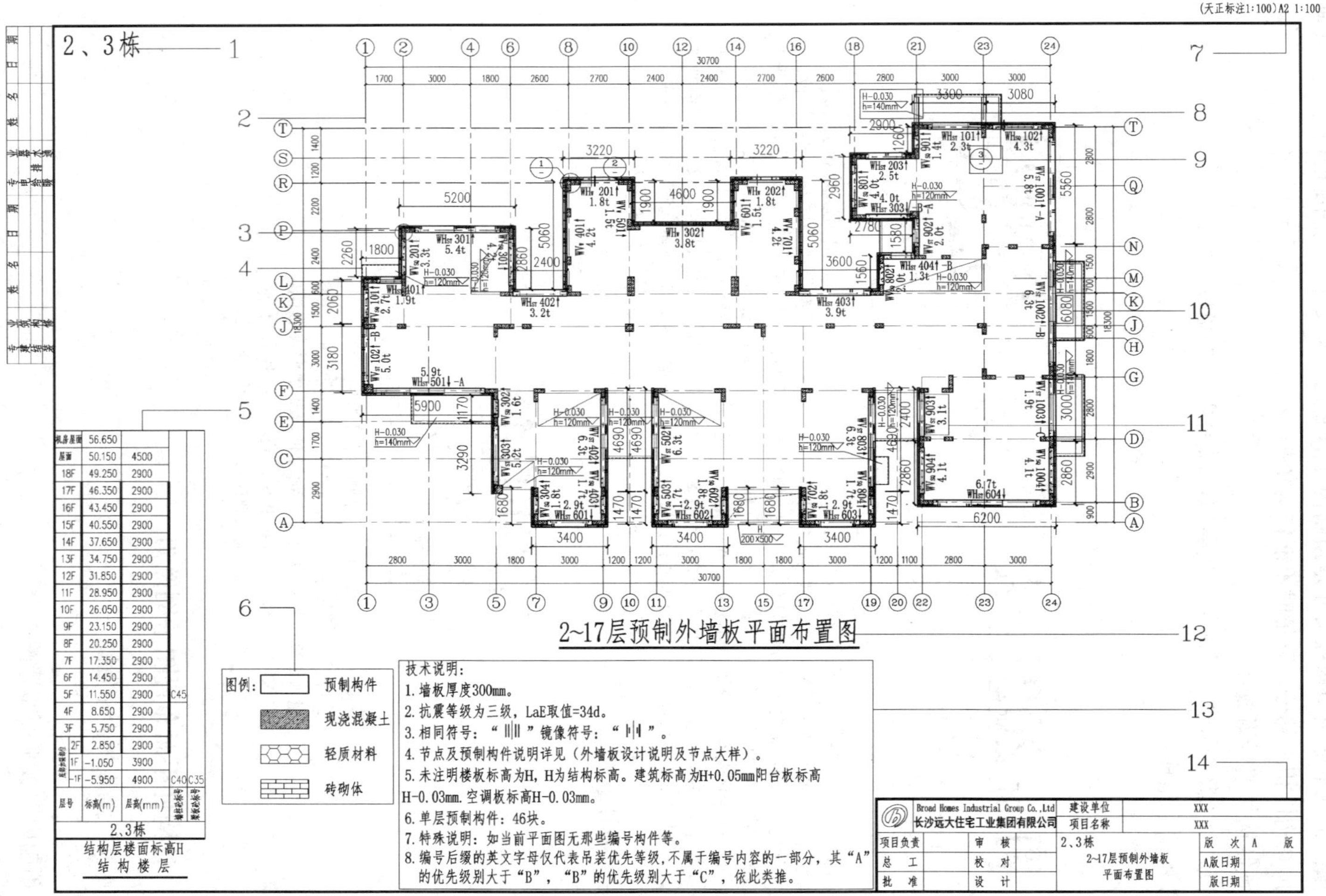


图 2-51 预制内墙板平面布置图（详图见文末插页）

1—生产栋号；2—平面图轴网；3—现浇墙柱；4—平面图底图；5—结构标高表；6—平面图图例；7—平面图比例；8—特殊标高；9—索引符号；10—构件尺寸标注；11—构件编号；12—平面图图名；13—技术说明；14—平面图标题栏

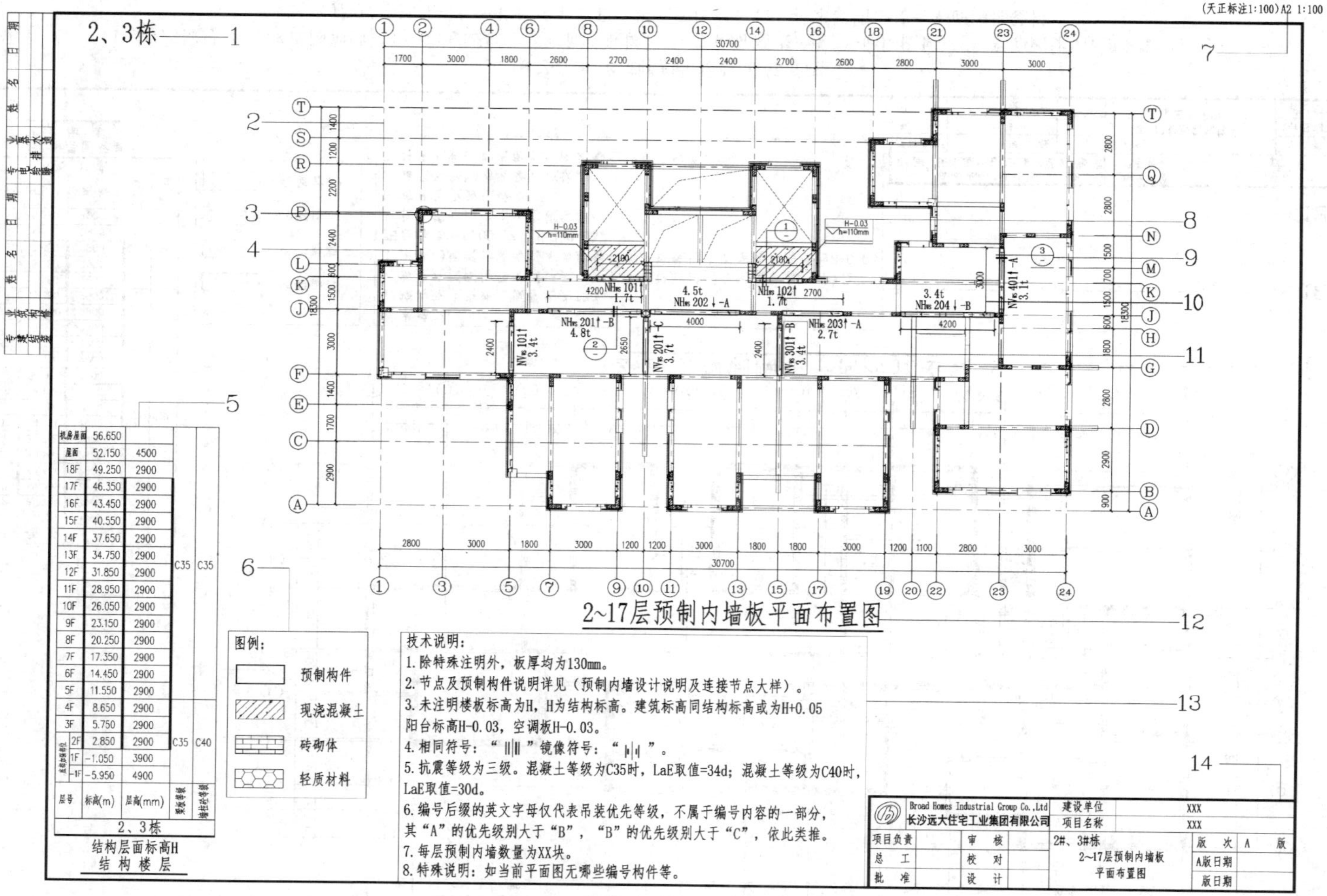


图 2-52　预制外墙板平面布置图

1—生产栋号；2—平面图轴网；3—现浇墙柱；4—平面图底图；5—结构标高表；6—平面图图例；7—平面图比例；8—特殊标高；9—索引符号；10—构件尺寸标注；11—构件编号；12—平面图图名；13—技术说明；14—平面图标题栏

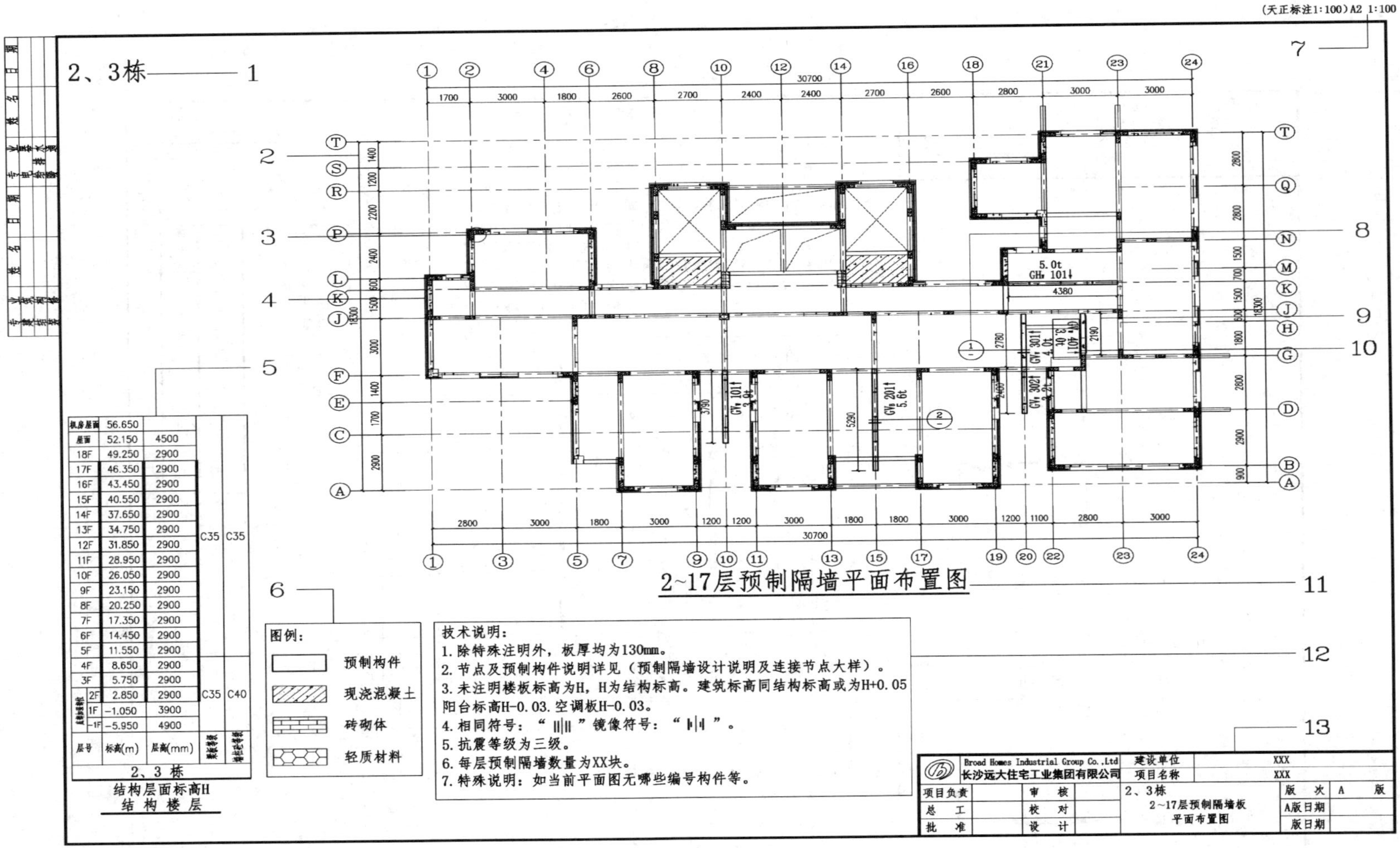


图 2-53　预制隔墙板平面布置图

1—生产栋号；2—平面图轴网；3—现浇墙柱；4—平面图底图；5—结构标高表；6—平面图图例；7—平面图比例；8—索引符号；9—构件尺寸标注；10—构件编号；11—平面图图名；12—技术说明；13—平面图标题栏

(4) 预制梁平面布置图

见图 2-54。

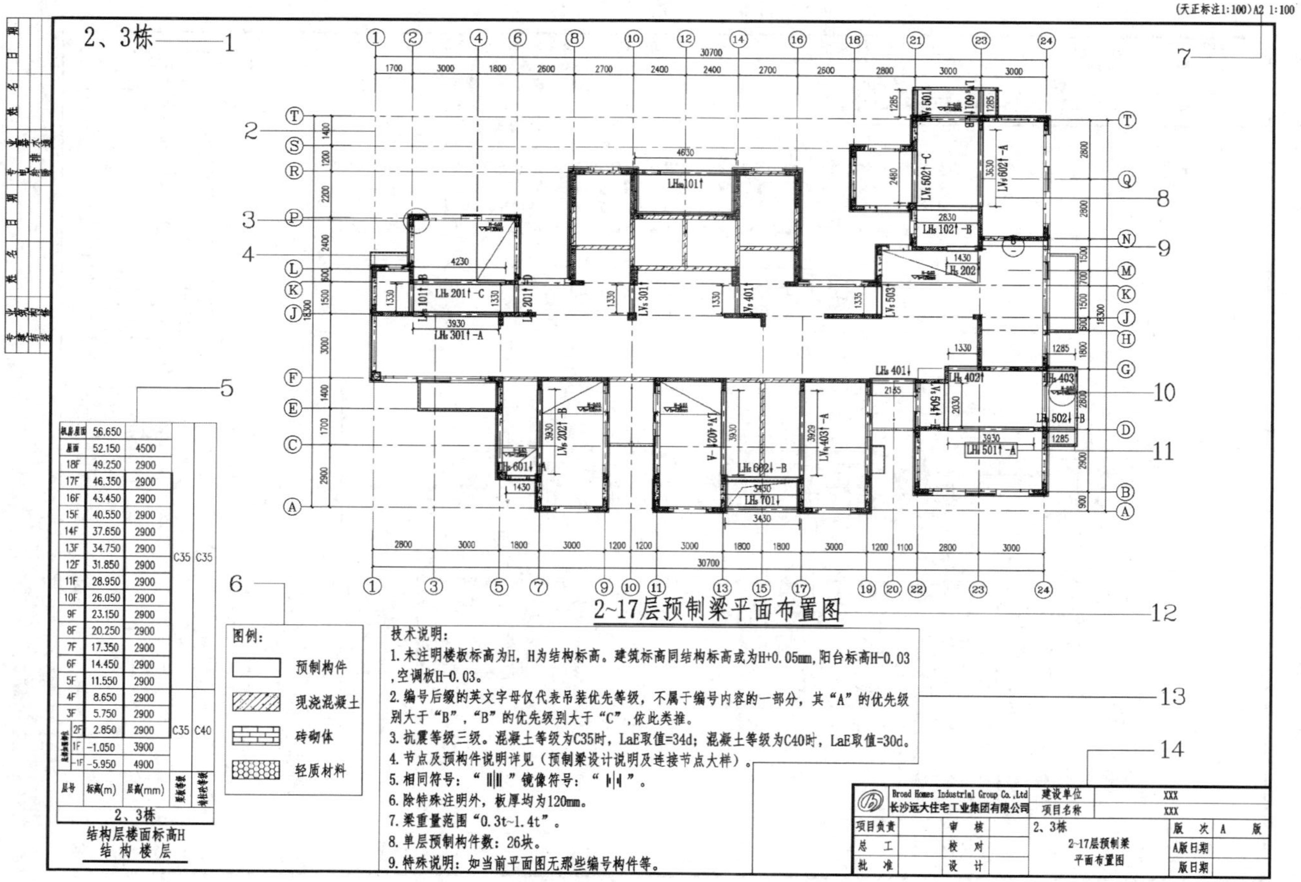


图 2-54 预制梁平面布置（详图见文末插页）

1—生产栋号；2—平面图轴网；3—现浇墙柱；4—平面图底图；5—结构标高表；6—平面图图例；7—平面图比例；8—构件尺寸标注；9—索引符号；10—特殊标高；11—构件编号；12—平面图图名；13—技术说明；14—平面图标题栏

(5) 预制楼板平面布置图

见图 2-55。

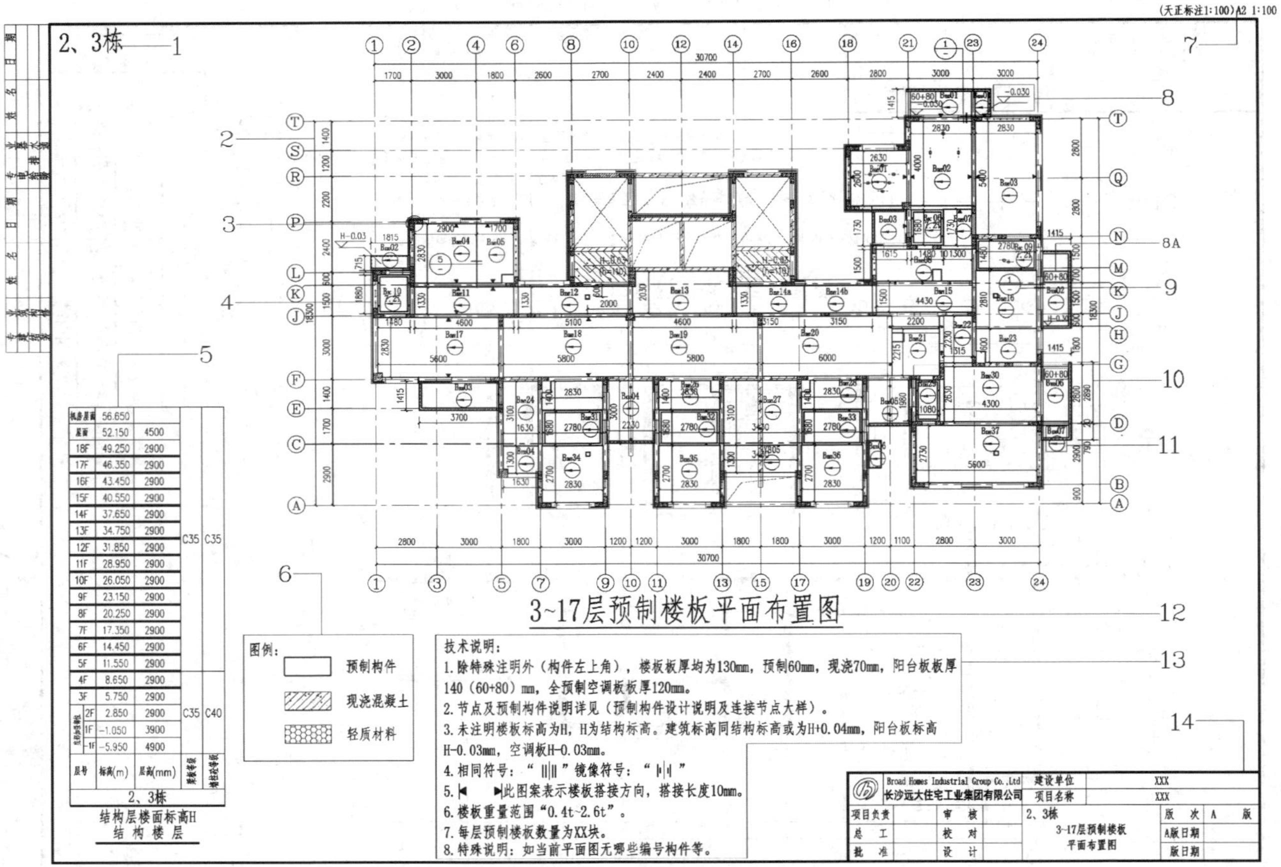


图 2-55 预制楼板平面布置（详图见文末插页）

1—生产栋号；2—平面图轴网；3—现浇墙柱；4—平面图底图；5—结构标高表；6—平面图图例；7—平面图比例；8—特殊标高；8A—阳台板预制厚度+现浇厚度；9—索引符号；10—构件尺寸标注；11—构件编号；12—平面图图名；13—技术说明；14—平面图标题栏

（6）预制柱平面布置图

见图 2-56。

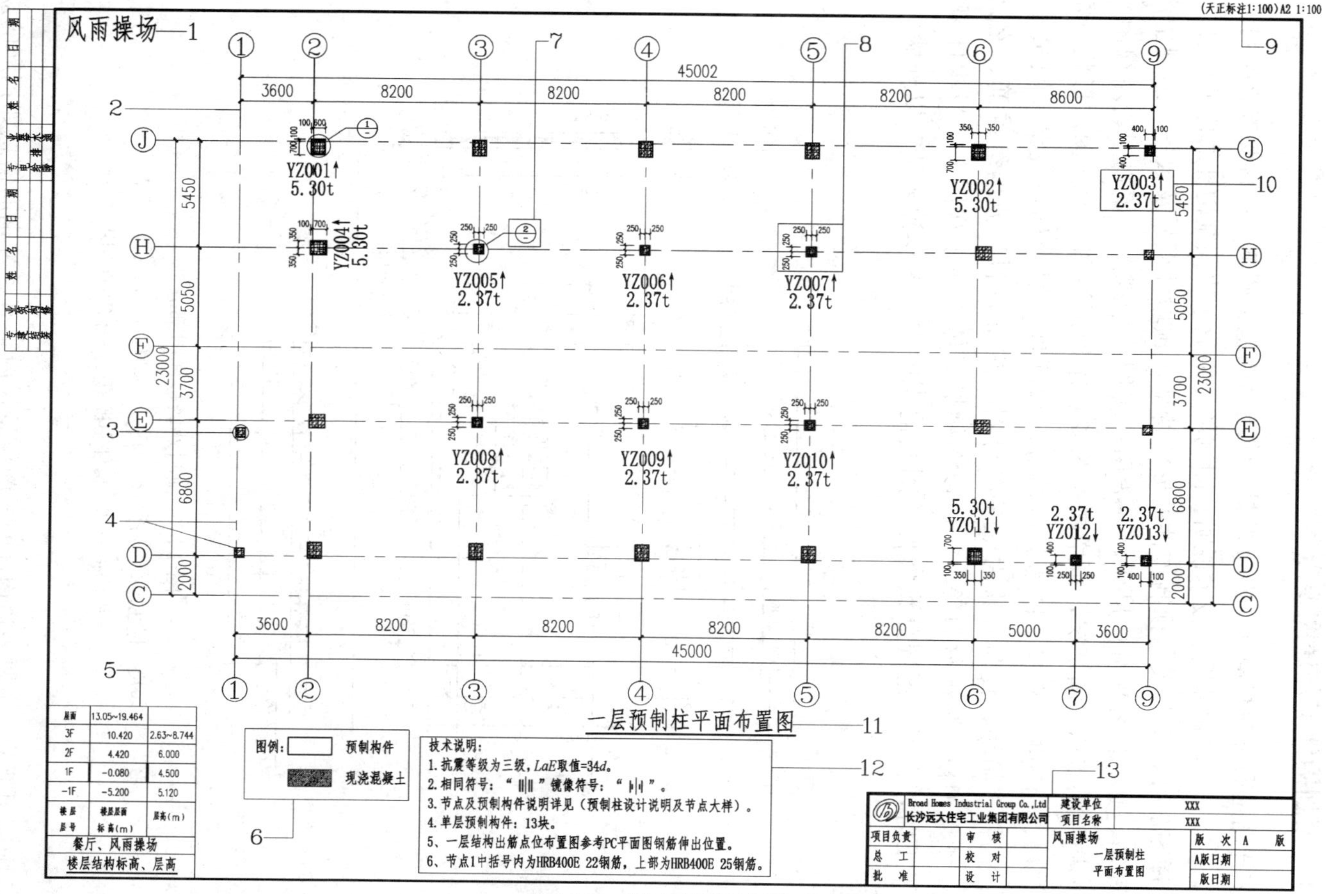


图 2-56　预制柱平面布置

1—生产栋号；2—平面图轴网；3—现浇墙柱；4—平面图底图；5—结构标高表；6—平面图图例；7—索引符号；8—尺寸标注；9—平面图比例；10—构件编号；11—平面图图名；12—技术说明；13—平面图标题栏

## 2.3.3 预制构件工艺详图

### 2.3.3.1 预制构件工艺详图要点

工艺详图是通过预制构件平面布置图、建筑结构施工蓝图、项目要求所绘制。主要由详图、配筋图、水电预埋图、技术说明、图例部分组成单块预制构件的详细信息。

1）详图部分，主要表达预制构件的形状特征、预埋件型号及数量、预制生产要求、重心位置等，并标注各部分的尺寸，一般用三视图（主视图、俯视图、左视图）绘制。根据每个构件的表达清晰情况，可增减视图或者添加剖视图、大样图。形状特征包括：外形、缺口、门窗洞、企口、凹槽、压槽等。预埋件一般会标示规格和数量，常见预埋件有：吊钉、吊环、套筒、软索、保温材料、减重材料、玻璃纤维筋、玄武岩筋、马凳筋、预埋钢板、装饰材料等、一般以图例形式体现在主视图上。当构件复杂主视图容纳不下时，也可以把部分预埋件放到其他识图中或者单独表达。以外墙为例详见图 2-57。

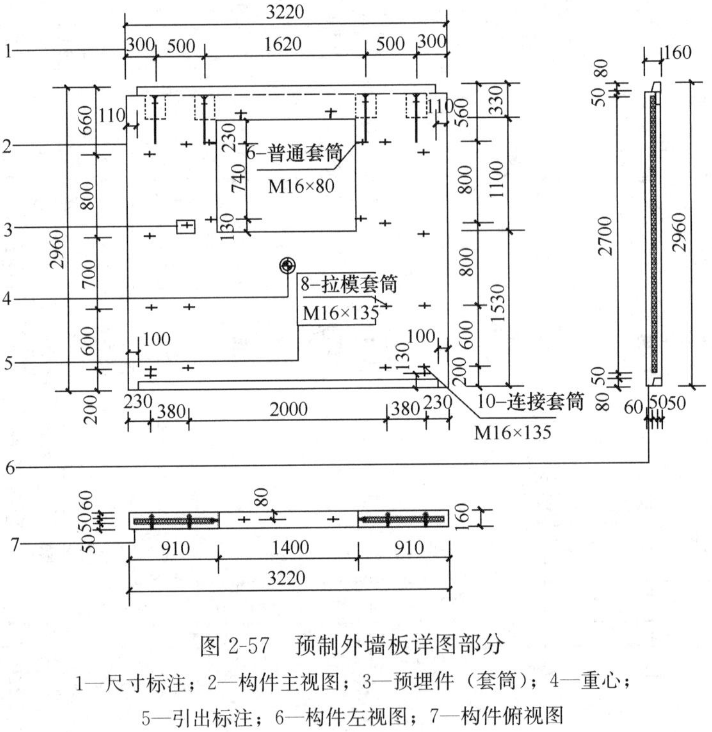


图 2-57 预制外墙板详图部分

1—尺寸标注；2—构件主视图；3—预埋件（套筒）；4—重心；
5—引出标注；6—构件左视图；7—构件俯视图

2）配筋图部分，主要表达构件的配筋信息，内容有各种钢筋信息如钢筋的规格、型号、长度、形状、布置间距、数量、具体的放置、钢筋加工要求等。一般是在配筋图中画出对应位置并标出钢筋序号，以钢筋表格形式体现钢筋具体下料信息。根据构件种类不同可能在表达方面存在差异。

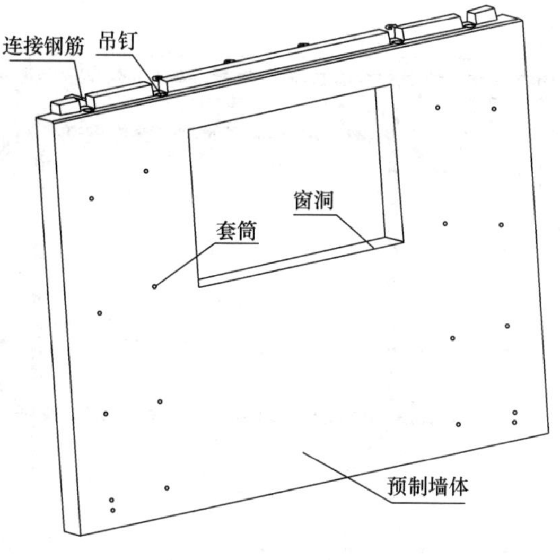


图 2-58　预制外墙板三维示意

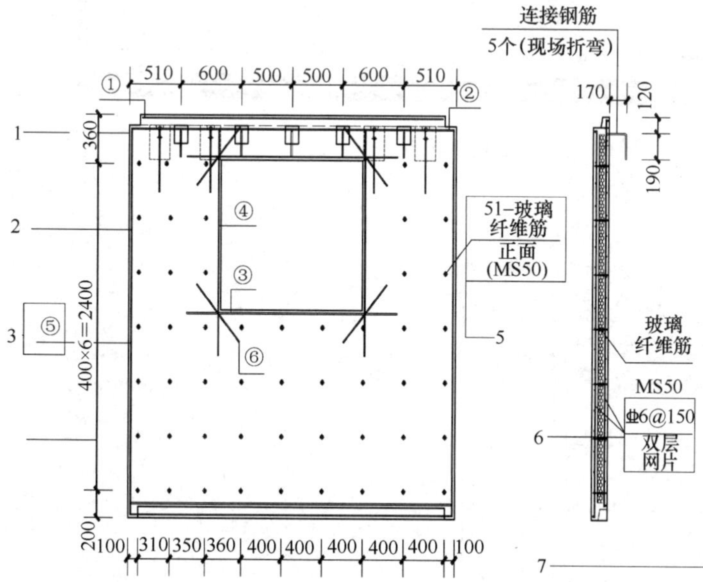


| 外挂板钢筋下料表 | | | | | | |
|---|---|---|---|---|---|---|
| 楼层 | 钢筋编号 | 混凝土等级 | 种类 | 规格 | 长度 | 钢筋示意图 |
| 2-17 | 1 | C35 | 水平钢筋 | 1Φ10 | 2960 | 2960 |
| 2-17 | 2 | C35 | 水平钢筋 | 3Φ10 | 3180 | 3180 |
| 2-17 | 3 | C35 | 水平钢筋 | 4Φ10 | 2080 | 2080 |
| 2-17 | 4 | C35 | 竖向钢筋 | 4Φ10 | 1670 | 1670 |
| 2-17 | 5 | C35 | 竖向钢筋 | 4Φ10 | 2840 | 2840 |
| 2-17 | 6 | C35 | 加强钢筋 | 8Φ10 | 600 | 600 |
| 2-17 | | C35 | 网片钢筋 | Φ6@150 | | 双层双向 |

图 2-59　预制外墙板配筋图部分

1—构件主视图；2—四周钢筋；3—钢筋引出标注；4—玻璃纤维筋定位尺寸；
5—玻璃纤维筋引出标注；6—钢筋网片引出标注；7—钢筋下料表

3）水电预埋图部分，主要体现水、电、暖设备的点位布置、线管路敷设，需要在预制构件上预埋线盒、线管、对接孔、空调孔、排气孔、墙槽等。

4）技术说明、图例及钢筋下料表部分，主要表达单独构件的一些技术补充说明、钢筋下料表及钢筋大样、非通用图例等，其中非特殊技术说明常写入总技术说明中，没有单张详图体现。

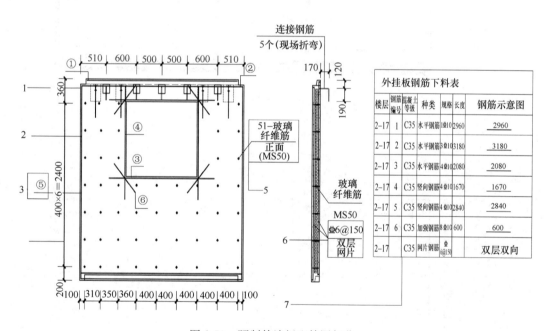

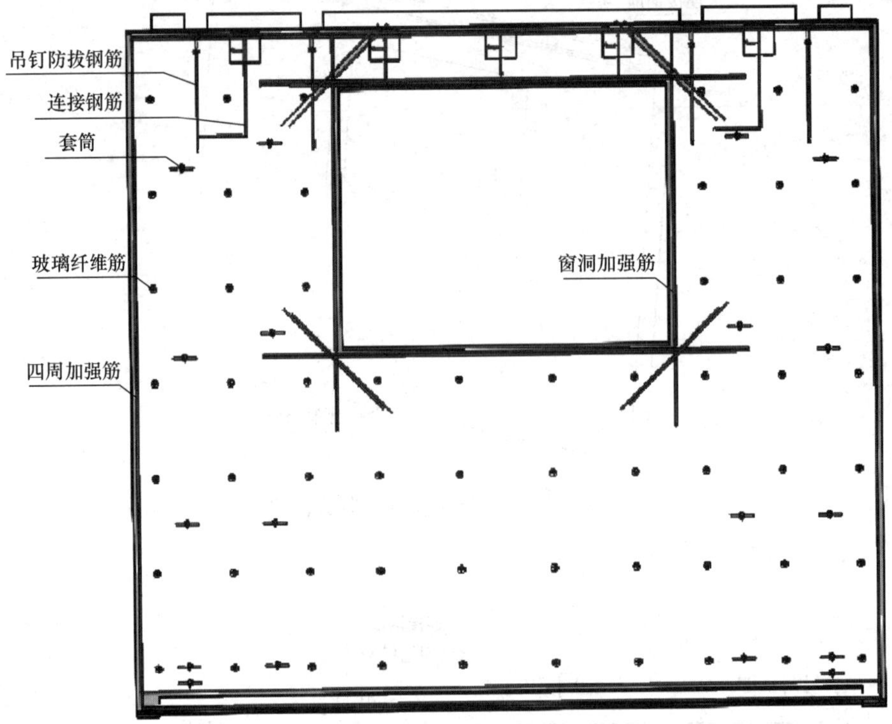


图 2-60　预制外墙板三维配筋图

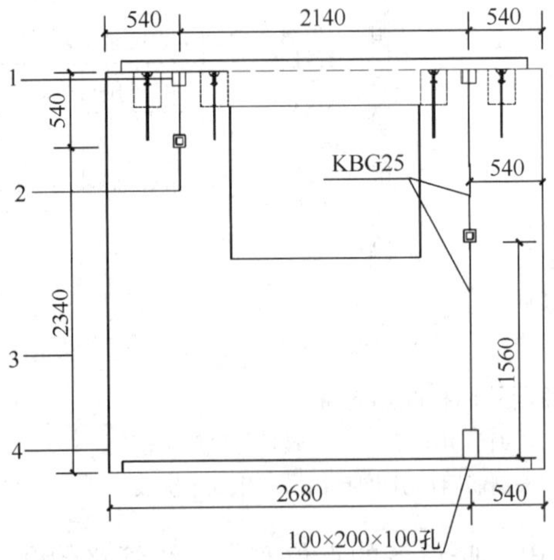


图 2-61　预制外墙板水电预埋图

1—接管孔；2—预埋 86 盒；3—定位尺寸；4—构件主视图

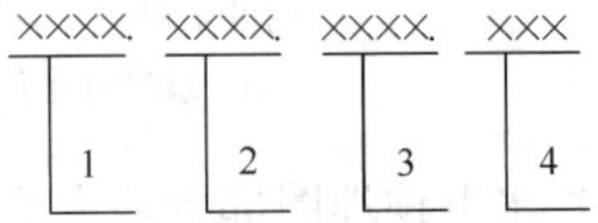


图 2-62　构件物料编码组成图

1—构件类别；2—项目编号（栋号）；
3—预制层段；4—流水号

### 2.3.3.2 常用图例表

将常用图例汇总如下表所示：
见表 2-1～表 2-6。

水电预埋图例表　　表 2-1

| 名称 | 图例 | 名称 | 图例 |
|---|---|---|---|
| 正反面 SC86 铁盒（$H$=50） |  | PVC 三通（$De$50） |  |
| 正反面 SC86 铁盒（$H$=60） |  | PVC 三通（$De$75） |  |
| 正反面 SC86 铁盒（$H$=70） |  | PVC 三通（$De$110） |  |
| 反面加高型 SC86 铁盒（$H$=80） |  | PVC 三通（$De$160） | 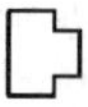 |
| 反面加高型 SC86 铁盒（$H$=90） |  | PVC 直接（$De$16） |  |
| 反面加高型 SC86 铁盒（$H$=100） |  | PVC 直接（$De$20） |  |
| 反面加高型 SC86 铁盒（$H$=110） |  | PVC 直接（$De$25） |  |
| 反面加高型 SC86 铁盒（$H$=120） |  | PVC 直接（$De$32） |  |
| PVC90°弯头（$De$50） |  | PVC 直接（$De$40） |  |
| PVC90°弯头（$De$75） |  | PVC 直接（$De$50） |  |
| PVC90°弯头（$De$110） |  | PVC 直接（$De$75） |  |
| PVC90°弯头（$De$160） |  | PVC 直接（$De$110） |  |
| 正面户内强电箱 | ZQ | PVC 直接（$De$160） |  |
| 反面户内强电箱 | FQ | 接管孔 1 | 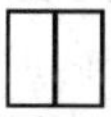 |
| 正面户内弱电箱 | ZR | 接管孔 2 | 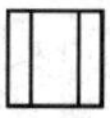 |
| 反面户内弱电箱 | FR | 接管孔 3 | 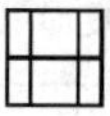 |
| PVC 套管（$De$50） |  | 接管孔 4 |  |
| PVC 套管（$De$75） |  | PVC 套管（$De$160） |  |
| PVC 套管（$De$110） |  | | |

**水电预埋图例表** **表 2-2**

| 名称 | 图例 | 名称 | 图例 |
|---|---|---|---|
| 正面 PVC86 盒（$H=50$） |  | 反面加高型 KBG86 铁盒（$H=90$） | ■ |
| 正面 PVC86 盒（$H=60$） |  | 反面加高型 KBG86 铁盒（$H=100$） | ■ |
| 正面 PVC86 盒（$H=70$） |  | 反面加高型 KBG86 铁盒（$H=110$） | ■ |
| 反面 PVC86 盒（$H=50$） | ⧇ | 反面加高型 KBG86 铁盒（$H=120$） | ■ |
| 反面 PVC86 盒（$H=60$） | ⧇ | 正面 JDG86 铁盒（$H=50$） | ⊠ |
| 反面 PVC86 盒（$H=70$） | ⧇ | 正面 JDG86 铁盒（$H=60$） | ⊠ |
| 正反面 PVC86 盒（$H=50$） |  | 正面 JDG86 铁盒（$H=70$） | ⊠ |
| 正反面 PVC86 盒（$H=60$） |  | 反面 JDG86 铁盒（$H=50$） | ⧈ |
| 正反面 PVC86 盒（$H=70$） |  | 反面 JDG86 铁盒（$H=60$） | ⧈ |
| 反面加高型 PVC86 盒（$H=80$） | ▨ | 反面 JDG86 铁盒（$H=70$） | ⧈ |
| 反面加高型 PVC86 盒（$H=90$） | ▨ | 正反面 JDG86 铁盒（$H=50$） |  |
| 反面加高型 PVC86 盒（$H=100$） | ▨ | 正反面 JDG86 铁盒（$H=60$） |  |
| 反面加高型 PVC86 盒（$H=110$） | ▨ | 正反面 JDG86 铁盒（$H=70$） |  |
| 反面加高型 PVC86 盒（$H=120$） | ▨ | 反面加高型 JDG86 铁盒（$H=80$） | ■ |
| 正面 KBG86 铁盒（$H=50$） | ⊠ | 反面加高型 JDG86 铁盒（$H=90$） | ■ |
| 正面 KBG86 铁盒（$H=60$） | ⊠ | 反面加高型 JDG86 铁盒（$H=100$） | ■ |
| 正面 KBG86 铁盒（$H=70$） | ⊠ | 反面加高型 JDG86 铁盒（$H=110$） | ■ |
| 反面 KBG86 铁盒（$H=50$） | ⧈ | 反面加高型 JDG86 铁盒（$H=120$） | ■ |
| 反面 KBG86 铁盒（$H=60$） | ⧈ | 正面 SC86 铁盒（$H=50$） | ⊠ |
| 反面 KBG86 铁盒（$H=70$） | ⧈ | 正面 SC86 铁盒（$H=60$） | ⊠ |
| 正反面 KBG86 铁盒（$H=50$） |  | 正面 SC86 铁盒（$H=70$） | ⊠ |
| 正反面 KBG86 铁盒（$H=60$） |  | 反面 SC86 铁盒（$H=50$） | ⧈ |
| 正反面 KBG86 铁盒（$H=70$） |  | 反面 SC86 铁盒（$H=60$） | ⧈ |
| 反面加高型 KBG86 铁盒（$H=80$） | ■ | 反面 SC86 铁盒（$H=70$） | ⧈ |

**灌浆套筒图例表** **表 2-3**

| 名称 | 图例 | 名称 | 图例 |
|---|---|---|---|
| 薄壁灌浆套筒 $\phi$50×210×75 |  | 半灌浆套筒(巨丰)GTZB4 12/12A |  |
| 薄壁灌浆套筒 $\phi$50×210×125 |  | 半灌浆套筒(巨丰)GTZB4 14/14A |  |
| 薄壁灌浆套筒 $\phi$50×260×125 |  | 半灌浆套筒(巨丰)CTZB4 16/16A |  |
| 薄壁灌浆套筒 $\phi$48×275×83 |  | 半灌浆套筒(巨丰)GTZB4 18/18A |  |
| 半灌浆套筒(营造)GTB4-14-A |  | 半灌浆套筒(巨丰)GTZB4 18/18B |  |
| 半灌浆套筒(营造)GTB4-16-A |  | 半灌浆套筒(巨丰)CTZB4 20/20A |  |
| 半灌浆套筒(营造)GTB4-18-A |  | 半灌浆套筒(巨丰)GTZB4 22/22A |  |
| 半灌浆套筒(营造)GTB4-20-A |  | 半灌浆套筒(巨丰)GTZB4 25/25A |  |
| 半灌浆套筒(营造)GTB4-22-A |  | 半灌浆套筒(巨丰)GTZB4 28/28A |  |
| 半灌浆套筒(营造)GTB4-25-A |  | 半灌浆套筒(巨丰)CTZB4 22/20A |  |
| 半灌浆套筒(营造)GTB4-28/28A | 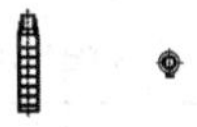 | 半灌浆套筒(巨丰)GTZB4 25/22A |  |
| 全灌浆套筒(利物宝)LWBGTZQ4-12 |  | 半灌浆套筒(思达建茂)GTJB4 12/12A |  |
| 全灌浆套筒(利物宝)LWBGTZQ4-14 |   | 半灌浆套筒(思达建茂)GTJB4 14/14A |  |
| 全灌浆套筒(利物宝)LWBGTZQ4-16 |   | 半灌浆套筒(思达建茂)GTJB4 16/16A |  |
| 全灌浆套筒(利物宝)LWBGTZQ4-18 |   | 半灌浆套筒(思达建茂)GTJB4 18/18A |  |
| 全灌浆套筒(利物宝)LWBGTZQ4-20 | 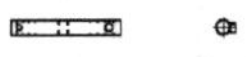  | 半灌浆套筒(思达建茂)CTJB4 20/20A |  |
| 全灌浆套筒(利物宝)LWBGTZQ4-22 | 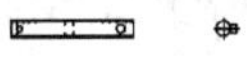 | 半灌浆套筒(思达建茂)GTJB4 22/22A |  |
| 全灌浆套筒(利物宝)LWBGTZQ4-25 |   | 半灌浆套筒(思达建茂)GTJB4 25/25A |  |
| 全灌浆套筒(利物宝)LWBGTZQ4-28 | 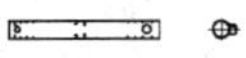  | 半灌浆套筒(思达建茂)GTJB4 28/28A |  |
| 全灌浆套筒(利物宝)LWBGTZQ4-32 |  | | |

### 套筒及钢筋等级图例表

表 2-4

| 名称 | 图例 | 名称 | 图例 |
|---|---|---|---|
| 一级、二级、三级钢 | | M16×35 镀锌 | |
| 直螺纹标准型套筒(BB 4 12) | | M12×60 镀锌 | |
| 直螺纹标准型套筒(BB 4 14) | | M16×70 镀锌 | |
| 直螺纹标准型套筒(BB 4 16) | | H16×80 镀锌 | |
| 直螺纹标准型套筒(BB 4 18) | | M16×100 镀锌 | |
| 直螺纹标准型套筒(BB 4 20) | | M20×100 镀锌 | |
| 直螺纹标准型套筒(BB 4 22) | | 双杆套筒 M16×135 镀锌 | |
| 直螺纹标准型套筒(BB 4 25) | | 双杆双排套筒 M16×135 镀锌 | |
| 直螺纹异型套筒(BY 4 18/14) | | 单杆双排套筒 M16×80 镀锌 | |
| 直螺纹异型套筒(BY 4 20/14) | | 斜支撑套筒 M16×70 | |
| 直螺纹异型套筒(BY 4 25/14) | | 斜支撑套筒 M16×80 | |
| 直螺纹异型套筒(BY 4 25/16) | | 斜支撑套筒 M16×135 | |

### 连接件、拉结件、波纹管图例表

表 2-5

| 名称 | 图例 | 名称 | 图例 |
|---|---|---|---|
| 玻璃纤维连接件(汇鑫)MS30 | | 片状支撑拉结件(SP-FA-1-175-120) | |
| 玻璃纤维连接件(汇鑫)MS50 | | 片状支撑拉结件(SP-FA-1-175-160) | |
| 玻璃纤维连接件(汇鑫)MS60 | | 片状支撑拉结件(SP-FA-1-175-200) | |
| 玻璃纤维连接件(汇鑫)MS80 | | 片状支撑拉结件(SP-FA-1-200-120) | |
| 玻璃纤维连接件(汇鑫)MC70 | | 片状支撑拉结件(SP-FA-2-120-150) | |
| 玻璃纤维连接件(汇鑫)MC80 | | 限位拉结件(SP-SPA-N-03-160) | |
| 玻璃纤维连接件(营造)MS30 | | 限位拉结件(SP-SPA-N-04-180) | |
| 玻璃纤维连接件(营造)MS70 | | 限位拉结件(SP-SPA-A-04-180) | |
| 玻璃纤维连接件(营造)MS80 | | 注浆波纹管(内径 $\phi$19，外径 $\phi$21) | |
| 玻璃纤维连接件(斯贝尔) LJJ-111-105/30 | | 金属波纹管(内径 $\phi$50，外径 $\phi$54) | |
| 片状支撑拉结件(SP-FA-1-175-80) | | | |

**吊具、支撑环、木方图例表** **表 2-6**

| 名称 | 图例 | 名称 | 图例 |
|---|---|---|---|
| 圆头吊装锚钉(H6000-2.5-0070) |  | 支撑环(HPB300-$\phi$14-L650) | 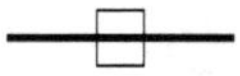 |
| 圆头吊装锚钉(H6000-2.5-0080) |  | 支撑环(HPB300-$\phi$14-L700) | 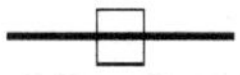 |
| 圆头吊装锚钉(H6000-2.5-0090) | 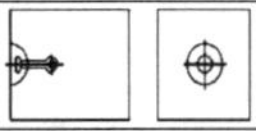 | 支撑环(HPB300-$\phi$14-L760) | 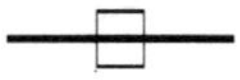 |
| 圆头吊装锚钉(H6000-2.5-0100) |  | 支撑环(HPB300-$\phi$14-L820) | 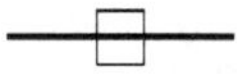 |
| 圆头吊装锚钉(H6000-2.5-0120) |  | 支撑环(HPB300-$\phi$14-L940) | 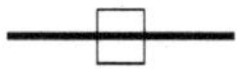 |
| 圆头吊装锚钉(H6000-2.5-0140) |  | 木方-防腐木砖(80×80×100) |  |
| 圆头吊装锚钉(H6000-2.5-0170) |  | 木方-防腐木砖(80×120×100) | 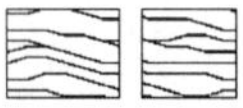 |
| 圆头吊装锚钉(H6000-5.0-0180) |  | 木方-防腐木砖(60×60×100) |  |
| 圆头吊装锚钉(H6000-5.0-0240) |  | 木方-防腐木砖(50×50×20) |  |
| 圆头吊装锚钉(H6000-5.0-0270) |  | 木方-防腐松木方(30×30×100) |  |
| 吊环 | 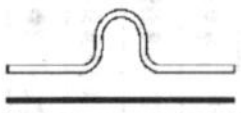 | | |

**锚环、牛担板、锚固板图例表** **表 2-7**

| 名称 | 图例 | 名称 | 图例 |
|---|---|---|---|
| 钢丝绳锚环(L=80mm) |  | M12-部分锚固板 |  |
| 钢丝绳锚环(L=100mm) |  | M14-部分锚固板 |  |
| 钢丝绳锚环(L=120mm) |  | M16-部分锚固板 |  |
| 哈芬槽(HTA49/30-150) | 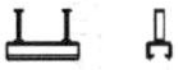 | M18-部分锚固板 |  |
| 牛担板(2-340×270×15) |  | M20-部分锚固板 | 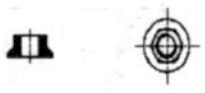 |
| 牛担板(2-340×320×20) |  | M22-部分锚固板 | 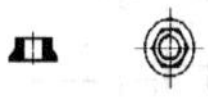 |
| 牛担板(2-340×340×15) | 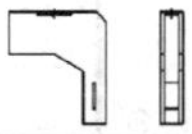 | M25-部分锚固板 | 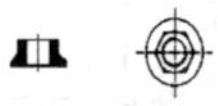 |
| 牛担板(2-340×340×20) | 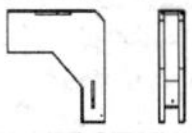 | M28-部分锚固板 | 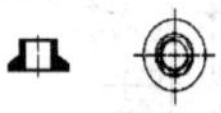 |

### 2.3.3.3 详图举例如下：

(1) 预制外墙板详图

见图 2-63、图 2-64、图 2-65、图 2-66。

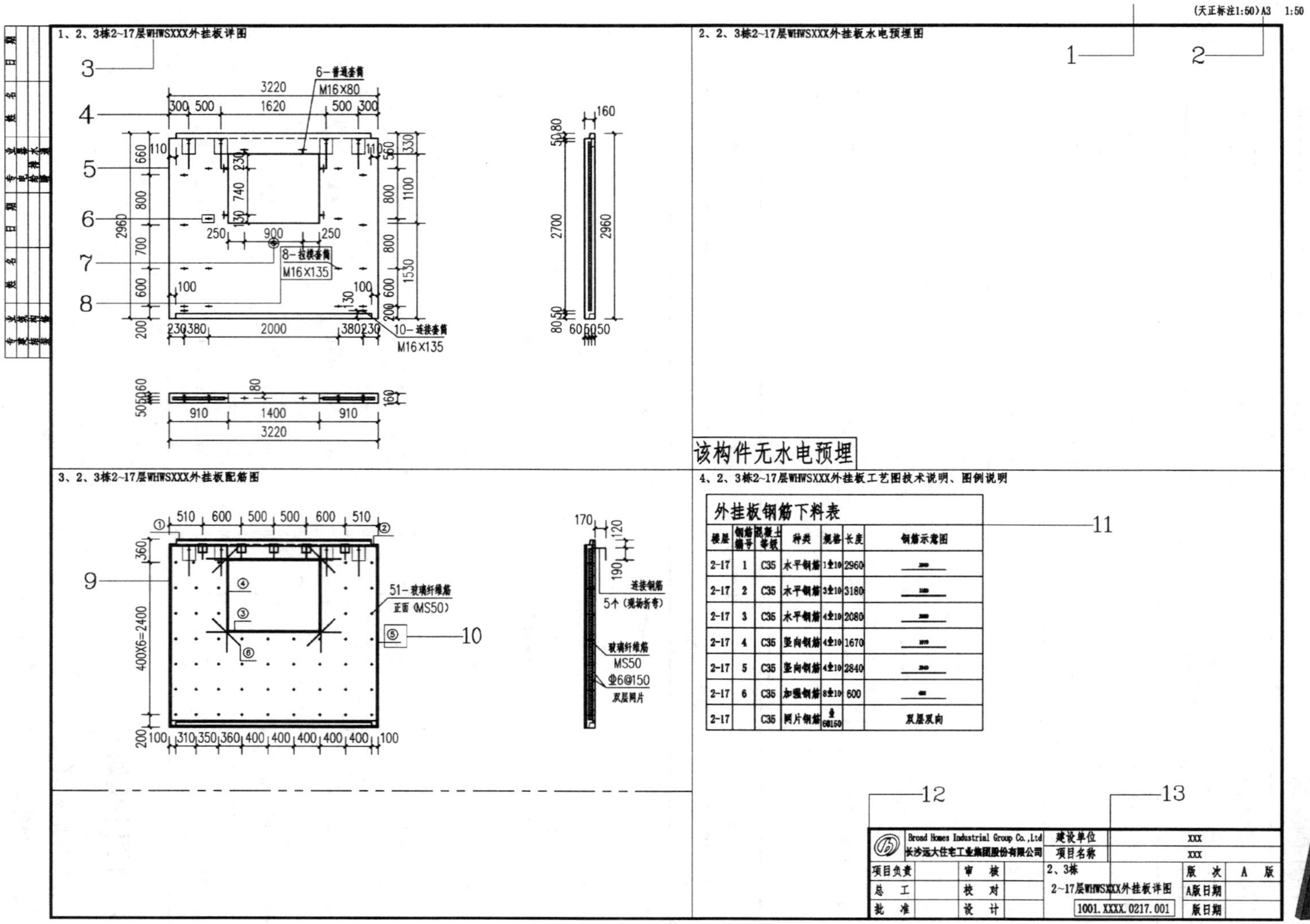


图 2-63　预制外挂板详图

1—详图图框；2—详图比例；3—详图分区标题；4—尺寸标注；5—构件主视图；6—预埋件（套筒）；7—重心；8—引出标注；9—四周钢筋；10—钢筋引出标注；11—钢筋下料表；12—详图标题栏；13—构件物料编码

图 2-64　预制外挂板三维示意

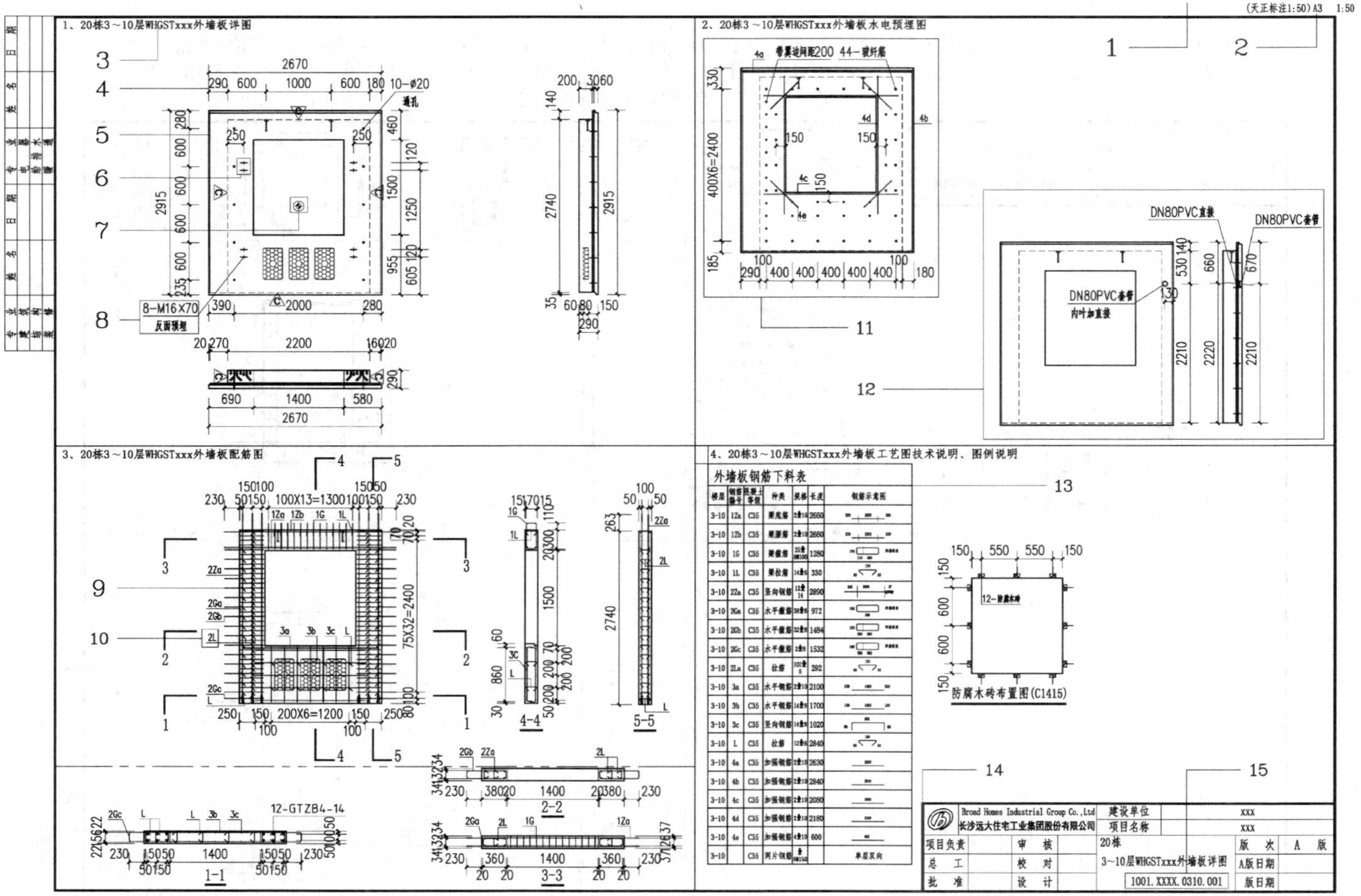


图 2-65　预制外剪力墙板详图（详图见文末插页）

1—详图图框；2—详图比例；3—详图分区标题；4—尺寸标注；5—构件主视图；6—预埋件（套筒）；7—重心；8—引出标注；9—箍筋；10—箍筋引出标注；11—外叶加强钢筋及连接件布置图；12—水电预埋图；13—钢筋下料表；14—详图标题栏；15—构件物料编码

图 2-66　预制外剪力墙板三维示意

## （2）预制内墙板详图

图 2-67、图 2-68。

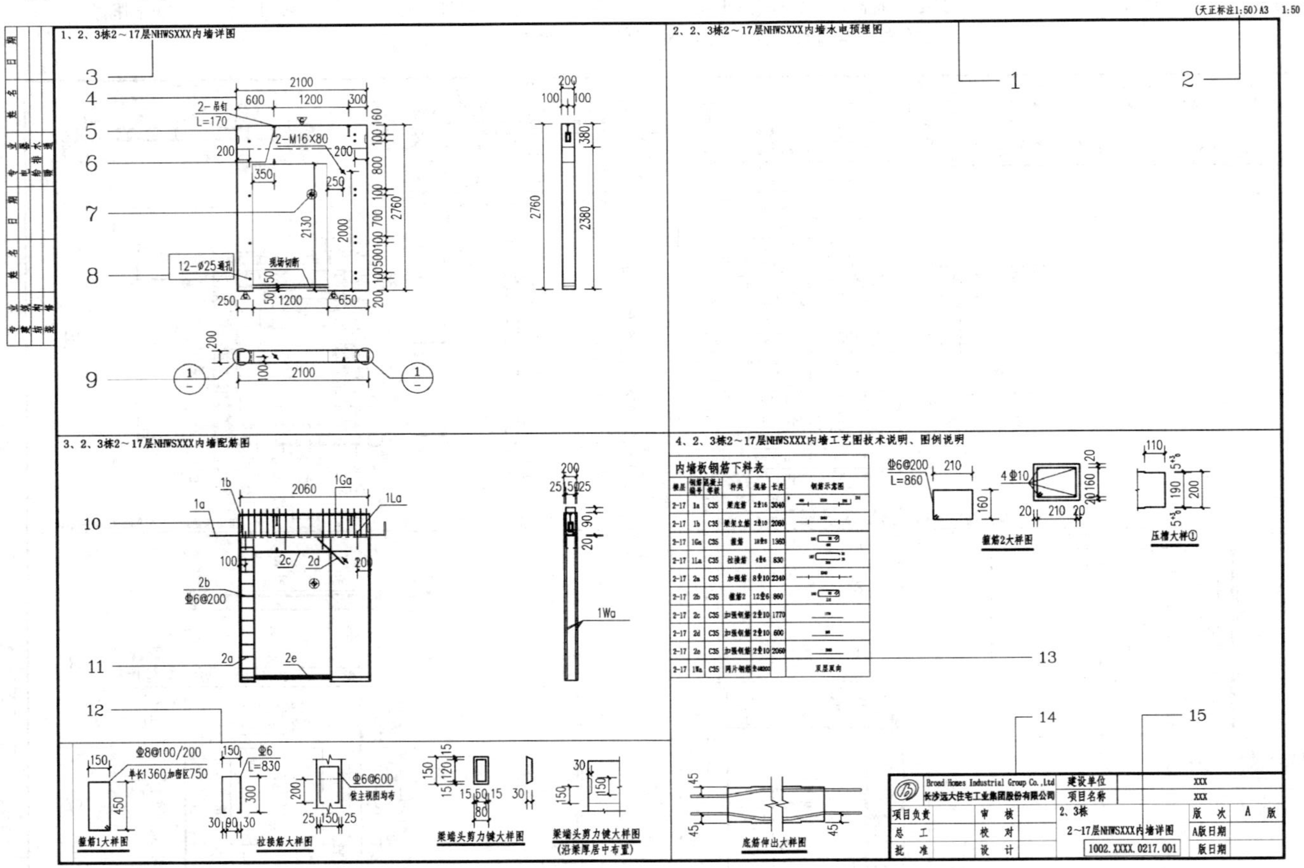


图 2-67　预制内墙板详图（详图见文末插页）

1—详图图框；2—详图比例；3—详图分区标题；4—尺寸标注；5—构件主视图；6—预埋件（吊钉）；7—重心；8—引出标注；9—指向索引；10—梁箍筋；11—钢筋引出标注；12—详图大样；13—钢筋下料表；14—详图标题栏；15—构件物料编码

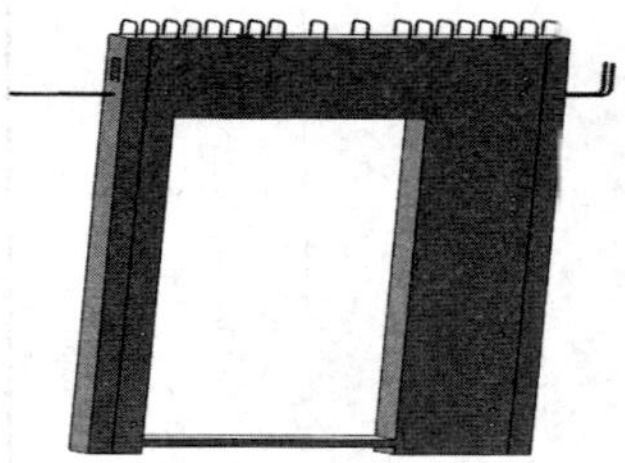

图 2-68　预制内墙板三维示意

(3) 预制隔墙板详图

见图 2-69、图 2-70。

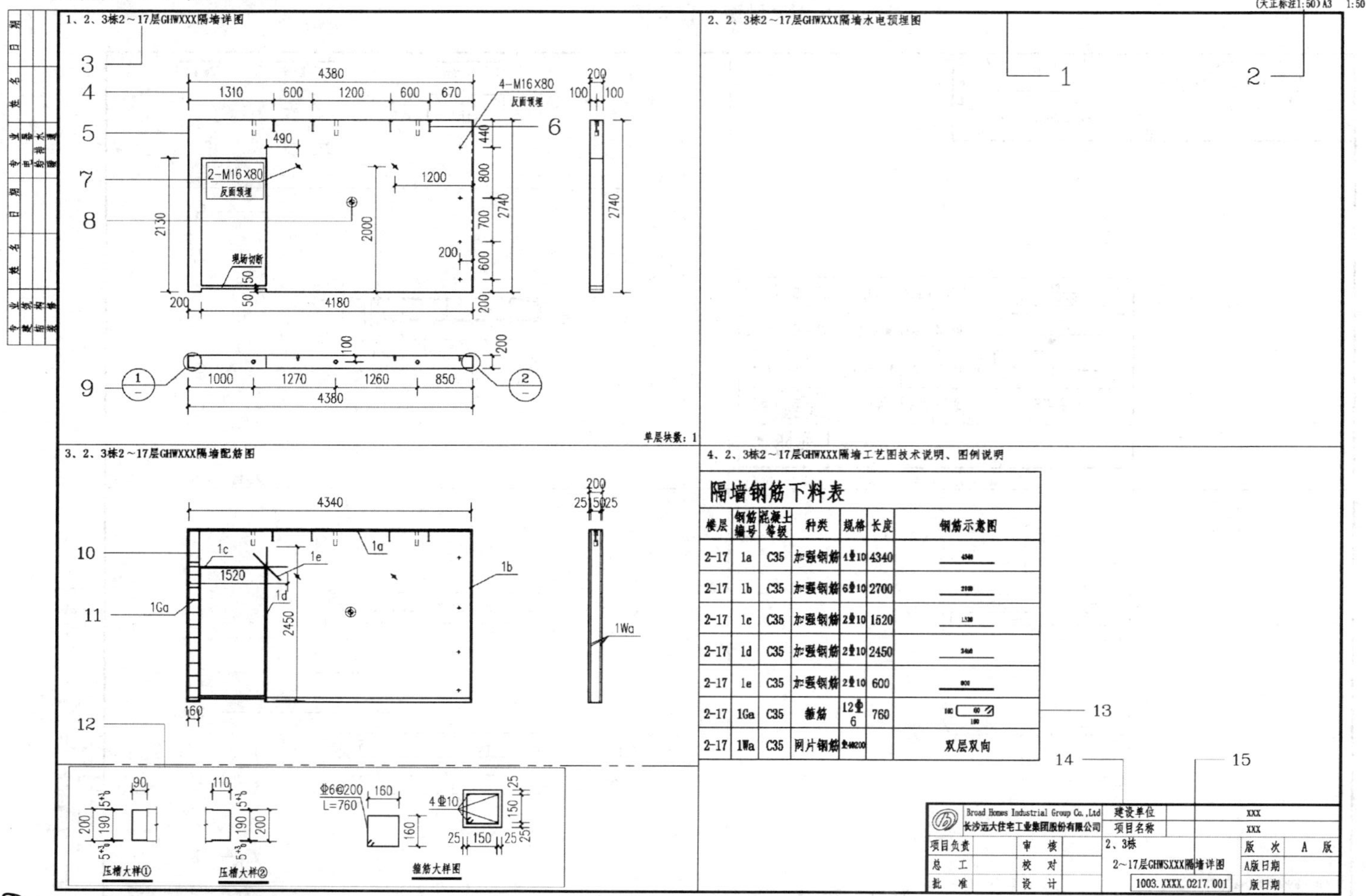


**隔墙钢筋下料表**

| 楼层 | 钢筋编号 | 混凝土等级 | 种类 | 规格 | 长度 | 钢筋示意图 |
|---|---|---|---|---|---|---|
| 2-17 | 1a | C35 | 加强钢筋 | 1Φ10 | 4340 | |
| 2-17 | 1b | C35 | 加强钢筋 | 6Φ10 | 2700 | |
| 2-17 | 1c | C35 | 加强钢筋 | 2Φ10 | 1520 | |
| 2-17 | 1d | C35 | 加强钢筋 | 2Φ10 | 2450 | |
| 2-17 | 1e | C35 | 加强钢筋 | 2Φ10 | 600 | |
| 2-17 | 1Ga | C35 | 箍筋 | 12Φ6 | 760 | |
| 2-17 | 1Wa | C35 | 网片钢筋 | Φ4@200 | | 双层双向 |

图 2-69 预制隔墙板详图

1—详图图框；2—详图比例；3—详图分区标题；4—尺寸标注；5—构件主视图；6—预埋件（吊钉）；7—引出标注；8—重心；9—指向索引；10—加强钢筋；11—钢筋引出标注；12—详图大样；13—钢筋下料表；14—详图标题栏；15—构件物编

图 2-70 预制隔墙板三维示意

（4）预制梁详图

见图 2-71、图 2-72。

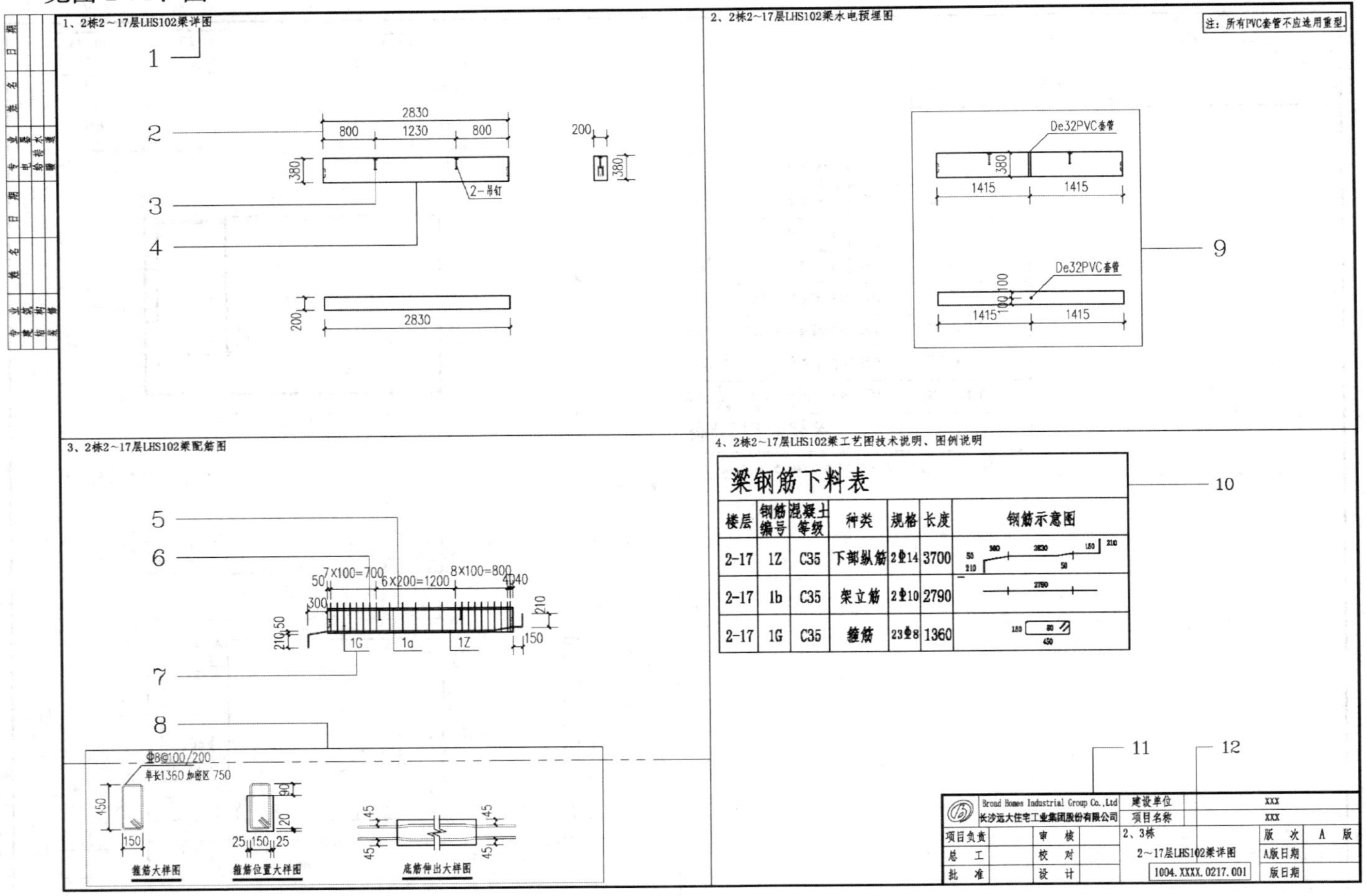


图 2-71　预制梁详图

1—详图分区标题；2—尺寸标注；3—预埋件（吊钉）；4—构件主视图；5—配筋图；6—箍筋；7—钢筋引出标注；8—详图大样；9—水电预埋图；10—钢筋下料表；11—详图标题栏；12—构件物编码

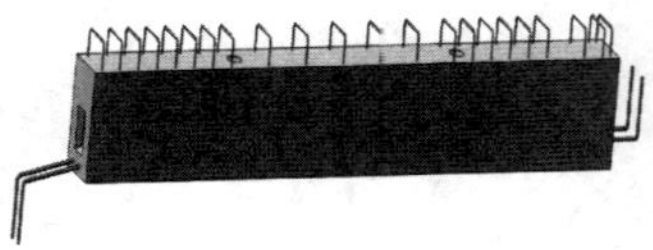

图 2-72　预制梁三维示意

(5) 预制楼板详图

图 2-73、图 2-74。

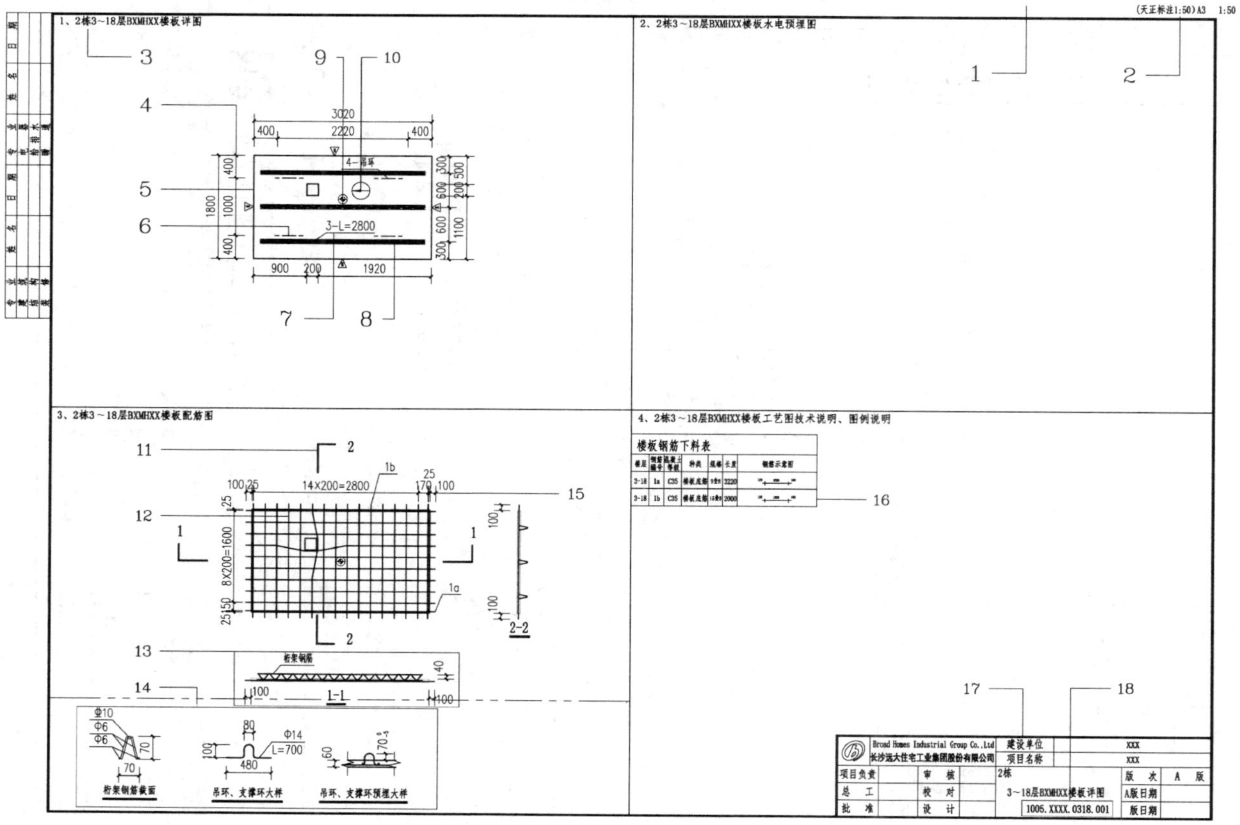


图 2-73　预制楼板详图（详图见文末插页）

1—详图图框；2—详图比例；3—详图分区标题；4—尺寸标注；5—构件主视图；6—预埋件（吊环）；7—引出标注；8—桁架；9—重心；10—吊装方向符号；11—剖切符号；12—楼板低筋；13—剖视图；14—详图大样；15—低筋定位尺寸；16—钢筋下料表；17—详图标题栏；18—构件物编码

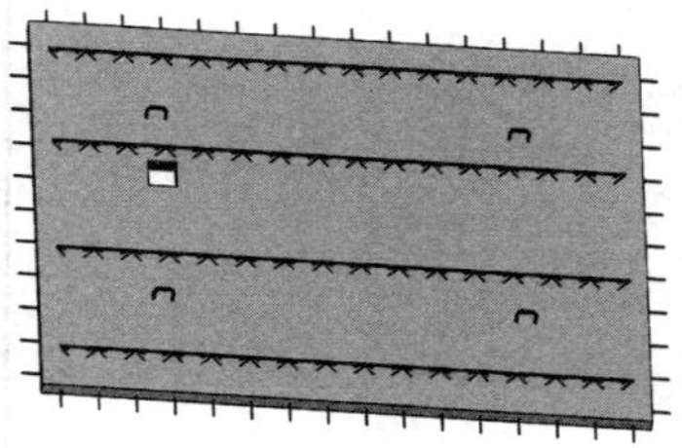

图 2-74　预制楼板三维示意

（6）预制柱详图

图 2-75、图 2-76。

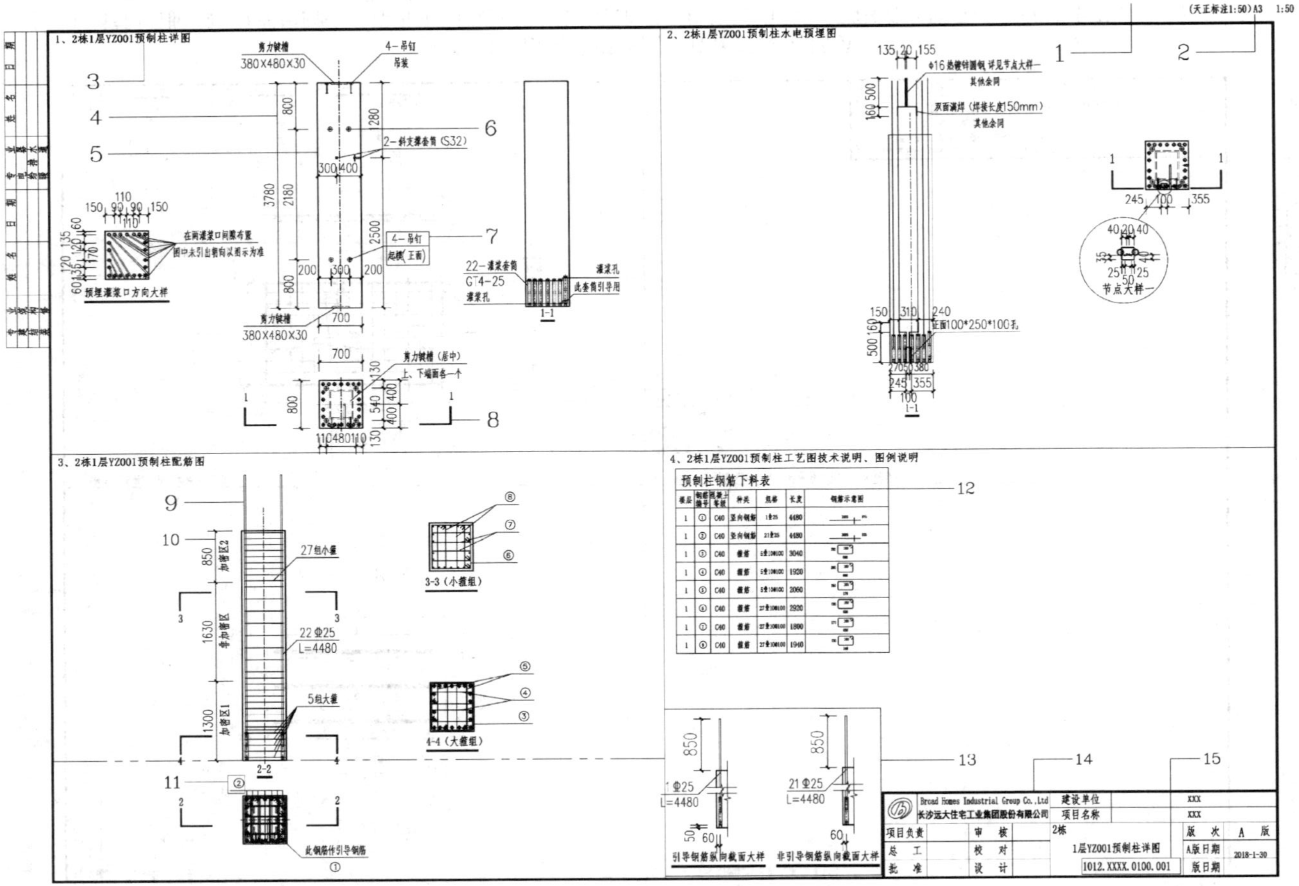


图 2-75　预制柱详图（详图见文末插页）

1—详图图框；2—详图比例；3—详图分区标题；4—尺寸标注；5—构件主视图；6—预埋件（吊钉）；7—引出标注；8—剖切符号；9—竖向钢筋；10—分区尺寸；11—钢筋引出标注；12—钢筋下料表；13—详图大样；14—详图标题栏；15—构件物编码

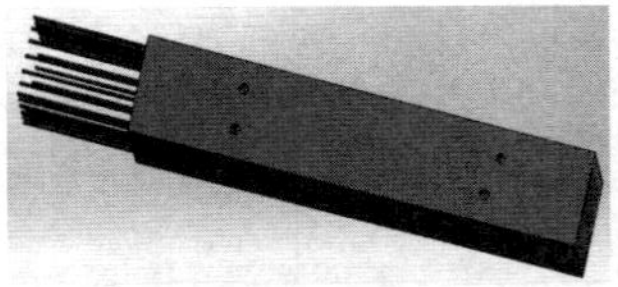

图 2-76　预制柱三维示意

#### 2.3.3.4 预制楼梯装配图

（1）预制楼梯装配图由楼梯平面图、楼梯剖面图，搭接节点组成。

1）楼梯平面图，主要表达预制梯段位置、上楼方向、固定点定位、楼段的水平投影尺寸、剖切位置等。梯段两端的平台板一般归于楼板（图 2-77）。

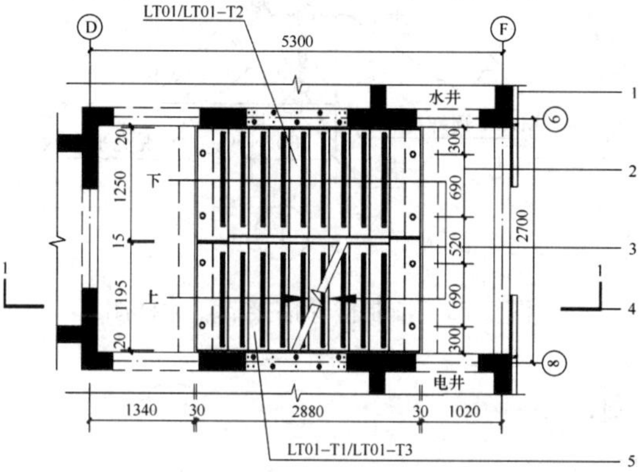


图 2-77　预制楼梯平面图

1—预制楼梯平面图底图；2—销键定位尺寸；3—预制梯段；4—剖切符号；5—引出标注

2）楼梯剖面图，主要表达楼梯预制层段、楼梯踏步数、侧面形状、楼梯的搭接关系、楼梯类型、标高等（图 2-78）。

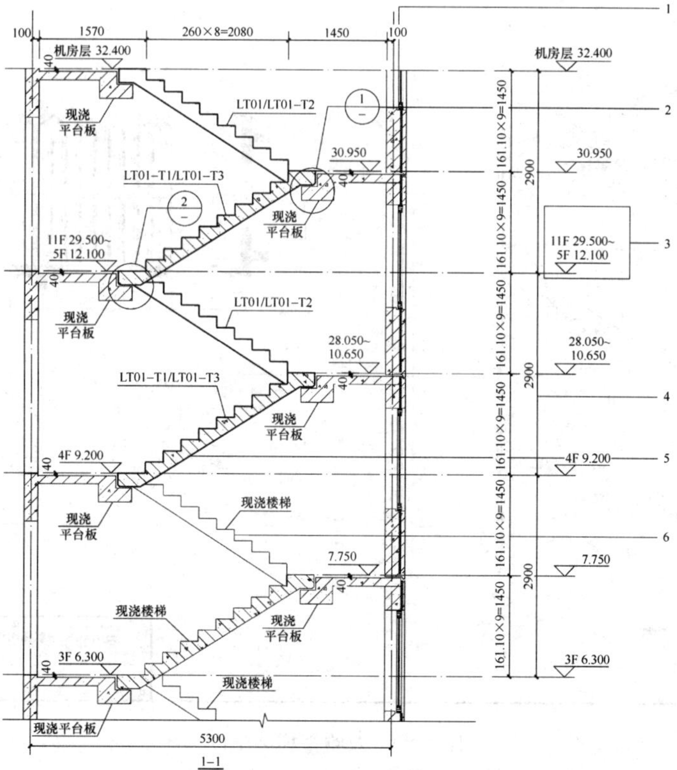


图 2-78　预制楼梯剖面图

1—预制楼梯平面图底图；2—索引符号；3—标高标注；4—标高尺寸；5—预制梯段；6—现浇楼梯

3）搭接节点，详细表达预制梯段上下与搭接位置的装配关系，包括装配间隙尺寸、搭接长度、搭接形式、固定方式等（图 2-79）。

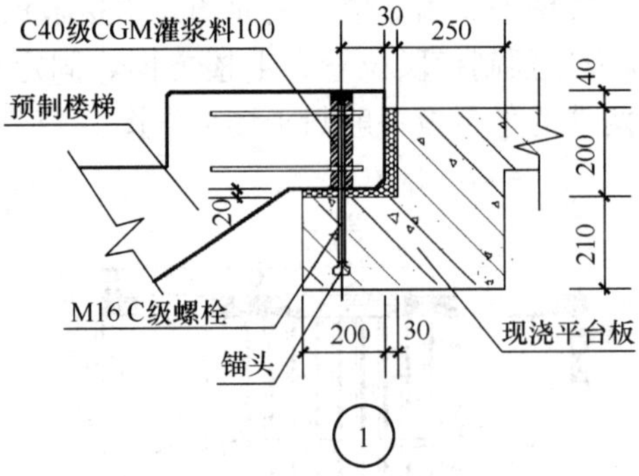


图 2-79　预制楼梯搭接节点大样图

（2）楼梯装配图举例：

见图 2-80、图 2-81。

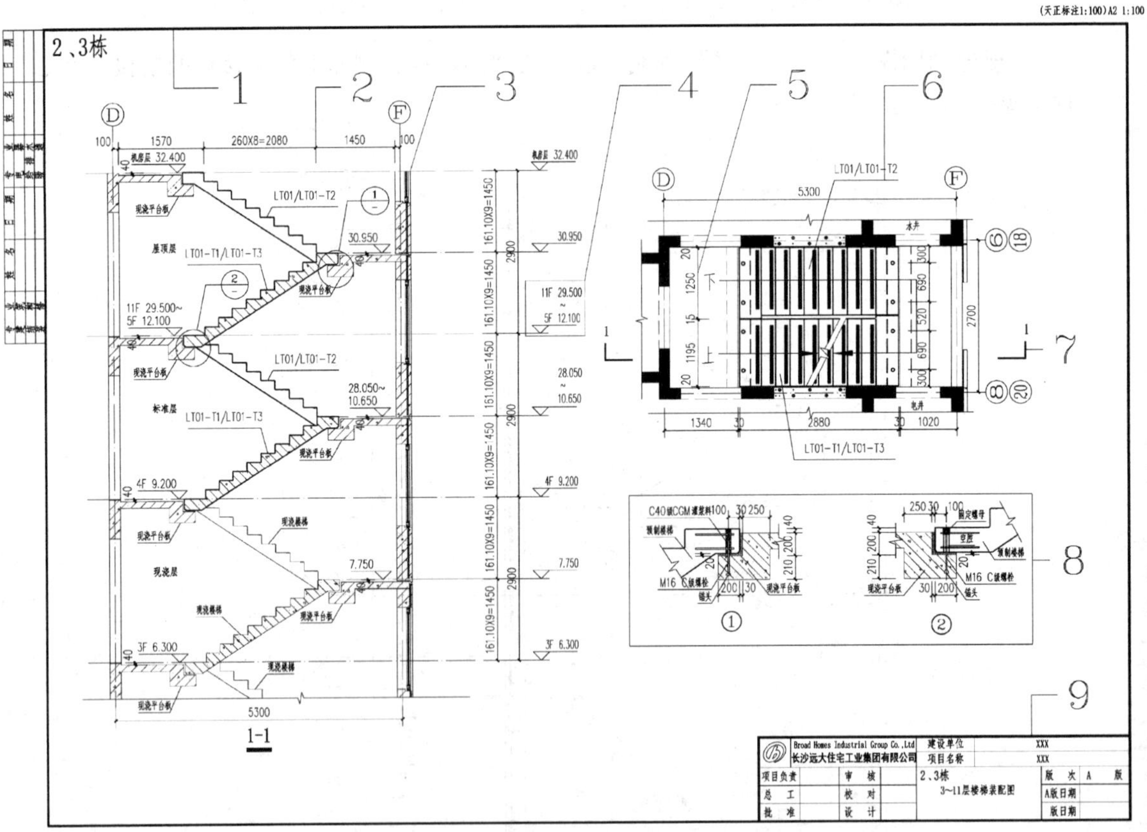


图 2-80　双跑楼梯装配图

1—详图图框；2—预制楼梯定位尺寸；3—剖面图底图；4—层段标注；

5—梯段定位尺寸；6—引出标注；7—剖切符号；8—节点大样；9—标题栏

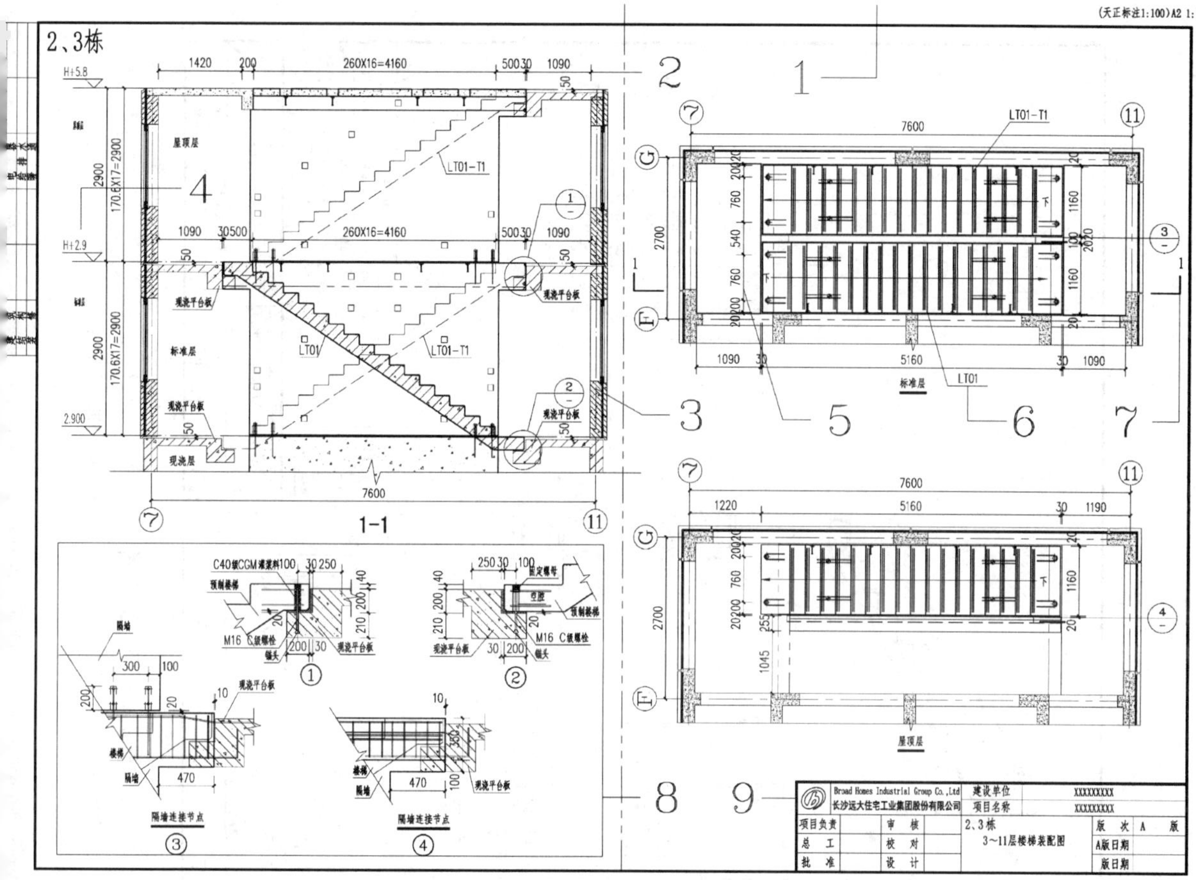


图 2-81　剪刀梯装配图

1—详图图框；2—预制楼梯定位尺寸；3—剖面图底图；4—层段标注；5—梯段定位尺寸；6—引出标注；7—剖切符号；8—节点大样；9—标题栏

## 2.3.3.5　预制楼梯详图

（1）楼梯详图，主要由详图、配筋图、下料表、节点大样、技术说明组成，表达信息有：楼段外形尺寸、各特征及各预埋件定位尺寸、预埋件规格、楼段预制数量、预制层段、配筋信息、钢筋加工尺寸、布置方法、楼梯物料编码等。

（2）楼梯详图举例

见图 2-82。

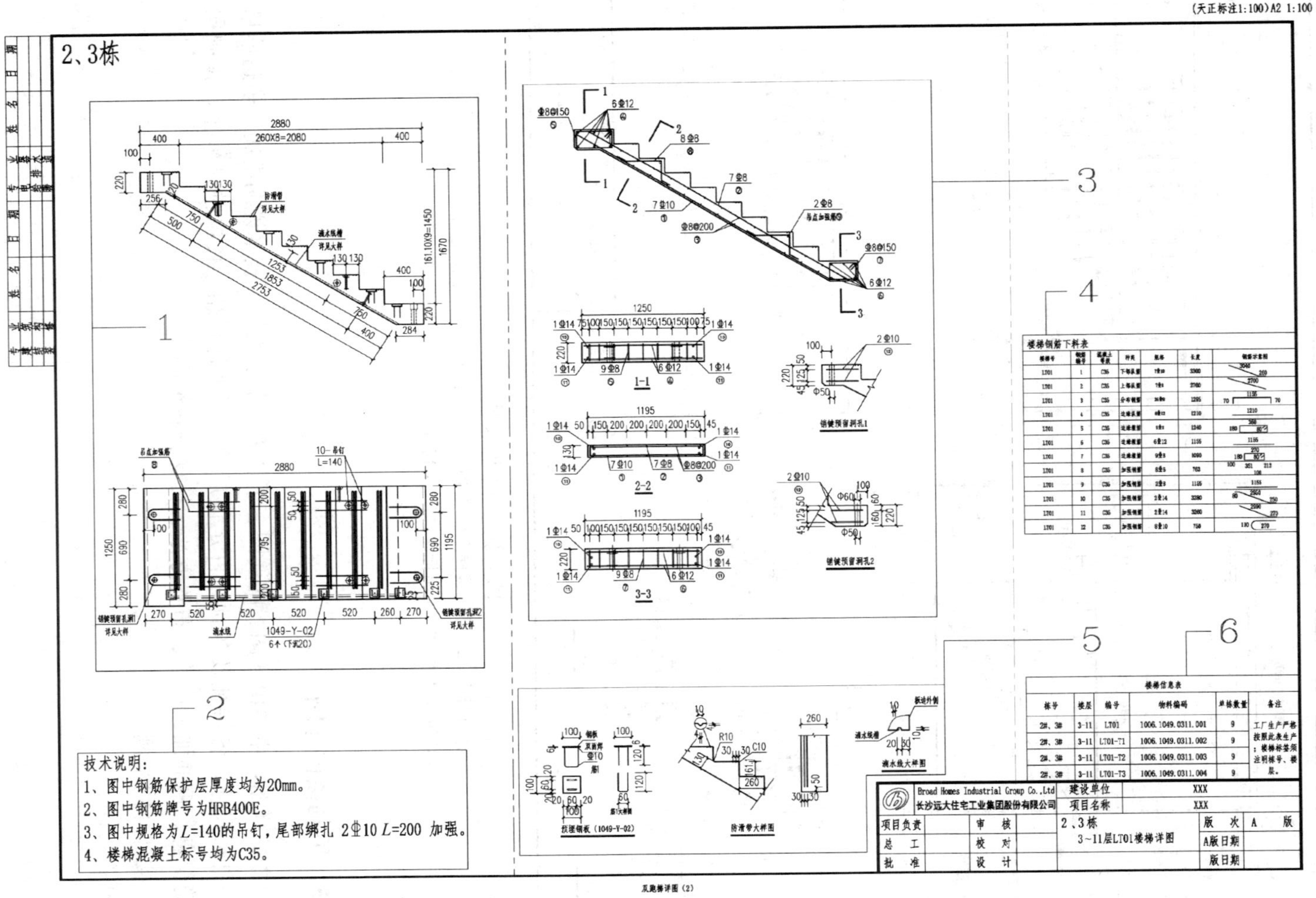


图 2-82　预制楼梯搭接节点大样图

1—楼梯详图；2—技术说明；3—配筋图；4—钢筋下料表；5—大样图；6—楼梯信息表

## 2.4 设备识图

### 2.4.1 水电预埋深化设计

以电气为例由传统施工识图深化预制混凝土水电预埋设计

（1）户内强电箱、弱电箱预埋，根据施工图中的系统图配电箱编号与配电回路、线管敷设方式等信息将线管与配电箱底盒在工厂预埋。详图中需要包含的信息有：配电箱编号、线管材质与型号、线管连接方式等（图 2-83）。

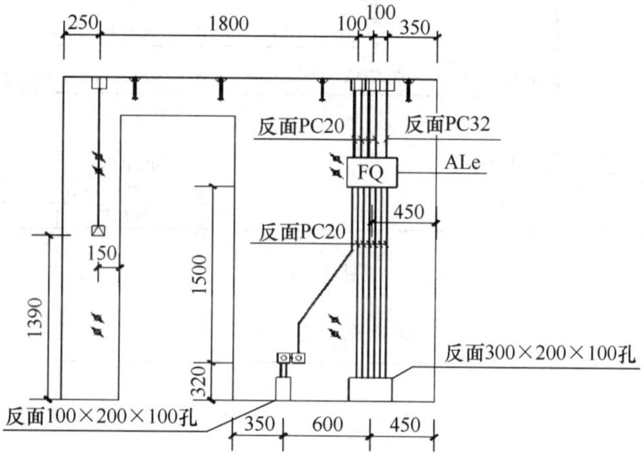


图 2-83 预制混凝土水电预埋

（2）底盒预埋（强电底盒、弱电底盒、消防底盒等），根据施工图中的系统图中的回路线管材料确定该回路中底盒的材质。底盒定位尺寸由施工图或装修图确定，无特殊要求则底盒尺寸为 86mm×86mm，底盒高度根据构件类型而定（图 2-84）。

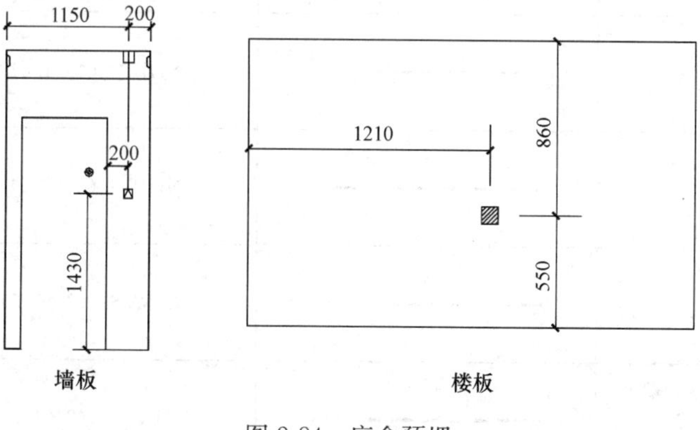


图 2-84 底盒预埋

（3）线管预埋（强电线管、弱电线管、消防线管），根据施工图中的系统图提取该回路线管的材质、管径、敷设方式等信息。比如：BV-2×2.5＋E2.5-PVC20，WC，CC 照明，该回路使用的线管材质为 PVC，线管管径为 20mm，敷设方式为 CC（走顶）（图 2-85、表 2-8）。

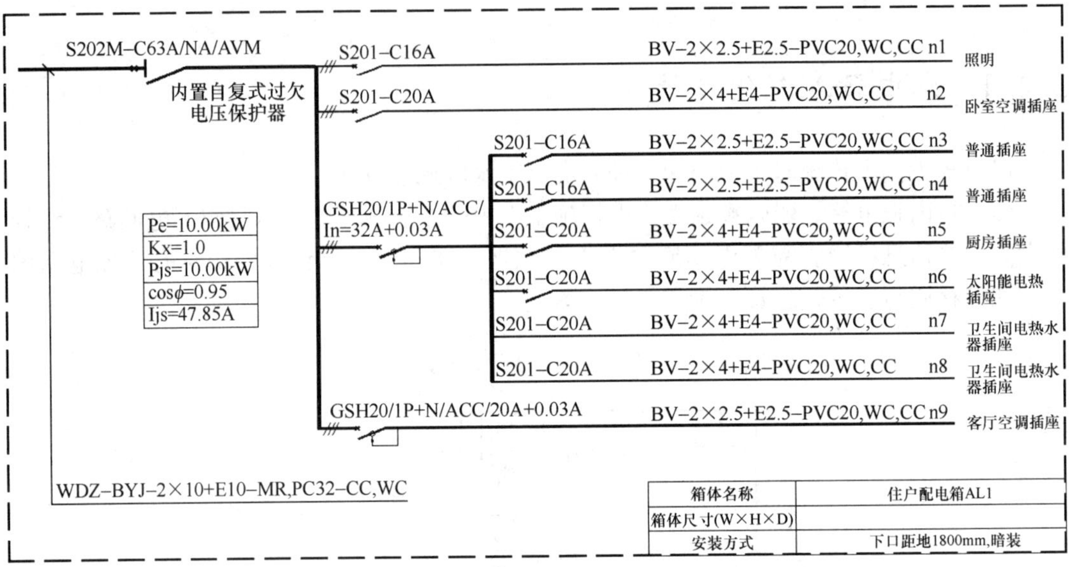


图 2-85

**线性名称及规格** **表 2-8**

| 名称 | 线型 | 楼内线型规格 |
|---|---|---|
| 总线消防电话进线 | —— - ——— - —— | NHRVS-（2×1.5）-SC20-WC，CC |
| 二线消防电话进线 | —— - ——— - —— | NHRVS-（2×1.5）-SC20－WC，CC |
| 消防按钮启泵线路 | —— - ——— - —— | NHBV-（4×1.5）-SC20-WC，CC |
| 24V 电源线 | —— - ——— - —— | NHBV-（2×2.5）-SC20-WC，CC |
| 信号二总线 | —— - ——— - —— | NHRVS-（2×1.5）-SC20-WC，CC |
| 火灾报警广播进线 | —— - ——— - —— | NHRVS-（2×1.5）-SC20-WC，CC |
| 普通广播进线 | —— - ——— - —— | NHRV3-（2×1.5）-SC20-WC，CC |

（4）防雷预埋（包含防侧击雷、防雷接地、屋顶防雷），根据施工图中的防雷等级与门窗材质来确定该项目是否需要做防侧击雷预埋（包含阳台板与空调板上防雷预埋）（图 2-86）。

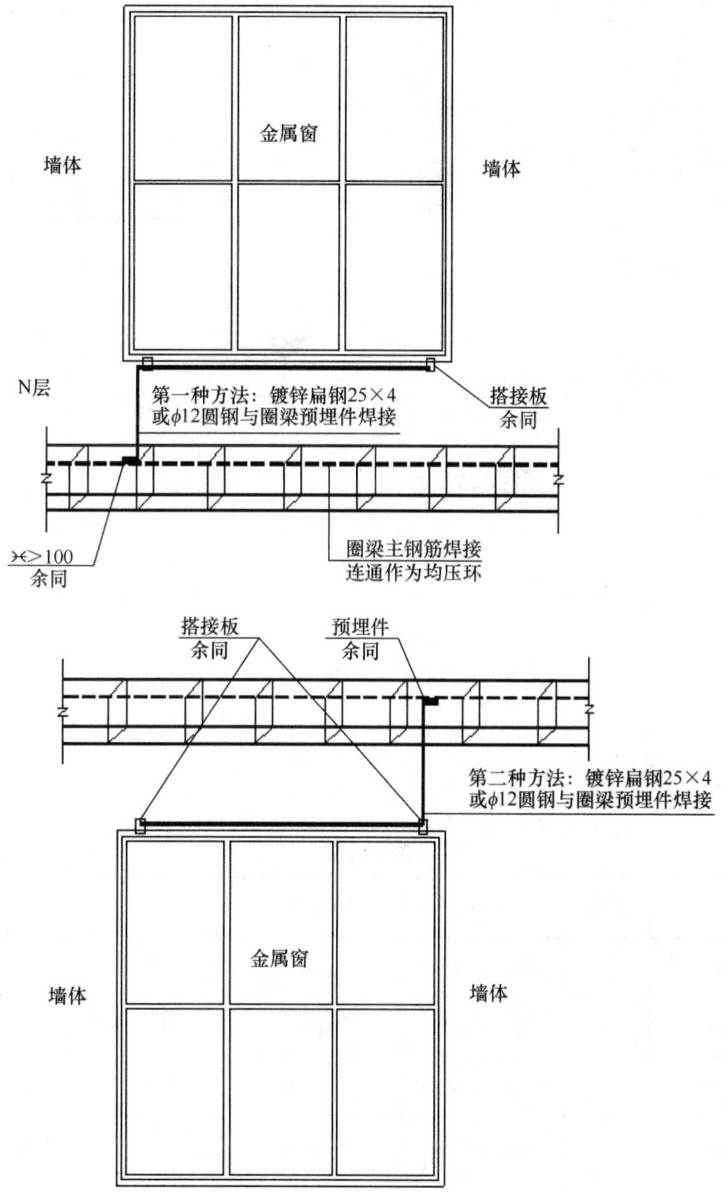


图 2-86

（5）MEB 总等电位、LEB 局部等电位预埋，根据施工图的设计要求在相应位置预留设备孔洞，LEB 等电位与卫生间设备之间的连接不做预留设计（图 2-87）。

（6）竖向、横向桥架预埋，根据施工图中的平面图与电井大样图来确定架桥的尺寸及安装高度。走廊横向桥架宜优先选择走廊宽度方向两侧敷设并充分考虑负荷集中侧（图 2-88、图 2-89）。

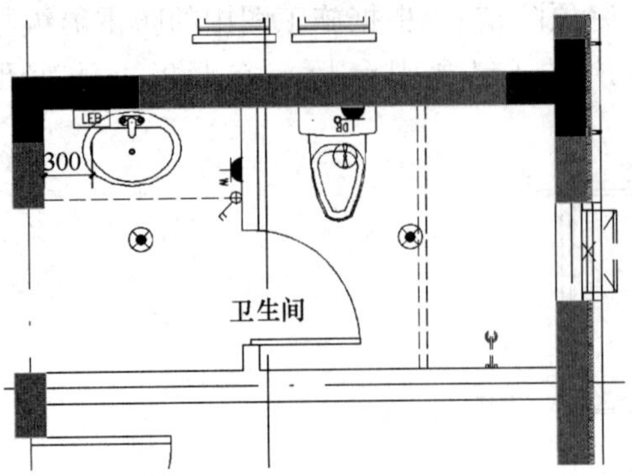


图 2-87

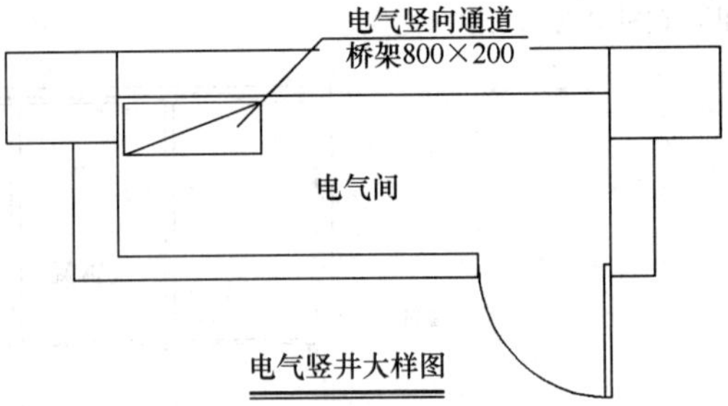


图 2-88

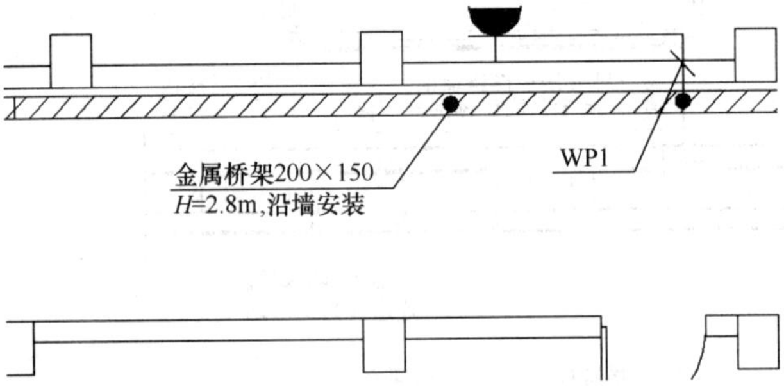


图 2-89

## 2.4.2 图层规定

图层规定　　表 2-9

| 图层名称 | 示例 | 颜色 | 打印线宽 | 淡显 | 用途 |
|---|---|---|---|---|---|
| SD-水电孔洞 | — | 层色 210 号 | 0.2mm | 100% | 水电预埋件外框线条 |
| SD-水电预埋件 | — | 层色 130 号 | 0.2mm | 100% | 水电预埋件外框线条 |
| SD-水电预埋件 | — | 自定义色 132 号 | 0.1mm | 100% | 水电预埋件内部线条 |
| SD-水电预埋线管 | — | 层色 240 号 | 0.3mm | 100% | 水电预埋线管外形线条 |
| SD-水电文字、辅助框线 | — | 层色 7 号 | 随工艺样式 | 随工艺样式 | 辅助说明 |

(1) 图层规定（各类构件通用），设备预埋专业将所需表达内容划分为五个图层（表 2-9）；

(2) SD-水电预埋件图层——主要包含水电预埋的各种节点大样，底盒，PVC 套管等，设计时部分预埋件采用标准块表达；

(3) SD-水电预埋线管图层——主要包含的材质有 PC、PVC、KBG、JDG、SC、镀锌扁钢（圆钢）等按长度下料的管材和其他水电预埋材料；

（4）SD-水电孔洞图层——主要包含水电预留的圆孔、方孔、墙槽等，设计时均不采用标准块表达；

（5）SD-水电文字、辅助框线——主要包含水电预埋非标准块、制图辅助线的表达。

### 2.4.3 标注规定

（1）除文字说明统一说明之外的预埋线管，均需引线标注，且打断之后的线条需重复标注，引线标注统一格式如下：

a. 材质-管径，例如：PC20

b. 正面（反面）-材质-管径，例如：正面PC20

c. 正反面各-数量-根-材质-管径/共-数量-根，例如：正反面各2根PC20 / 共4根

d. 正面-数量-根-材质-管径-反面-数量-根-材质-管径/共-数量-根，例如：正面2根PC20反面2根JDG25 / 共4根

e. 25×4 热镀锌扁钢，例如：25×4热镀锌扁钢

f. $\phi$10 热镀锌圆钢，例如：$\phi$10热镀锌圆钢

（2）正反面底盒正反连通的引线标注格式如下：

材质-管径-正反连通，例如：PC20正反连通

（3）水电孔洞直接用实际图形外形线条和引线标注结合表达，引线标注均无需包含“预留二字”，具体标注规则如下：（以下“-”符号用来方便区分各参数，实际使用中不需要）

a. 预留圆洞统一表达格式：$\Phi$-直径-通孔，例如：

b. 预留方形通孔统一表达格式：横向尺寸-竖向尺寸-通孔，例如：

c. 预留方孔（非通孔）统一表达格式：正面（反面）横向尺寸-竖向尺寸-深度尺寸-孔，例如：

（4）楼板底盒接锁母需表达，其中分别选取一种塑料材质和铁材质的锁母缺省引线标注，但需增设文字说明，文字说明格式如下：

a. 86PVC 盒四面接锁母，未标注的面接-材质-管径-配套锁母。

b. 86 铁盒四面接锁母，未标注的面接-材质-管径-配套锁母。

c. 底盒高度根据施工图设计要求与预制楼板厚度而定。

例如：a. 86PVC 盒四面接锁母，未标注的面接 PC20 配套锁母。

b. 86 铁盒四面接锁母，未标注的面接 JDG20 配套锁母。

（5）除文字统一说明之外的锁母，均需引线标注，引线标注附着点必须在底盒轮廓线上，且一个附着点只表达一面的锁母，引线标注统一格式如下：

材质-管径-锁母，例如：PC25锁母

（6）建筑给排水预留孔洞大小及间距参照表 2-10：（大图见附件 1）

**装配式建筑给排水留洞大小、间距表　　表 2-10**

| PVC，地漏外径给排水管、地漏通用 | SC公称直径消防水管通用 | 叠合楼板、墙板洞径 | 全预制楼板、防漏宝洞径 | PVC管中距墙边管管中心 | 地漏立管中心距 | SC管中距墙边管管中心 | PVC叠合楼板综合 |
|---|---|---|---|---|---|---|---|
| *De*20 | | 50　Φ50通孔 | 50　Φ50通孔 | 60 | | | φ50通孔 |
| *De*25 | *DN*20 | 50　Φ50通孔 | 75　Φ75通孔 | 60 | | | φ50通孔 |
| *De*32 | *DN*25 | 75　Φ75通孔 | 75　Φ75通孔 | 70 | | | φ75通孔 |
| *De*40 | *DN*32 | 75　Φ75通孔 | 110　Φ110通孔 | 70 | | | φ75通孔 |
| *De*50 | *DN*40 | 110　Φ110通孔 | 110　Φ110通孔 | 90 | 250 | | φ110通孔 |
| *De*63 | *DN*50 | 110　Φ110通孔 | 125　Φ125通孔 | 90 | | | φ110通孔 |
| *De*75 | *DN*65 | 125　Φ125通孔 | 160　Φ160通孔 | 100 | 300 | | φ125通孔 |
| *De*90 | *DN*80 | 160　Φ160通孔 | 160　Φ160通孔 | 120 | | | φ160通孔 |
| *De*110 | *DN*100 | 160　Φ160通孔 | 180　Φ180通孔 | 120/180 | | 180 | φ160通孔 |

给排水施工图、装修图或施工单位有明确要求时则以依据为准，若无设计要求，则按照此图表预留。

（7）水电预埋图例

见表 2-11。

**水电预埋图例　　表 2-11**

| 名称 | 图例 | 名称 | 图例 |
|---|---|---|---|
| 正面 86PVC 盒 | | 接管孔 2 | |
| 反面 86PVC 盒 | | 接管孔 3 | |
| 正反面 86PVC 盒 | | 接管孔 4 | |
| 正面 86 铁盒 | | 正面户内强电箱 | ZQ |
| 反面 86 铁盒 | | 反面户内强电箱 | FQ |
| 正反面 86 铁盒 | | 正面户内弱电箱 | ZR |
| 接管孔 1 | | 反面户内弱电箱 | FR |

### 2.4.4 水电预埋示意

1. 外墙套管预埋示意（图 2-90）

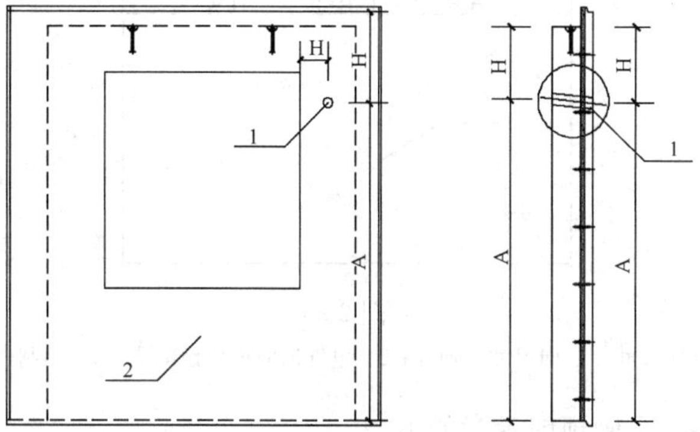


图 2-90

1—*De*/*DN*-直径-PVC 套管；2—预制外墙板

2. 外墙通孔预埋示意（图 2-91）

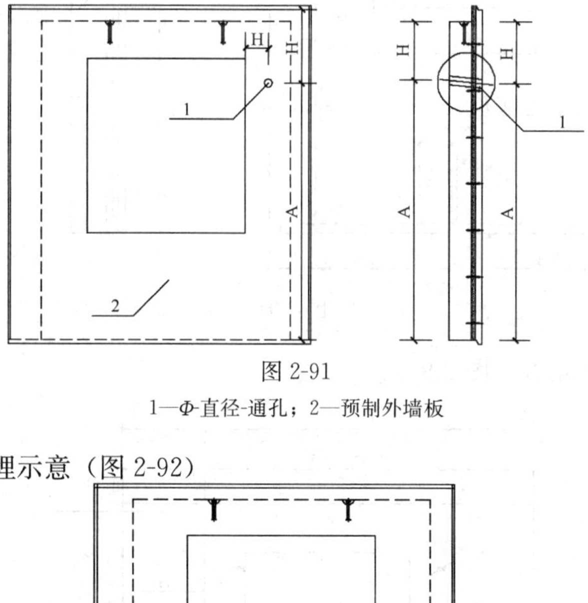


图 2-91

1—Φ-直径-通孔；2—预制外墙板

3. 外墙墙槽预埋示意（图 2-92）

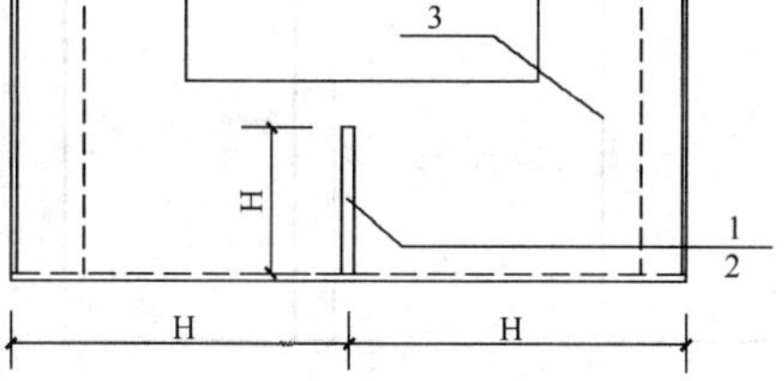


图 2-92

1—正面（反面）横向尺寸-竖向尺寸-深度尺寸-孔；2—找平层敷设；3—预制外墙板

4. 内墙板电气桥架孔预埋示意（图 2-93、图 2-94）

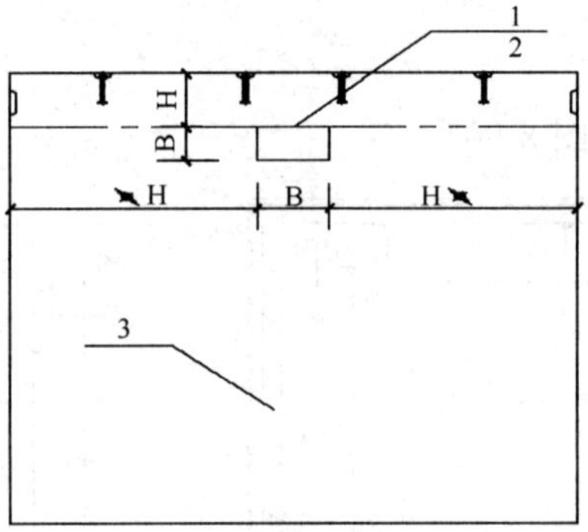


图 2-93

1—横向尺寸×竖向尺寸×通孔；2—电气横向桥架预留孔；3—预制内墙板

综合以上，以某一实例预埋示意如下：

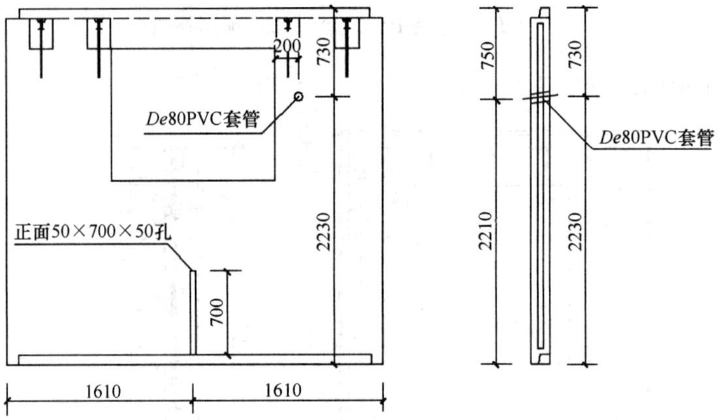


图 2-94

5. 正面开关预埋示意（图 2-95）

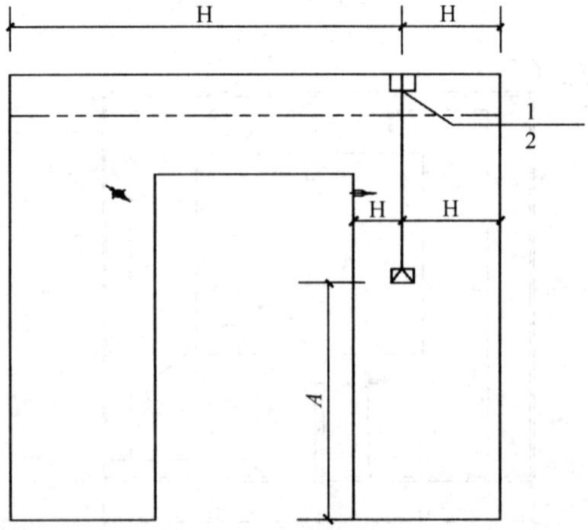


图 2-95

1—接线孔 1；2—根据线管数量选择

6. 正面插座走顶预埋示意（图 2-96）

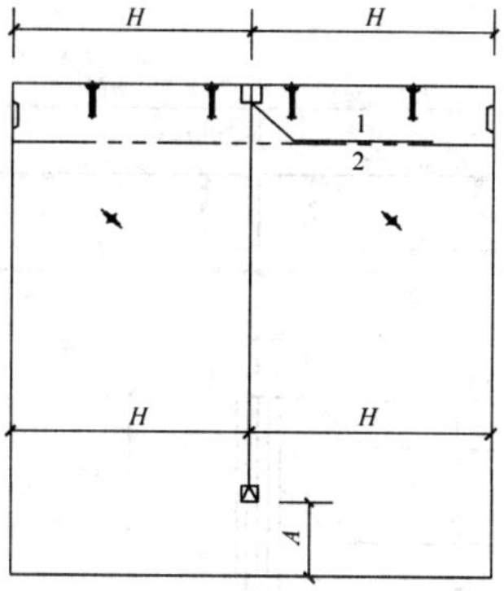


图 2-96

1—接线孔 1；2—根据线管数量选择

7. 正反面插座走顶预埋示意（图 2-97）

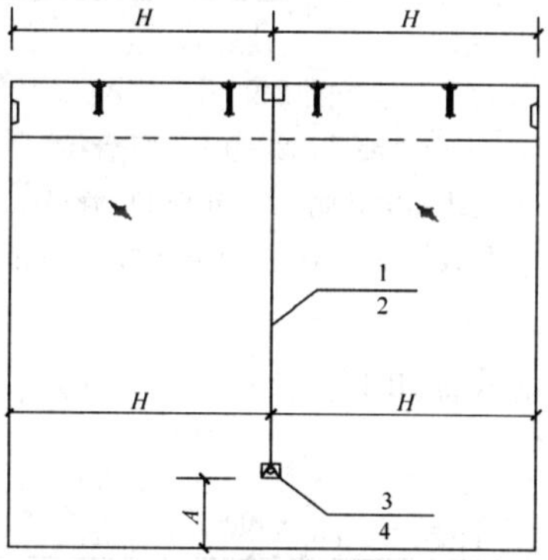


图 2-97

1—正反面各-数量-根 PC-管径-；2—根据实际情况而定；3— PC-管径-正反连通；4—默认不连通

8. 正反面插座走地预埋示意（图 2-98）

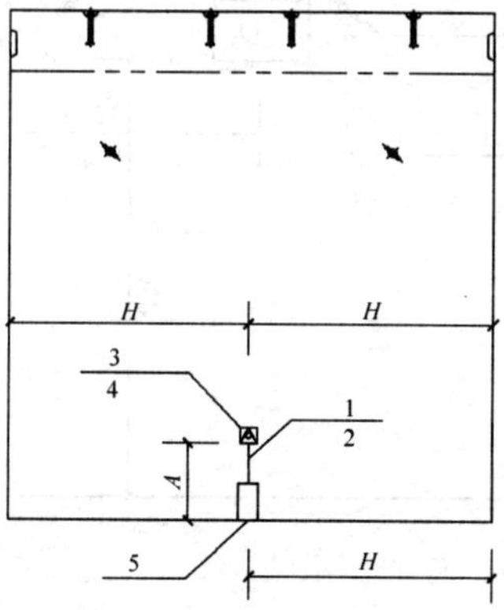


图 2-98

1—正反面各-数量-根 PC-管径-；2—根据实际情况而定；3—PC-管径-正反连通；
4—默认不连通；5—正面-横×竖×深-孔

9. 户内正面强电箱走地预埋示意（图 2-99、图 2-100）

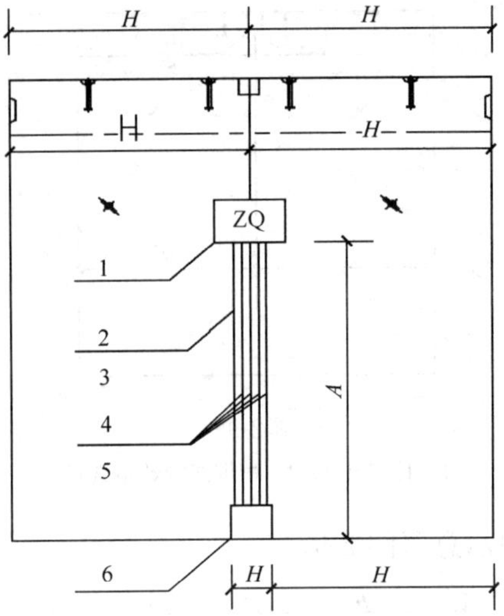


图 2-99

1—配电箱编号；2—正面 PC-管径-；
3—进线靠电井侧；4—正面 PC-管径-；
5—共-数量-根；6—正面-横×竖×深-孔

综合以上，以某一实例预埋示意如下：

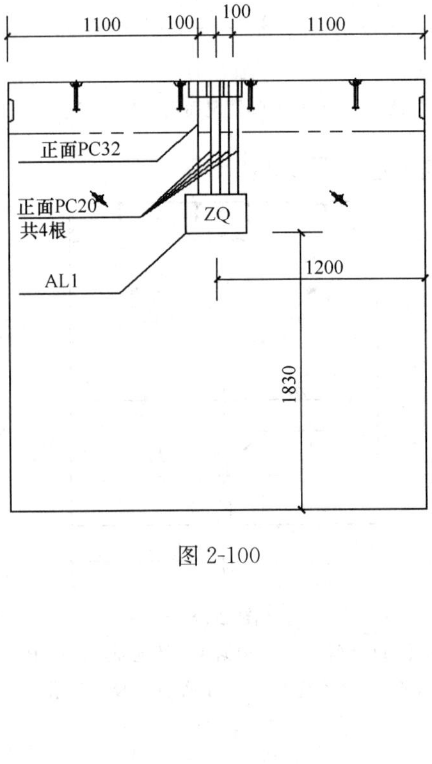


图 2-100

10. 叠合板上方孔预埋示意（图 2-101）

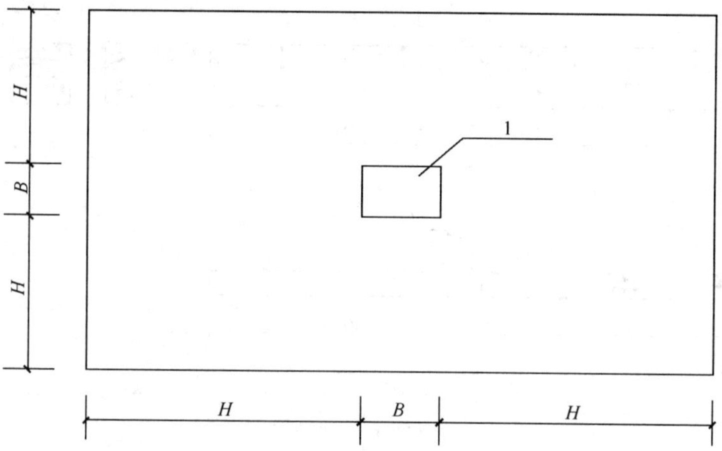


图 2-101

1—叠合板上方孔预埋示意

11. 梁上 PVC 套管预埋示意（图 2-102）

上图：正面图；下图：俯视图。

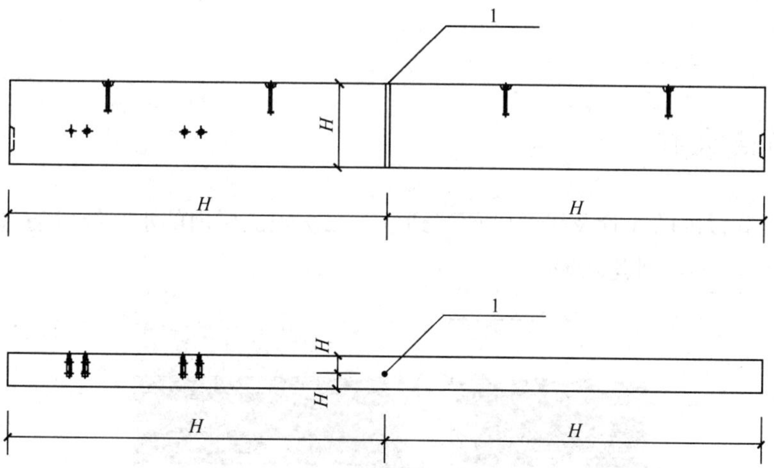


图 2-102

1—*De*-直径-PVC 套管

12. 梁上 SC 套管预埋示意（图 2-103、图 2-104）

上图：正面图；下图：俯视图；右图：侧视图

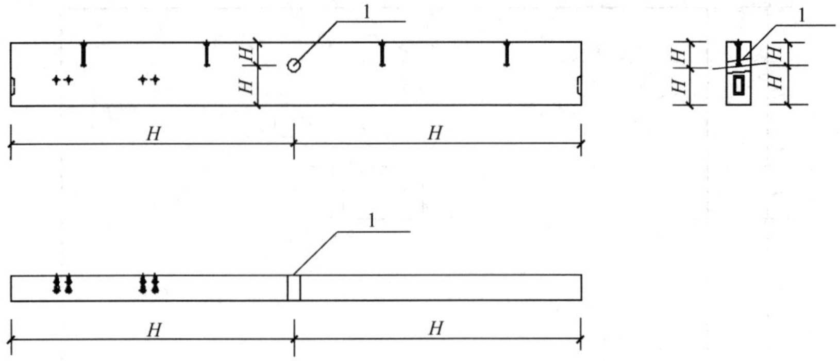


图 2-103

1—*DN*-直径-钢套管

综合以上，以某一实例预埋示意如下：

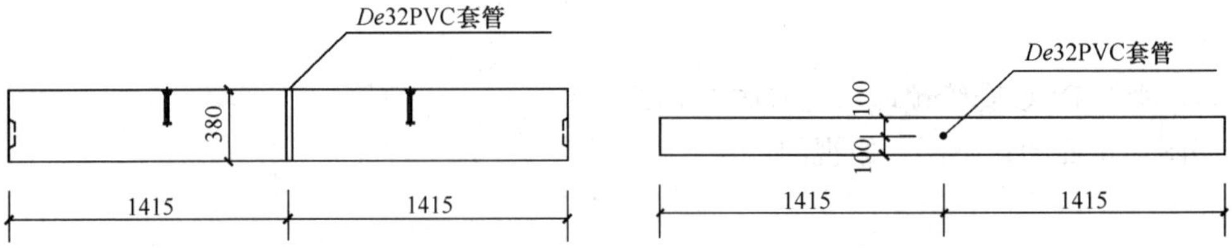


图 2-104

## 2.4.5 节点大样

上对接：墙板内的线管及线盒已预埋到位，二次现浇层内的水平线管通过直接与竖向线管对接（图 2-105、图 2-106）。

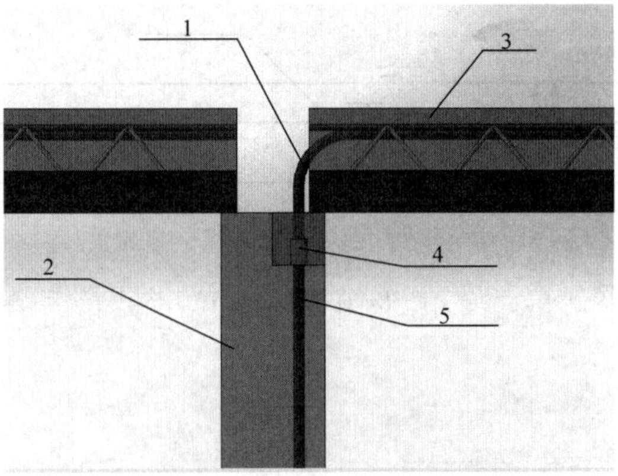


图 2-105　上对接示意

1—现场预埋线管；2—预制内墙板；3—叠合楼板；

4—工厂预埋直接；5—工厂预埋线管

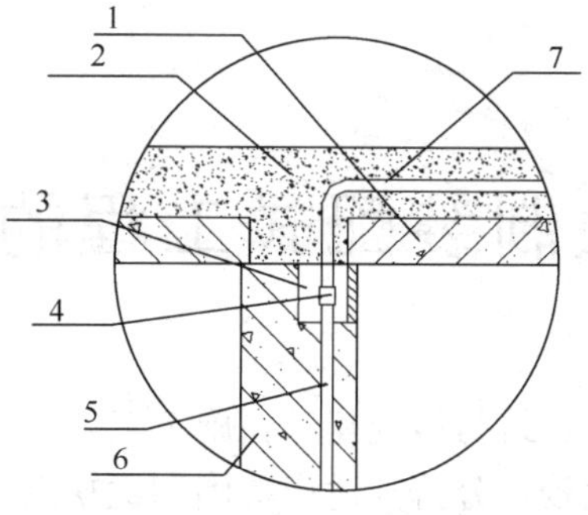


图 2-106　上对接示意大样图

1—叠合楼板预制部分；2—叠合楼板现浇部分；3—墙板预留孔洞；4—现场对接直接；5—预埋线管；6—预制墙板；7—现场对接线管

下对接：墙板内的线管及线盒已预埋到位，二次现浇层及找平层内的水平线管通过软管连接，然后对孔洞进行封堵（图 2-107）。

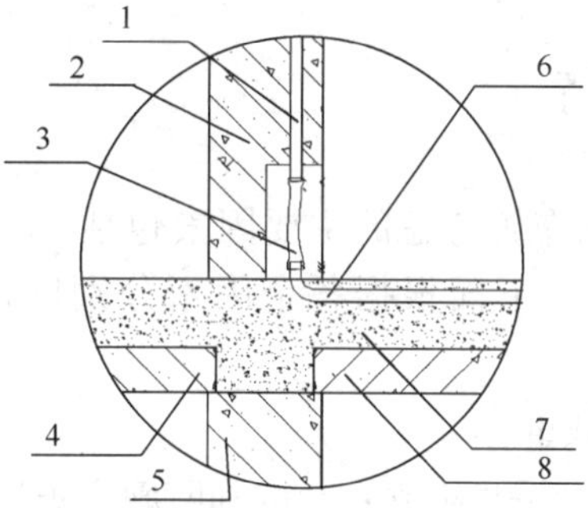


图 2-107　下对接示意大样图

1—预埋线管；2—预制墙板；3—现场对接软管；4—叠合楼板预制部分；5—预制墙板；6—找平保温层内预埋管；7—叠合楼板现浇部分；8—叠合楼板预制部分

PC 预制件内线管及线盒已预留到位，在与剪力墙接缝处预留线管直接。现场施工剪力墙时线管横向进行对接（图 2-108）。

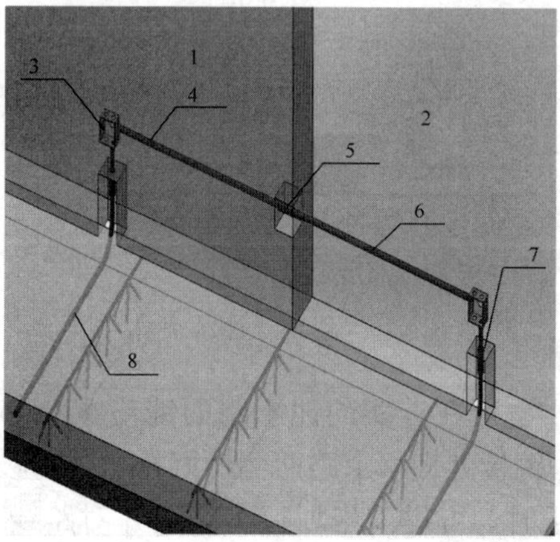


图 2-108　PC 板与剪力墙对接示意

1—预埋墙板；2—现浇剪力墙；3—预埋 86 盒；4—工厂预埋 PVC 管；5—现场对接直接；6—现场预埋 PVC 管；7—现场对接直接；8—现场预埋 PVC 管

# 第 3 章　影响预制装配式工程的相关施工方案

本章内容主要介绍装配式建筑与传统建筑在施工工艺和造价方面存在一定区别的施工方案，并对不同的方案进行比较，分析其适应范围和优缺点。涉及的方案包括施工总平面布置及垂直运输设备的选型、安全防护及操作平台的选择、水平构件支撑体系的选择、模板体系的选择。

## 3.1　施工平面布置及垂直运输设备选型

### 3.1.1　施工总平面布置

装配式建筑施工的总平面布置考虑的主要因素包括 PC 构件运输车辆的载重、转弯半径、PC 构件临时堆放场地，下面根据各个因素分别阐述其对总平面布置的要求和影响。

（1）PC 构件运输车辆的载重

PC 构件运输车车重约 30t～50t 不等，一般临时施工道路无法满足运输车辆承载力要求。施工道路按以下原则布置：

① 施工道路宜根据永久道路布置，车载重量参照运输车辆最大载重量，（车重＋构件）约为 50t，道路承载力需满足载重量要求，构件运输车行驶道路一般采用 200mm 厚混凝土硬化处理（图 3-1）。

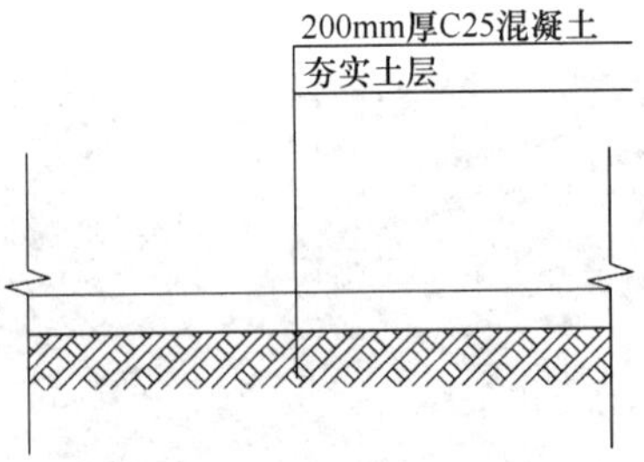


图 3-1　运输道路剖面图

② 根据现场实际情况，也可在夯实的泥土路面铺垫 100mm 厚片石层—200mm 厚碎石层—碎石面铺垫 30mm 厚钢板处理（道路两侧做好排水构造设施）（图 3-2）。

③ 若需经过地下室顶板时，可提前规划行车路线并对路线范围内地下室顶板结构在设计阶段通过验算做加强处理；也可以采用顶板底搭设钢管支撑架的方式处理，且加固处理方案需经原设计单位核算。最终确保 PC 构件运输车能在地库顶板上安全运行。

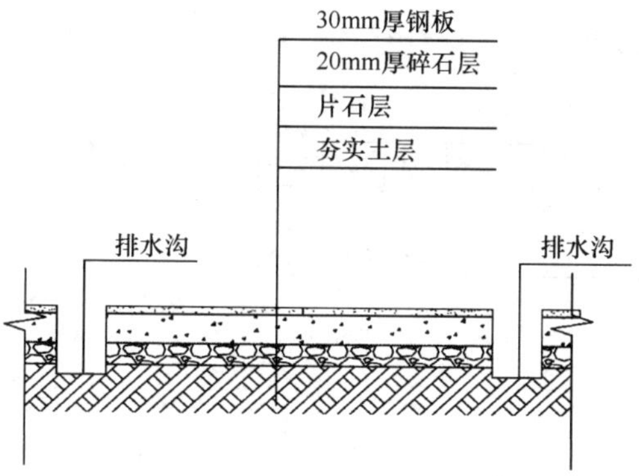


图 3-2　运输道路二剖面图

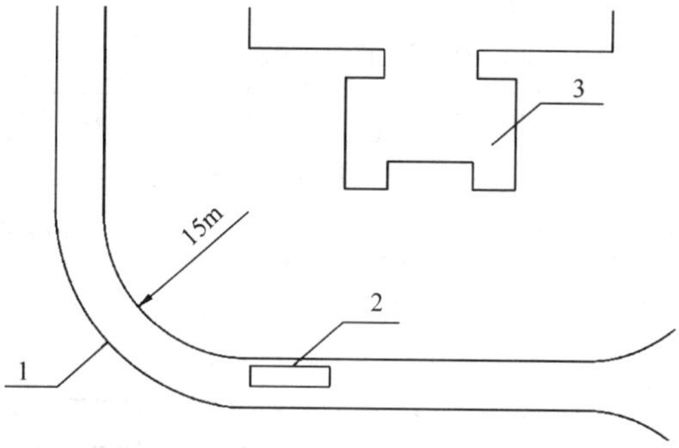


图 3-3　运输道路转弯半径示意
1—转弯道路；2—构件运输车；3—建筑物

（2）PC 构件运输车辆的转弯半径

施工道路转弯半径不宜太小，PC 构件运输车均为 13m 或 17m 的拖车。根据 PC 构件运输车长，现场布置道路时设计宽度不小于 4m，转弯半径不小于 15m，会车区道路不小于 8m（图 3-3）。

（3）PC 构件临时堆放场地

在每栋拟建建筑物周围宜设置 PC 板吊装区域，起吊区不占用道路且地面做法同道路做法，方便 PC 板运输车辆的停放或现场存货，避免吊装过程中发生缺板或 PC 板供应不及时现象，有效地降低了劳动力的浪费。每栋拟建建筑物需满足 2～4 辆车停放的吊装区域，此吊装区域根据以下四个原则布置：

① 停放此区域的 PC 板在塔吊的臂长半径以内；

② PC 板满足塔吊的起吊重量要求；

③ 此区域施工道路设计满足 PC 板车满车载重要求；

④ 此吊装区域与 PC 板主运输通道相分离，不影响主干道的交通

## 3.1.2　垂直运输设备选型

装配式建筑施工垂直运输设备比传统建筑起重量要求更大，使用频率更频繁，一般采用汽车吊和塔吊，高层采用塔吊。汽车吊布置灵活，限制条件少；塔吊是装配式建筑施工最常用的施工起重设备，塔吊布置数量、布置位置以及型号，将直接影响到整个项目的工期以及 PC 构件的拆分设计。塔吊布置可按以下步骤进行：

（1）在布置塔吊时根据 PC 构件分布图，核实每块 PC 构件起吊半径，选定塔吊起重臂长度；

（2）核实吊装起重量（PC 构件重量＋吊具＋钢梁）根据起重臂性能特性核算构件起重量，均在塔吊正常起重范围内；

（3）核实 PC 构件运输车起吊点和 PC 构件堆放场构件起重量，确保构件能正常起吊安装；

（4）经现场实际核算后选定塔吊布置位置（图 3-4）。

35m臂起重性能特性

| 幅度 (m) | | 25–192 | 20.0 | 22.5 | 25.0 | 27.5 | 30.0 | 32.5 | 35.0 |
|---|---|---|---|---|---|---|---|---|---|
| 起重量 (*t*) | 两倍率 | 5.00 | | | | | | | |
| | 四倍率 | 10.00 | 9.54 | 8.33 | 7.37 | 6.60 | 5.95 | 5.41 | 4.95 |

35m臂起重性能特性

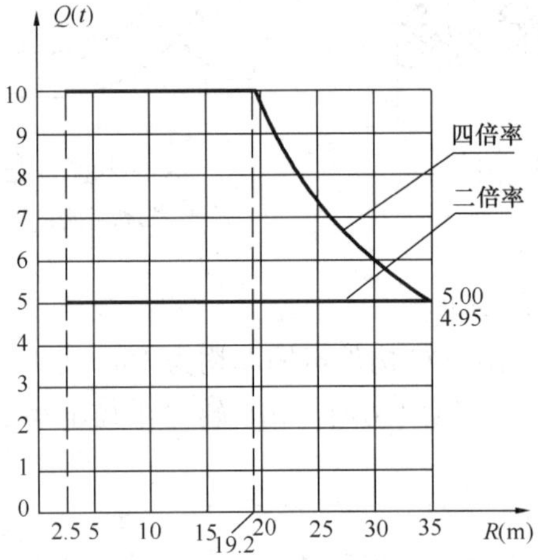


图 3-4 塔吊起重参数图

## 3.2 安全防护及操作平台

建筑施工的安全防护及操作平台有多种形式，本节主要介绍外挂式操作架、夹具式防护、落地式脚手架。其中外挂式操作架和夹具式防护为装配式建筑使用较多的类型，而落地式脚手架为传统建筑施工的常用类型，在此作为对比类型进行介绍。

### 3.2.1 外挂式操作架

在装配式建筑施工现场，外挂式操作架（简称外挂架）是针对现场实际情况及装配式建筑的特点，采用的一种简易外挂式作业平台。外挂架作业平台作为建筑临边防护，并且为工人进行外墙施工提供作业空间，可有效地避免高空坠物等安全隐患，防止发生人员伤亡和财产损失，提高施工的安全性。

**1. 工作原理**

M16×60 六角头螺栓将挂钩座紧固于外墙预埋套筒，将外挂平台上、中、下三层平台的中层平台内侧主横梁挂入外墙挂钩座。上层平台作为建筑临边防护；中、下层作为外墙施工作业平台。表面均要求涂装两道防锈底漆，一道聚氨酯防腐面漆（颜色）；水平踏面、竖向钢梁、剪刀撑、横梁和斜撑均选用国标正号的空心矩形型钢、空心方形型钢（图 3-5）。

图 3-5　外挂架作业平台

（1）直线标准节

一般为长 3m，高 8m，宽 0.7m，由上、中、下三层水平踏面和竖向钢梁焊接成型，正面焊接剪刀撑，侧面焊接横梁、斜撑，加强整体刚性。型钢之间所有焊接连接均为满焊，焊缝打磨去渣，保证焊缝牢固美观。外立面和踏面满铺钢板网，点焊于型钢骨架上，防滑、防止高空坠物（图 3-6）。

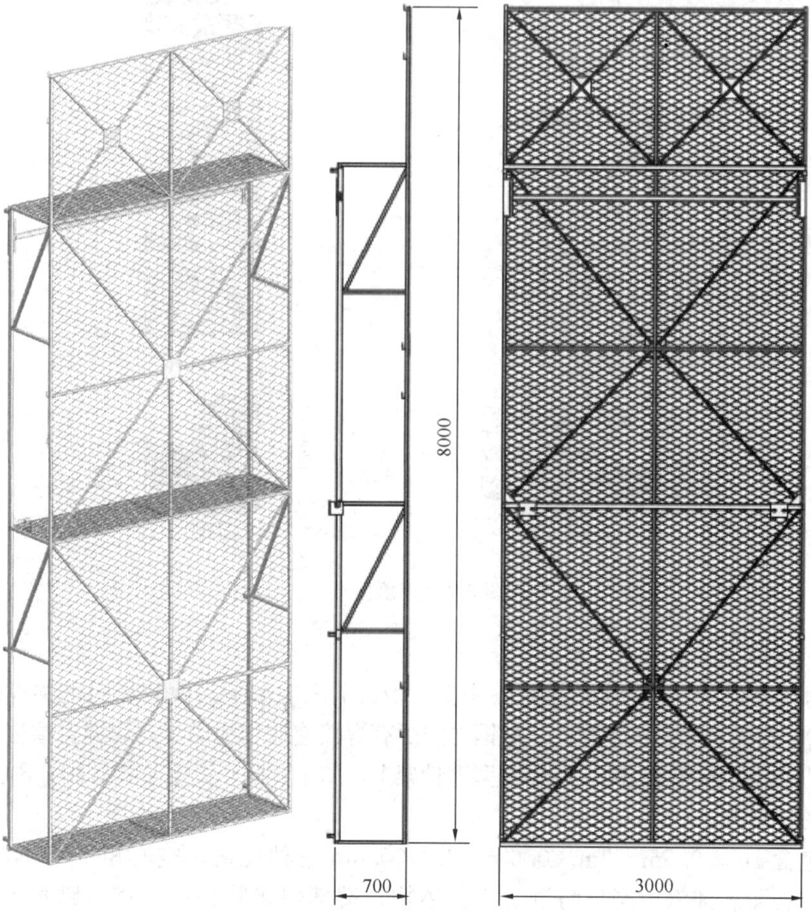


图 3-6　直线标准节

（2）外角标准节

一般为 1.2m×1.2m 直角，高 8m，宽 0.7m，由上、中、下三层水平踏面和竖向钢梁焊接成型，正面焊接剪刀撑，侧面焊接横梁、斜撑，加强整体刚性。型钢之间所有焊接连接均为满焊，焊缝打磨去渣，保证焊缝牢固美观。外立面和踏面满铺钢板网，点焊于型钢骨架上，防滑、防止高空坠物（图 3-7）。

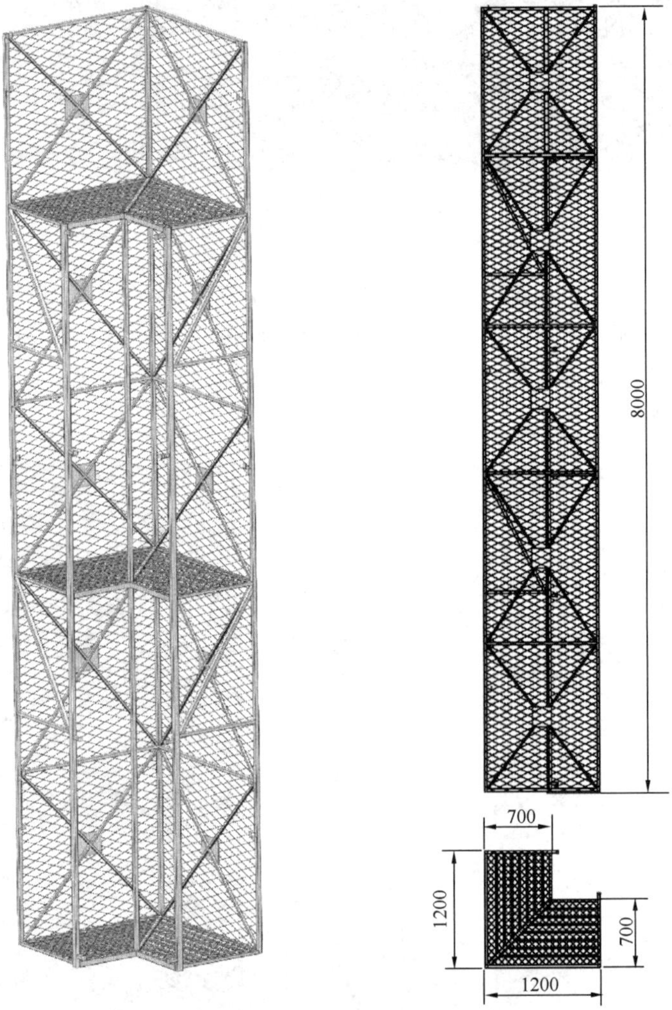


图 3-7　外角标准节

（3）内角标准节

一般为 0.7m×0.7m 方形，高 8m，由上、中、下三层水平踏面和竖向钢梁焊接成型，侧面焊接横梁、斜撑，加强整体刚性。型钢之间所有焊接连接均为满焊，焊缝打磨去渣，保证焊缝牢固美观。踏面满铺钢板网，点焊于型钢骨架上，防滑、防止高空坠物（图 3-8）。

（4）搭接踏板

一般包含 1m×0.6m、2m×0.6m、3m×0.6m 三种规格，空心矩形型钢满焊连接形成骨架，上表面满铺钢板网，防滑防高空坠物，端部焊接圆钢作为搭接踏板的定位装置。以 2m×0.6m 搭接踏板为例进行说明（图 3-9）。

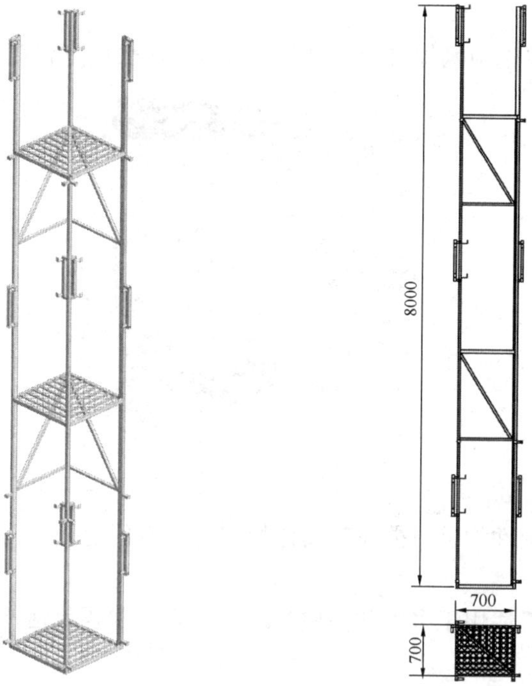


图 3-8　内角标准节

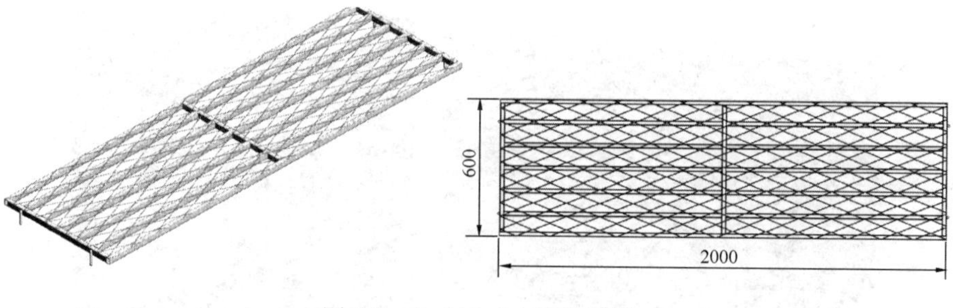


图 3-9　2m×0.6m 搭接踏板

(5) 搭接栏杆

一般包含 1m×1.5m、2m×1.5m、3m×1.5m 三种规格，空心矩形型钢满焊连接形成骨架，外表面满铺钢板网，防高空坠物。以 2m×1.5m 搭接栏杆为例进行说明（图 3-10）。

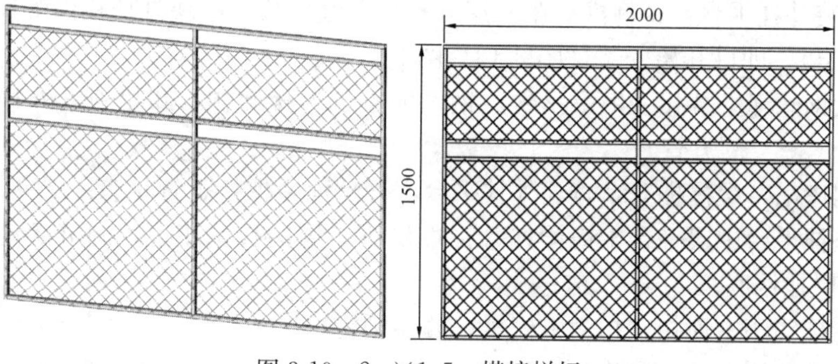


图 3-10　2m×1.5m 搭接栏杆

（6）挂钩座

挂钩座由 8 mm 厚钢板满焊成型，材质：Q235B，表面进行镀锌处理（图 3-11）。

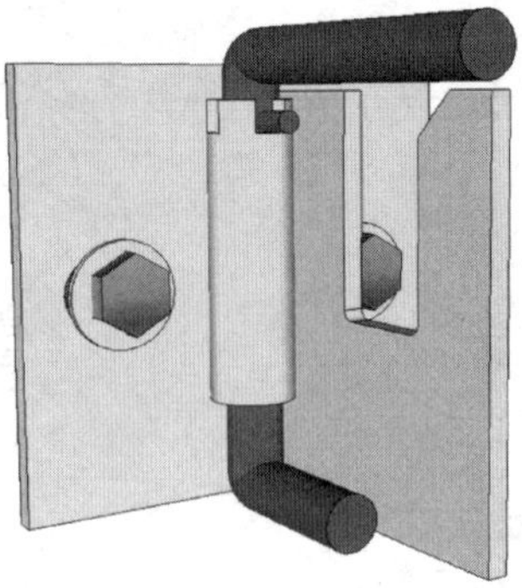

图 3-11　挂钩座

若有需要，以上构件均可根据建筑具体情况进行专门定制。

**2. 工艺流程**

外挂式操作架一般适用于多层和高层建筑，其安装主要包括首次安装及外挂架的提升作业。

（1）安装二层挂钩座：标准层第二层外挂板运输至项目现场，在外挂板对应预埋套筒位置安装挂钩座，再进行后续施工作业（图 3-12）。

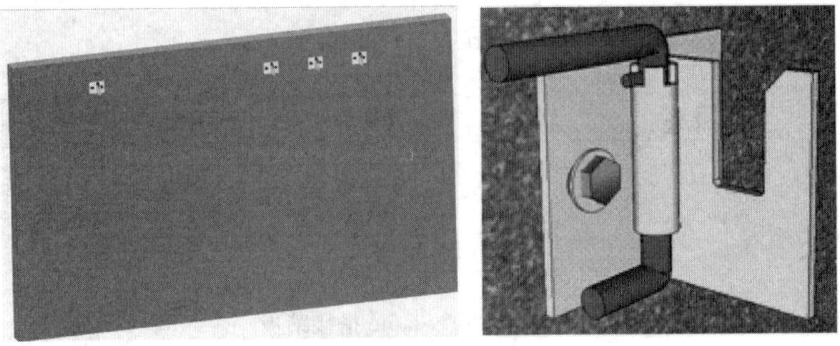

图 3-12　挂钩座安装

（2）安装三层挂钩座：标准层第三层外挂板运输至项目现场，在外挂板对应预埋套筒位置安装挂钩座。

（3）安装外挂平台：待标准层第三层外挂板吊装完成（每块外挂板内侧使用不少于两组斜支撑固定），即可开始安装（图 3-13～图 3-17）。

① 两股钢丝绳上端扣入塔吊吊钩，钢丝绳下端连接卸扣，卸扣锁紧外挂平台上层平台两端横梁（30×30 方管）；

② 控制塔吊，缓慢提升，直至外挂平台离开地面，保持垂直状态；

③ 将外挂平台中层平台主横梁挂入标准层第二层的挂钩座上，调节活动横梁虚挂于标准层第三层挂钩座；

④ 旋转挂钩座上锁扣，扣紧主横梁，插销固定；

⑤ 安装转角标准节：在建筑物阳角、安装外角标准节、阴角安装内角标准节；

图 3-13　钢丝绳安装示意

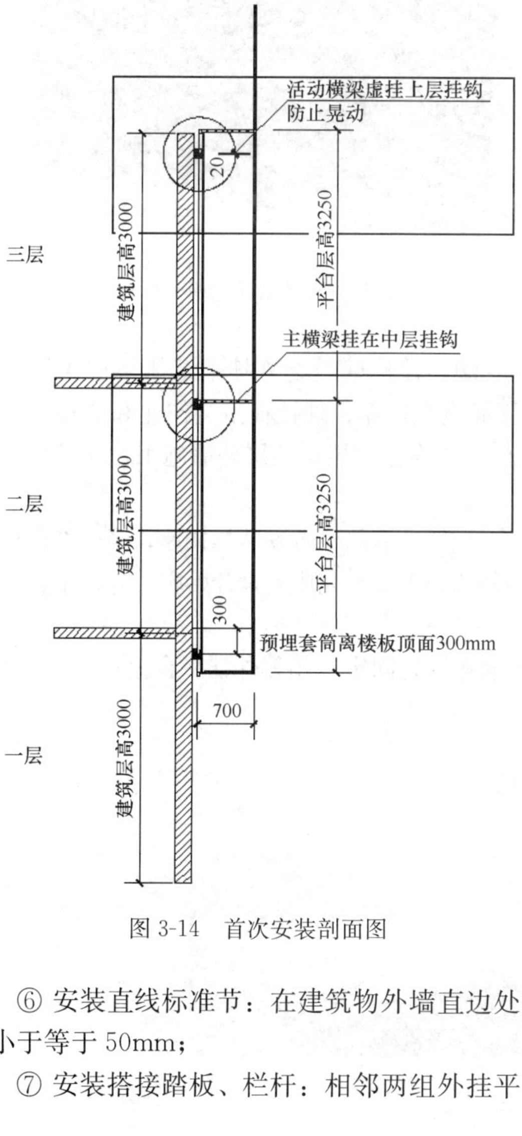


图 3-14　首次安装剖面图

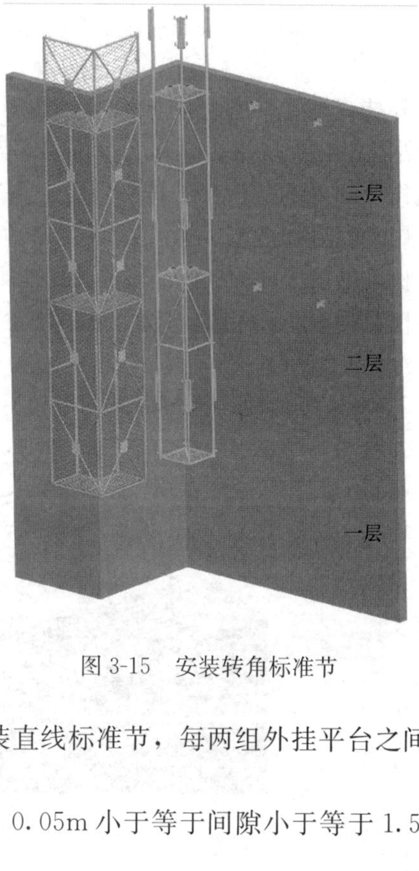


图 3-15　安装转角标准节

⑥ 安装直线标准节：在建筑物外墙直边处安装直线标准节，每两组外挂平台之间间距小于等于 50mm；

⑦ 安装搭接踏板、栏杆：相邻两组外挂平台，0.05m 小于等于间隙小于等于 1.5m，

安装搭接踏板、栏杆，成组使用，上中下三层平台各安装一组；搭接踏板水平放置于相邻两组标准节的踏面上，对称分布，踏板端部圆钢勾住踏面钢板网；搭接栏杆安装于相邻两组标准节Z型折弯板内侧，对称分布。

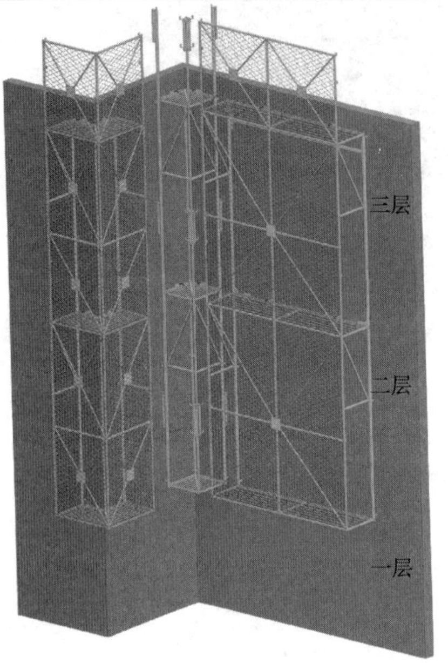


图 3-16　安装直线标准节

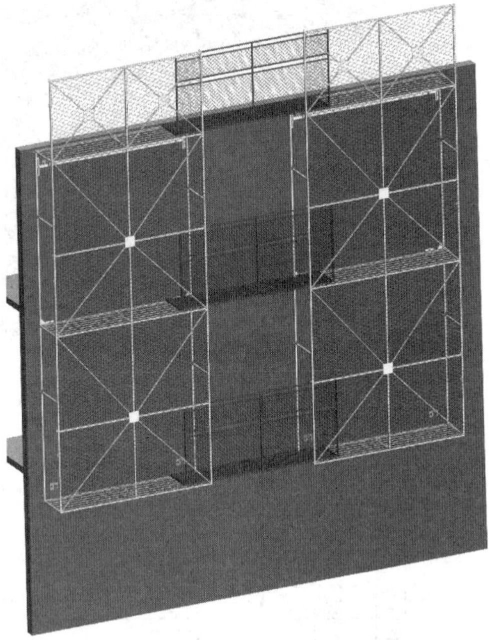

图 3-17　安装搭接踏板、栏杆

外挂式操作架围绕建筑标准层外围完整一圈，该栋建筑物外挂平台体系首次搭设完成。外挂平台上层平台：作为标准层第四层楼面浇筑作业、外挂板吊装作业和墙柱混凝土浇筑作业的外围防护；外挂平台中、下层平台：作为标准层第三层外墙施工作业平台。

（4）爬升作业

标准层第四层外挂板运输至项目现场，在对应预埋套筒位置安装挂钩座；当标准层第四层墙柱混凝土浇筑完成，且标准层第二、三层外墙施工作业完成后，开始爬升外挂平台（图3-18～图3-20）：

① 将搭接踏板、栏杆取下，放置并采用钢丝绑扎固定于相邻外挂平台上；

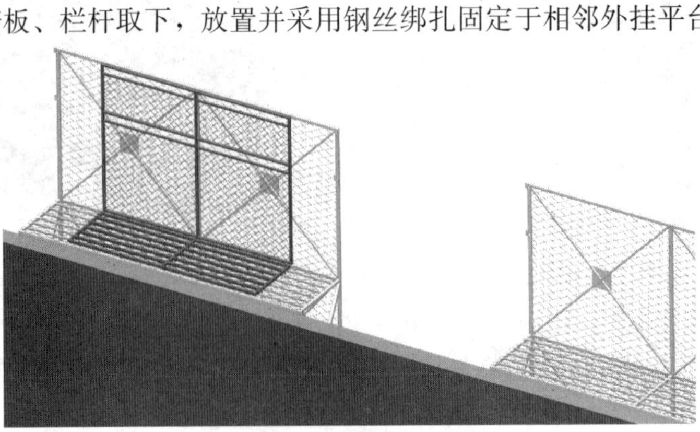

图 3-18　取下踏板、栏杆

② 将调节横梁向上移动 10cm 直至完全脱离第三层外墙挂钩座，松开第二层外墙挂钩座锁扣，塔吊吊钩通过两股钢丝绳连接锁紧外挂平台；

③ 操作塔吊缓慢垂直提升，至外挂平台中层平台主横梁（50cm×30cm 矩形管）完全脱离挂钩座；

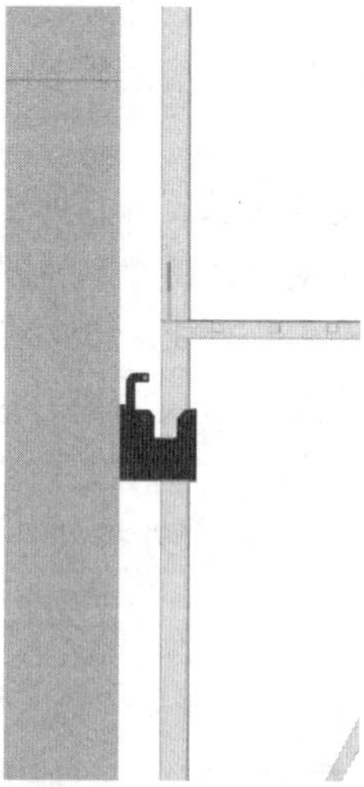

图 3-19　横梁脱离挂钩座

④ 向外水平移动 50cm 左右并垂直提升一个层高，至标准层第三层外挂板对应挂钩座上方；

图 3-20　水平移动及提升

⑤ 向内水平移动 50cm 至挂钩座正上方，缓慢垂直落下，至外挂平台中层平台主横梁底部完全接触挂钩座钩板，锁紧锁扣；

⑥ 将该栋建筑所有外挂平台标准节按照以上步骤爬升，后将搭接栏杆、搭接踏板重新安装在相应位置；

⑦ 工人在外挂平台最下层，将第二层外挂板上原安装好的挂钩座取下，存放于仓库，

待第五层外挂板入场再安装。

爬升作业完成后，继续进行第五层的后续施工作业。以此类推，每施工完一层，按照以上步骤爬升一层。待整栋建筑施工完毕，将所有外挂平台取下，堆码于开阔平整地面，装车回厂检修。

**3. 注意事项**

1）用于焊接外挂架操作平台的各种材料应有产品合格证或材料出厂报告，进场应做材料复试，复试合格后方可使用；

2）焊接质量应符合相关国家及规范要求，操作平台的各构配件连接应符合质量要求；

3）套筒内不得有脱丝、坏丝等现象。连接螺栓强度达到设计要求，并应有出厂合格证和检测报告；

4）安装和提升过程中，严禁外挂架上站人，提升过程中应保持重心稳定，垂直平衡，不得发生倾斜；

5）施工过程中，PC 板应注意不能触碰到外挂架。

## 3.2.2 工具式防护架

工具式防护架是专门针对装配式建筑而定的一种简易防护措施，必要时也可与外挂式操作架搭配使用（图 3-21）。

图 3-21　工具式防护架

**1. 工作原理**

工具式防护架工作原理较为简单，它主要由立杆及防护网组成，通过立杆下部夹具夹紧预制外墙挂板等构件进行固定（图 3-22）。

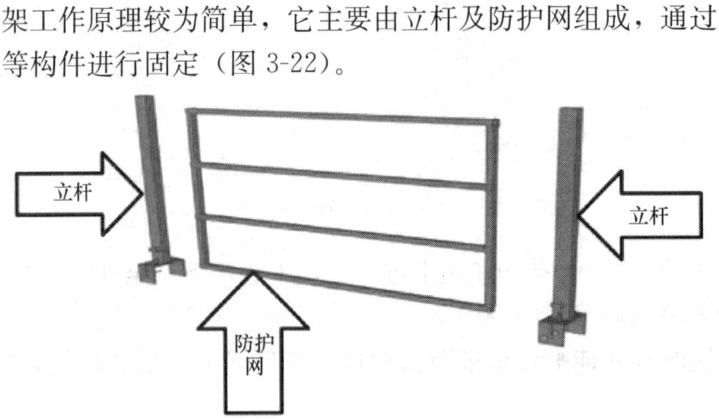


图 3-22　工具式防护架组成

**2. 工艺流程**

工具式防护架可以在多个位置使用，但基本安装流程保持一致。具体安装流程如下：夹具式立杆安装—管架安装—夹具式立杆与管架连接、就位—另一端立杆安装。

**3. 适应范围**

工具式防护被广泛应用在装配式施工现场，一般使用在以下位置（表 3-1）。

工具式防护架适用范围 表 3-1

| | | | |
|---|---|---|---|
| 平台临边防护 |  | 楼梯歇台防护 |  |
| 电梯井内防护 |  | 大型洞口临边防护 | 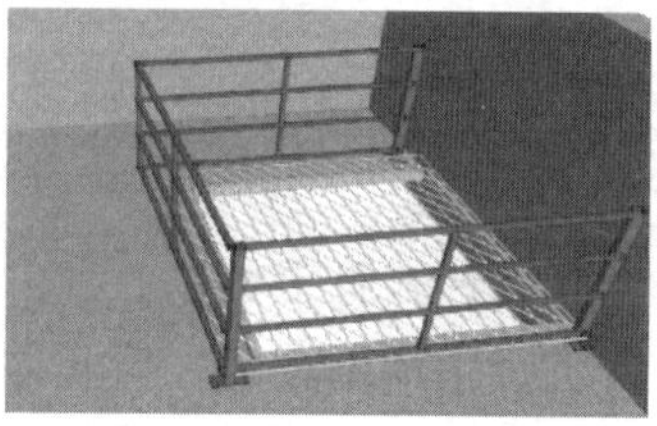 |
| 电梯门洞防护 | 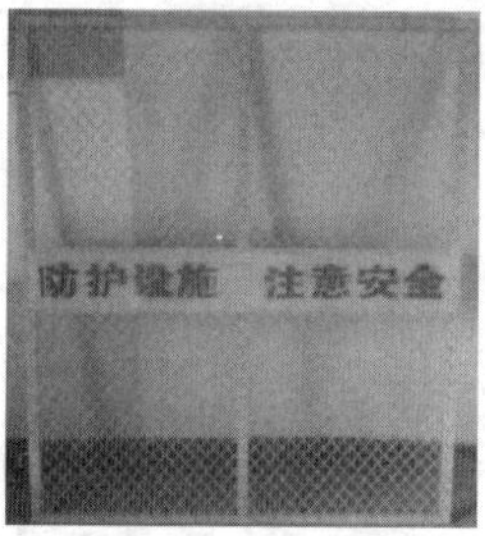 | 低窗防护 | 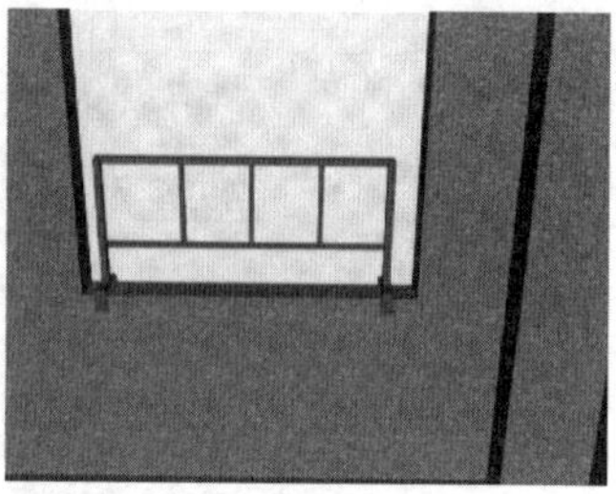 |
| 楼梯临边防护 | 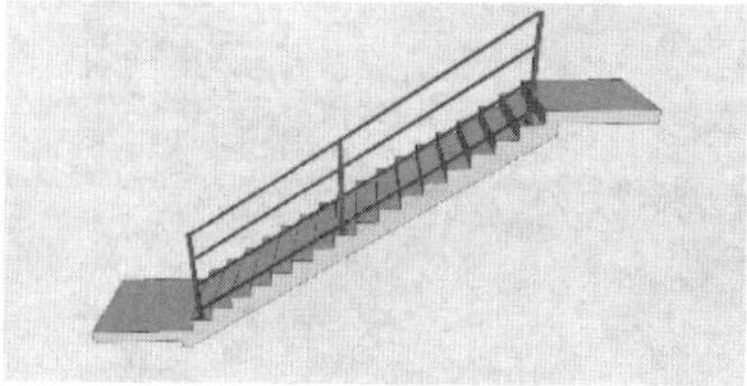 | 阳台防护 | 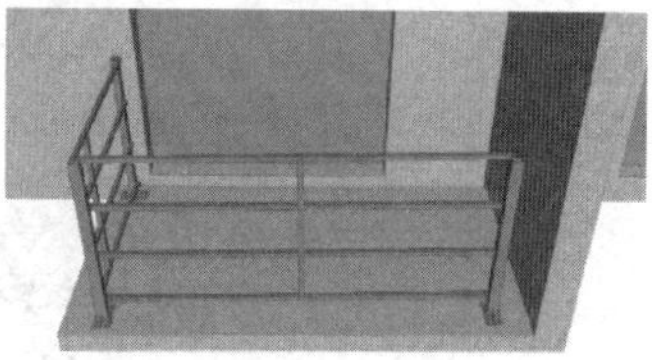 |

针对工具式防护架在不同位置使用时有以下要求：

1）安装于外挂板上时，作为叠合板平台临时围护，使用过程中严禁拆除；

2）楼梯防护立杆采用锚入方式固定时，建议在吊装前安装好，在楼梯间隔墙安装后拆除；

3）歇台板采用普通钢管架防护时，该防护与歇台板底支撑一同搭设，在上一梠梯段吊装前拆除；

4）高度低于 0.8m 的楼层周边属于临边，需进行防护；

5）当窗台高度低于 500mm 时，应采用与外墙挂板处相同的临边防护体系。应选取合理长度的防护，以保证立杆与窗边距离不大于 200mm。

**4. 注意事项**

1）底部夹具必须紧固到位，不得出现松动；

2）焊接施工应满足相应施工技术要求，确保架体质量及强度；

3）现场使用过程中，遇到与现场实际情况不符时，应和技术部门沟通意见，及时调整；

4）临边架体拆除时，应采取相应安全措施才能进行拆除。

## 3.2.3 落地式脚手架

钢管落地式脚手架是一种传统的外防护施工措施，一般采用双排脚手架，在传统建筑的施工工程中运用较多。但此种形式耗材量较大，且材料损耗、变形较多。对于建筑高度较小的预制装配式建筑可采用此种形式防护（图 3-23）。

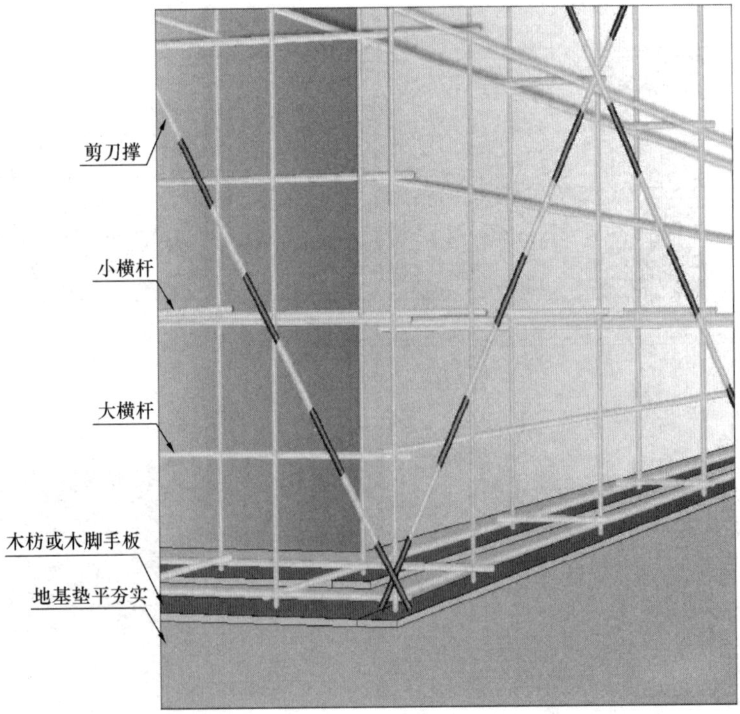


图 3-23　双排立杆落地式脚手架示意

预制装配式建筑采用落地式脚手架时，它的工作原理、工艺流程等与传统建筑基本一致，在此不做赘述。

# 3.3 水平构件支撑体系

预制装配式建筑水平构件支撑体系除可以采用传统的钢管扣件支撑外，还可以采用三脚架独立支撑、盘扣式、键槽式支撑体系。本节主要介绍预制装配式建筑采用较多的三脚架独立支撑、盘扣式支撑体系。

## 3.3.1 三脚架独立支撑

图 3-24 三脚架独立支撑架示意

**1. 工作原理**

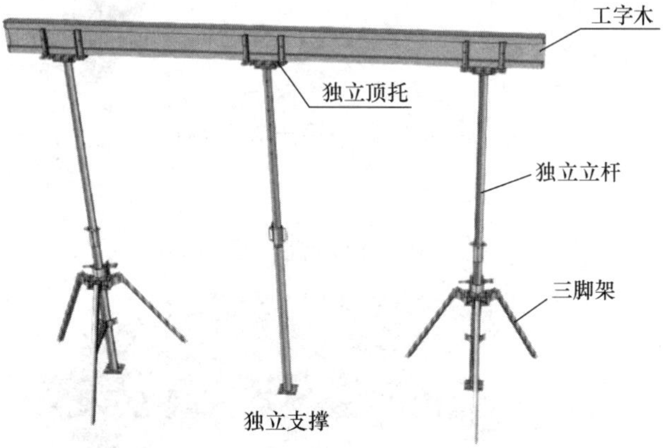


图 3-25 三脚架独立支撑组成

独立支撑体系由三脚架、立杆、顶托、工字梁组成（图 3-25）。立杆之间不需横杆连接，通过底部三脚架进行固定。该体系只适用于室内叠合楼板支撑，不能用于悬挑构件及现浇楼板（图 3-24）。

**2. 工艺流程**

独立式支撑体系安装工艺流程如下：

定位放线—安装第一根角立杆—安装三脚架—安装工字梁两端立杆—安装工字梁—安装工字梁中间立杆—调平

1）定位放线

在墙上放线出 1m 标高线，根据独立式三脚架平面布置确定位置点及尺寸定位放线，且保证现场操作空间（图 3-26）。

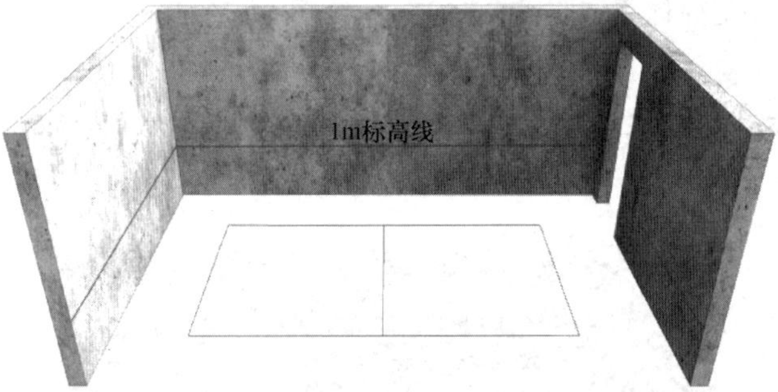


图 3-26　定位放线图

2）安装第一根角立杆

根据放线位置，安装好房间内第一根角立杆。第一根立杆位置必须精准，以保证后续立杆均能安装在正确位置（图 3-27）。

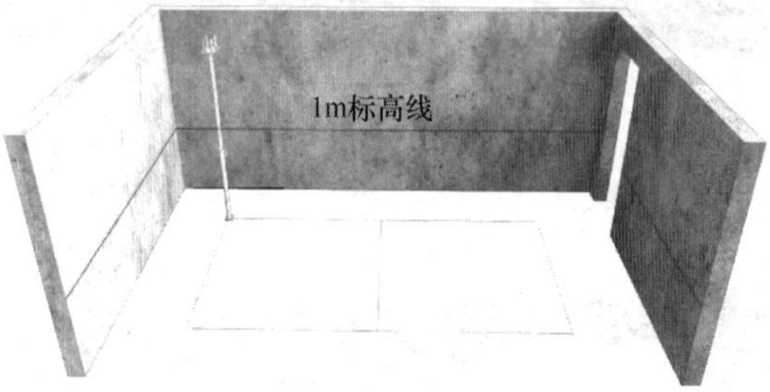


图 3-27　安装第一根角立杆

3）安装三脚架

将三脚架固定于立杆底部，增强立杆稳定性（图 3-28）。

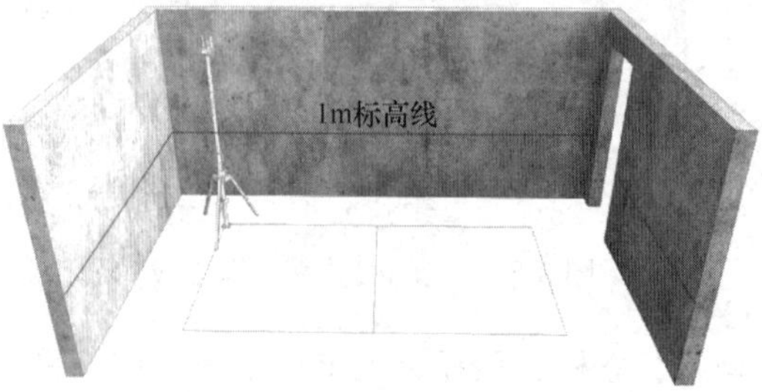


图 3-28　安装三脚架

4）安装工字梁两端立杆

沿楼板面长边垂直方向搭设工字梁两端立杆，搭设时应注意调节顶标高，基本保持一致（图 3-29）。

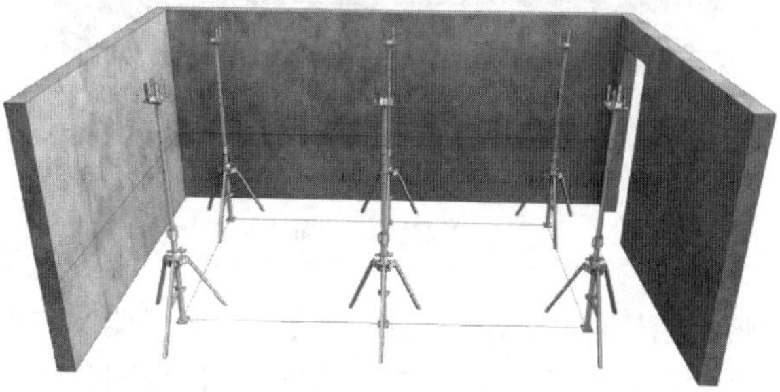

图 3-29　安装工字梁两端立杆

5）安装工字梁

在顶托内安装工字梁，端头搭接长度不少于 300mm，安装完成后应复核标高（图 3-30）。

图 3-30　安装工字梁

6）安装工字梁中间立杆

工字木超 2400mm 时，工字木中间位置应进行立杆支撑（不带三脚架）（图 3-31）。

图 3-31　安装工字梁中间立杆

7）调平

用长靠尺对整体进行调平，高差偏差值应符合设计要求（图 3-32）。

图 3-32 调平

当上层叠合楼板现浇层浇筑完毕，达到规定强度，下层架体三脚架可进行拆除；完成第三层施工后，第一层工字木中间不带三脚架的立杆可进行拆除，且可拆除第二层三脚架；当完成至第四层施工后，第一层拆除，第二层工字木中间立杆拆除，第三层脚手架拆除。

**3. 注意事项**

1）与墙体留出一定距离，保证模板操作空间，一般不小于 300mm，不大于 800mm；

2）尽量减少单个架体搁置时间，避免架体倾倒；

3）独立支撑体系不得用于悬挑和现浇部位。

## 3.3.2 盘扣式支撑

图 3-33 盘扣式脚手架示意

**1. 工作原理**

盘扣式钢管支撑脚手架是由固定规格的立杆、横杆、斜杆等构件组成。立杆顶部和底部插入可调拖撑构件，立杆上有圆盘，圆盘上有八个孔，四个孔位是横杆专用，四个孔位是斜杆专用。横杆、斜杆的连接方式均为插销式，可以确保杆件与立杆牢固连接（图 3-33）。

**2. 工艺流程**

独立式支撑体系安装工艺流程如下：

定位放线—安装角部立杆—安装扫地杆—安装上部横杆—整体展开安装—顶托安装—

调平

1）定位放线

在墙上放线出 1m 标高线，根据盘扣式支撑架平面布置确定位置点及尺寸定位放线，且保证现场操作空间（图 3-34）。

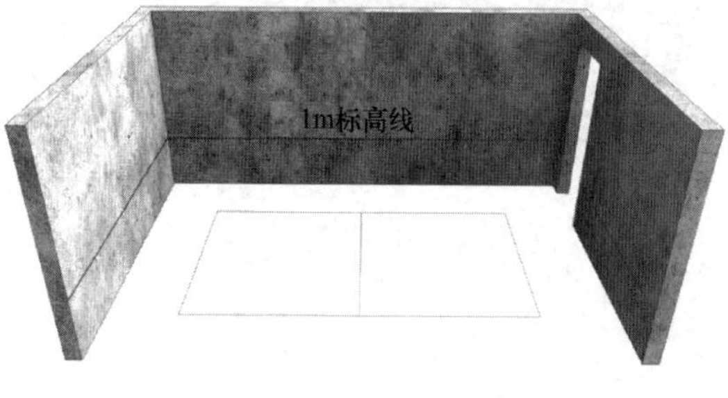


图 3-34　定位放线图

2）安装角部立杆

根据放线位置，安装好房间内角部的立杆，作为后续搭设的基准（图 3-35）。

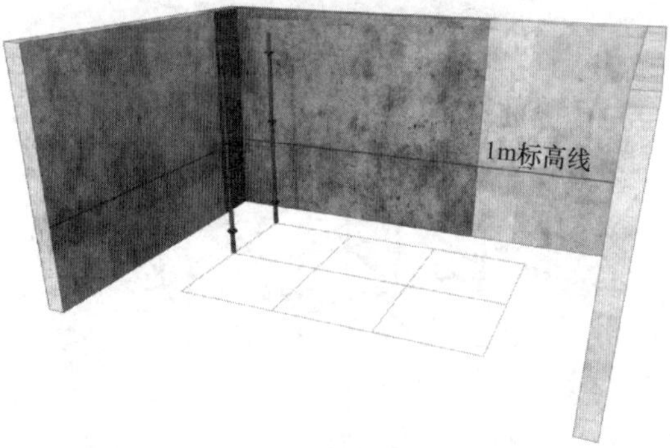


图 3-35　安装角部立杆

3）安装扫地杆

将角部立杆用扫地横杆进行连接，搭设时宜 2 个人进行操作，方便杆件固定（图 3-36）。

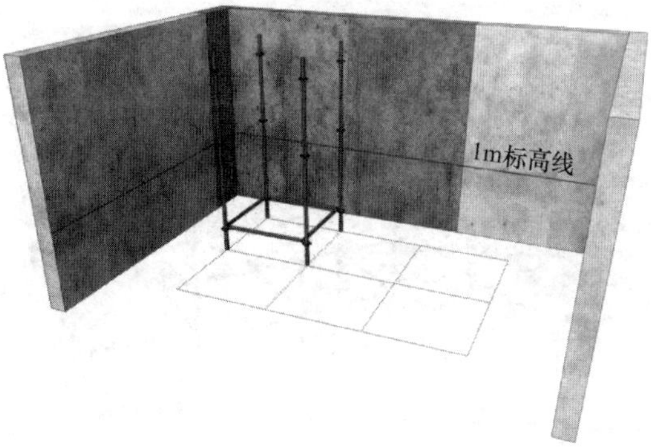


图 3-36　安装扫地杆

4）安装上部横杆

按照设计要求，将上部横杆与立杆进行连接，保证架体稳定性（图 3-37）。

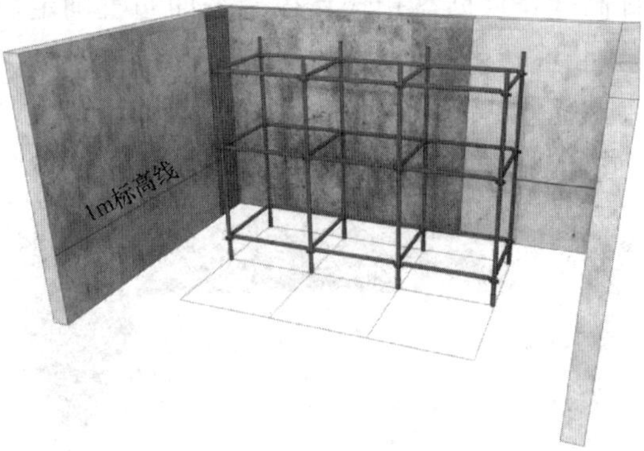


图 3-37　安装上部横杆

5）整体展开安装

按照顺序依次将房间内所有架体安装完成（图 3-38）。

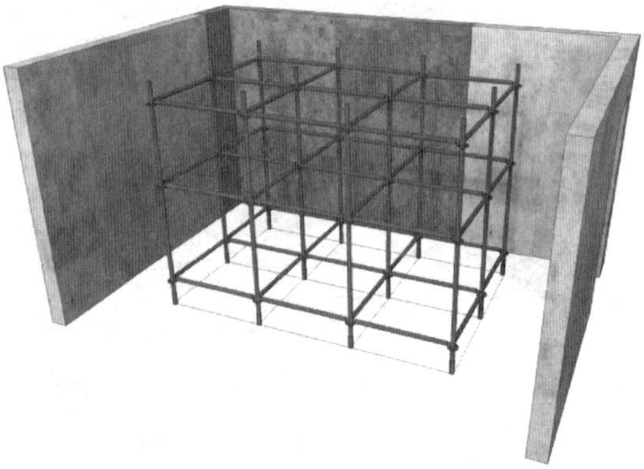

图 3-38　整体展开安装

6）顶托安装

顶托安装时应统一标高并放置在立杆上（图 3-39）。

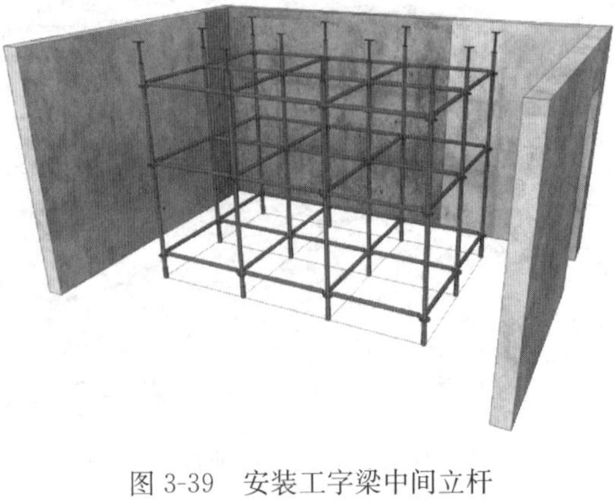

图 3-39　安装工字梁中间立杆

7）调平

用长靠尺对整体进行调平，高差偏差值应符合设计要求（图 3-40）。

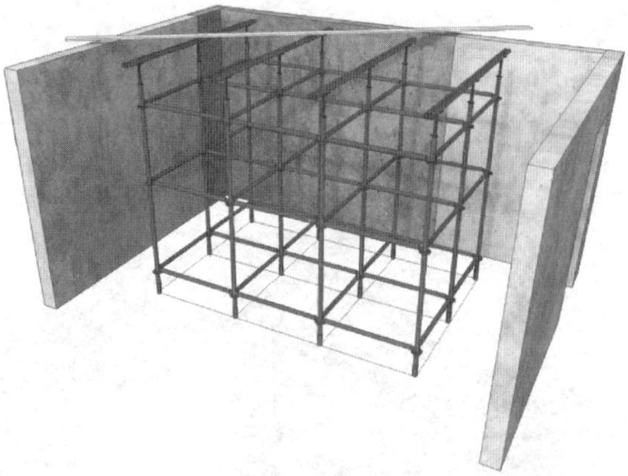

图 3-40 调平

楼板浇筑完成后可对架体进行拆除，拆除时先拆除连接横杆，架体按三层周转。

**3. 注意事项**

1）与墙体留出一定距离，保证模板操作空间，一般设置为 500mm～800mm；

2）体量较大时必须增加斜拉杆，保证架体整体稳定性；

3）搭设前应计算好高度并确认立杆、横杆的规格和组合。

## 3.3.3 键槽式支撑与钢管扣件支撑

图 3-41 键槽式支撑

图 3-42 钢管扣件支撑

键槽式支撑与盘扣式支撑十分类似，但是键槽式支撑不使用顶托和水平放置的钢管或木方，而由顶部横杆直接作为楼板支撑面（图 3-41）。

钢管扣件式支撑在传统建筑使用十分广泛，预制装配式建筑施工时主要用于特殊部位或者较为狭小的空间（图 3-42）。

以上两种体系不在此章节具体介绍。

## 3.4 模板体系

### 3.4.1 铝合金模板

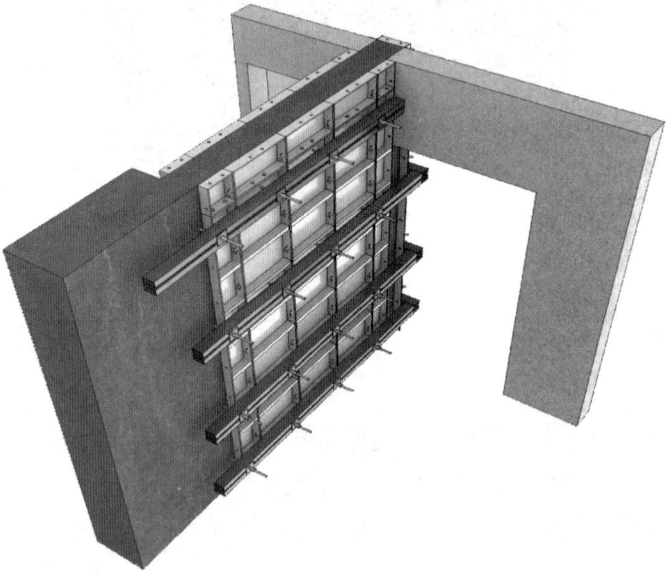

图 3-43 铝模板示意

**1. 工作原理**

铝模板是由铝合金按模数制作设计，经专用设备挤压后制作而成，由铝面板、支架和连接件三部分系统所组成的模板体系。它具有完整的配套使用的通用配件，能组合拼装不同尺寸的外形复杂的整体模架（图 3-43）。

铝模板使用寿命长、成本低，铝模板正常使用周转次数可达 150 次以上；其稳定性好、承载力高，混凝土成型感观好；可通过模板孔传递，不需占用塔吊等起重设备使用时间。

**2. 施工工艺**

铝合金模板施工流程：测量放线—确认型号数量信息—面板安装就位—拉杆、角铝、背楞安装加固—垂直度调整—板缝封堵—验收浇筑

1）测量放线

测量放线内容包括模板定位线、模板控制标高测量、模板控制线（定位线外 200mm），一般模板放线同 PC 板放线同步进行。

2）确认型号及数量信息

拼装前确认模板编号、型号及数量，确保准确无误。

3）面板安装就位

按模板工况图顺序进行模板施工，每面墙模板按编号进行拼装，模板拼装图由厂家提

供，现场需按图拼装，避免出现尺寸不一致或模板数量短缺等现象（图 3-44）。

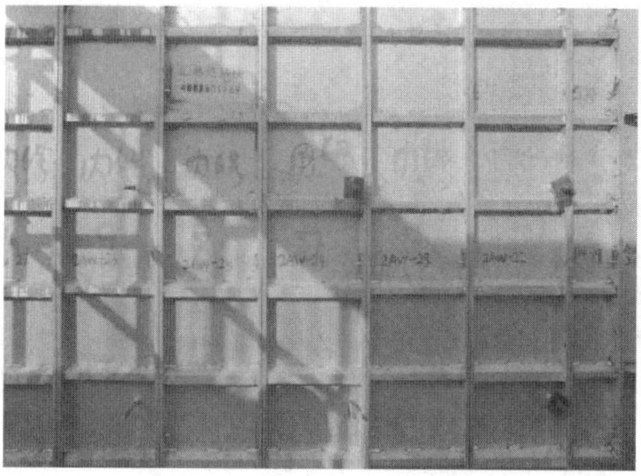

图 3-44　面板安装就位

4）拉杆、角铝、背楞安装加固

① 对拉螺杆安装：将 PVC 管套入螺杆，外墙螺杆拧进外墙板套筒 2cm 以上，将 PVC 管加工成固定长度，套管安装完成后仅需检查套管外露长度即可知道是否安装到位（图 3-45）。

图 3-45　拉杆安装

② 角铝安装（图 3-46）。

图 3-46　角铝安装

③ 安装背楞：背楞安装完成后采用螺帽和垫片加固，并矫正模板垂直度（图 3-47）。

图 3-47　背楞安装

5）垂直度调整及检测

在安装加固时必须严格控制模板垂直度，对于垂直度达不到要求的模板，必须调整达到要求后方能浇筑混凝土。

6）板缝封堵

对因墙地面不平造成模板与地面较大缝隙采用水泥砂浆填堵或者橡胶条，模板顶部缝隙使用木条进行封堵，缝隙较小处模板与预制墙板之间可用双面胶条封堵（图 3-48）。

图 3-48　背楞安装

7）验收浇筑

在浇筑有外挂板当外模时的剪力墙、柱时，浇筑内剪力墙、柱时应分层（分三次）浇筑。但应在下层混凝土初凝之前浇筑上层混凝土，防止形成冷缝。

**3. 注意事项**

1）应采用专门的拆模工具，以免对墙体、模板造成损坏；

2）拆模应遵循先上后下，从右至左或从左至右的顺序，不得自中间向两边拆除；

3）拆模完成后应清除板面上的砂浆残留，并涂刷脱模油；

4）模板应分类分区存放。模板堆放在一起时，所有模板必须平放，底部加垫木方以防止模板变形；

5）铝模板拆除后通过预留的传递孔往上层传递。所以在开工前，施工策划时就必须考虑孔洞预留，且要提前通知工厂进行孔洞预留并按编号顺序放在相应位置。

## 3.4.2 组合大模板

组合大模板是根据墙体尺寸预组装成的大尺寸的工具式模板，一般与支架连为一体。自重较大，施工时需配以相应的吊装和运输机械。其现场如图 3-49 所示：

**1. 工作原理**

组合大模板是根据墙体尺寸预组装成的大尺寸的工具式模板，一般与支架连为一体。自重较大，施工时需配以相应的吊装和运输机械。由于现浇剪力墙形状尺寸的不同，大模板体系的结构也多种多样。主要有外墙竖向模板结构、内墙竖向模板结构、阴角模板结构、阳角模板结构、楼梯间模板结构、电梯井模板结构和端模结构。

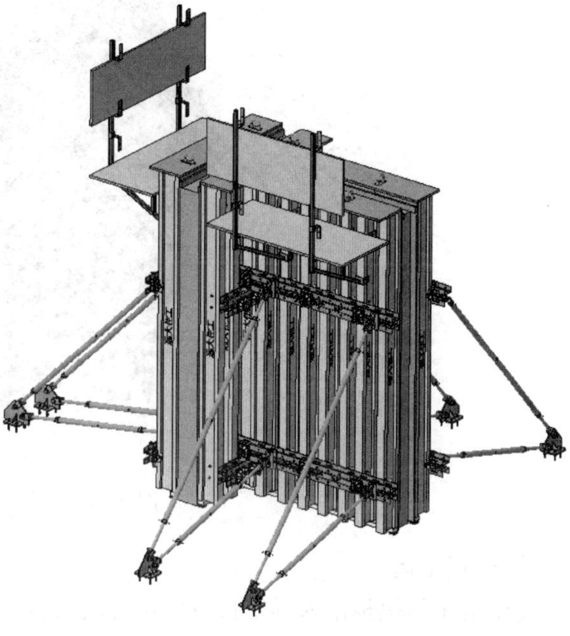

图 3-49　大模板示意

**2. 工艺流程**

独立式支撑体系安装工艺流程如下：

定位放线—模板拼装—模板吊运—安装就位—对拉螺杆安装—检查校正—板缝封堵—验收浇筑

1）定位放线

根据主轴线标出剪力墙边线，安装限位筋使模板准确落位（图 3-50）。

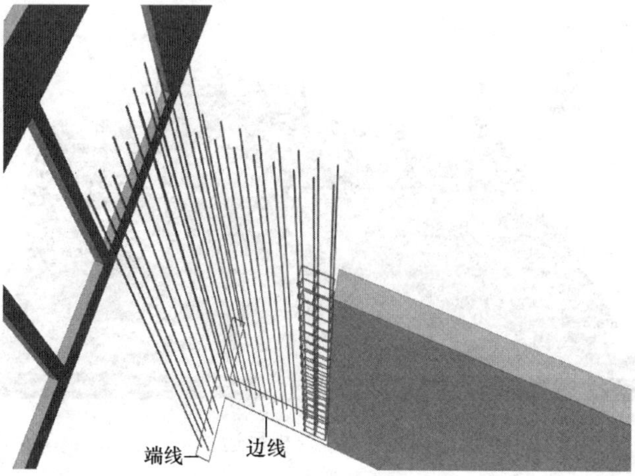


图 3-50　定位放线图

2）模板拼装

根据配模图先在场地内按剪力墙编号拼装完成，背楞与模板加固成一个整体（图 3-51）。

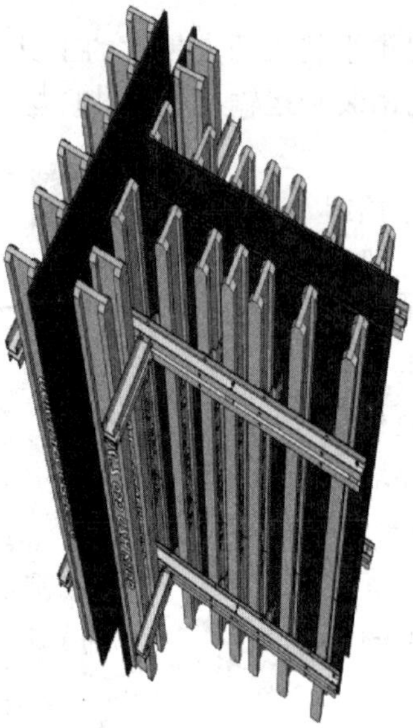

图 3-51　模板拼装

3）模板吊运

使用塔吊将模板吊入预定位置，吊运时确保吊钩与模板连接牢固（图 3-52）。

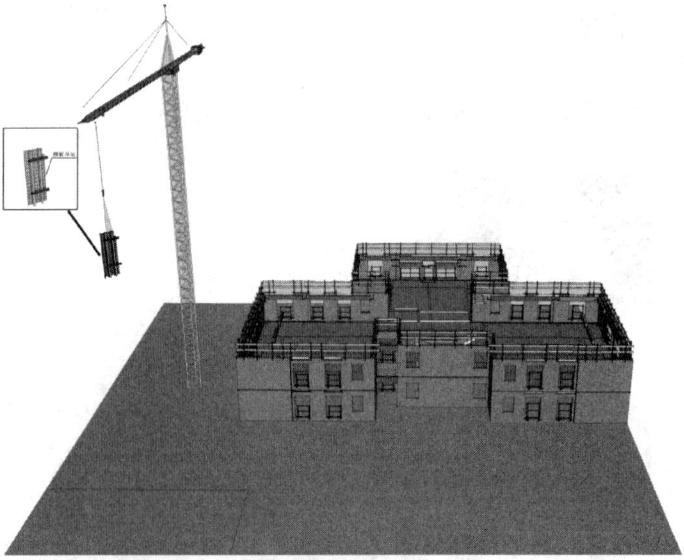

图 3-52　模板吊运

4）安装就位

根据模板编号吊装就位，在模板边缝处贴 20mm 泡沫条堵缝，同时安装模板斜撑（图 3-53）。

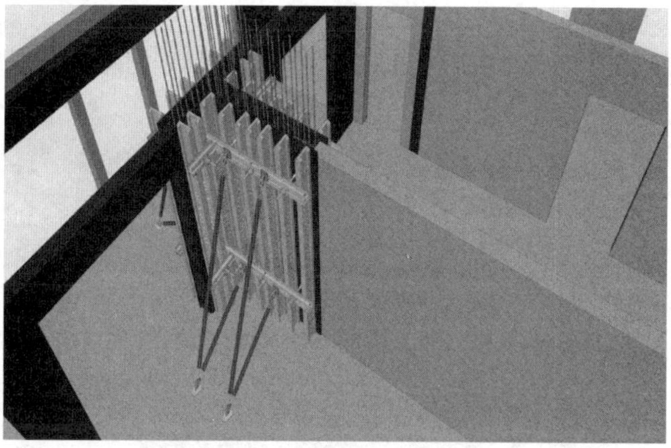

图 3-53　安装就位

5）对拉螺杆安装

根据外墙板预留的套筒位置及内墙对拉杆预留孔位置安装对拉杆（图 3-54、图 3-55）。

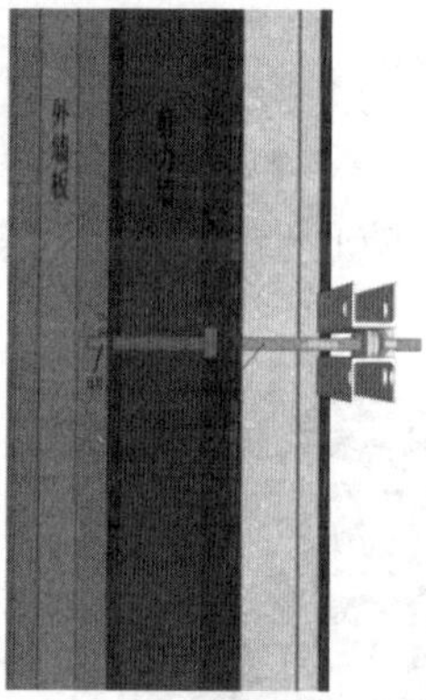

图 3-54　外墙对拉螺杆安装

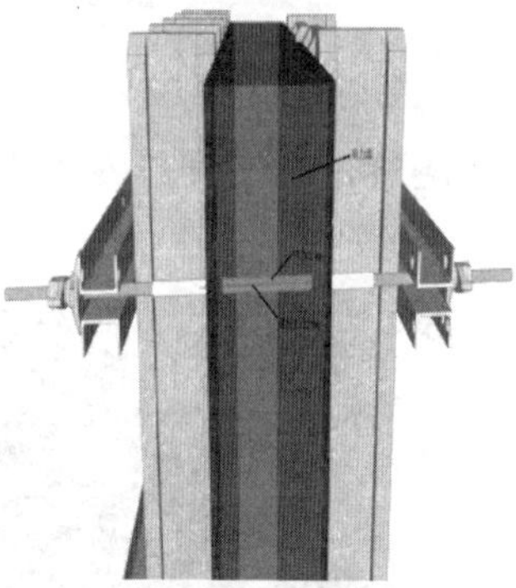

图 3-55　内墙对拉螺杆安装

6）检查校正

将靠尺靠着模板再使用卷尺检测其垂直度，垂直度必须达到要求才能浇筑混凝土(图 3-56)。

图 3-56　检查校正

7）板缝封堵

待模板安装完成后下口安排混凝土工用水泥砂浆封堵，封堵要比混凝土浇筑提前 24h（图 3-57）。

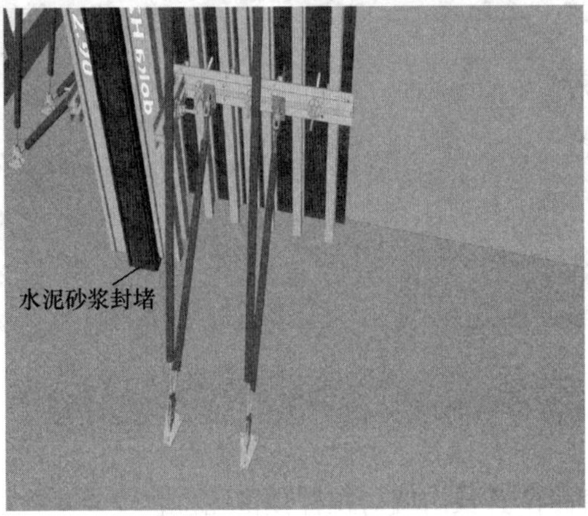


图 3-57　板缝封堵

8）验收浇筑

墙体分 3 次浇筑，浇筑过程需安排专人看模，防止出现胀模、爆模等安全质量事故（图 3-58）。

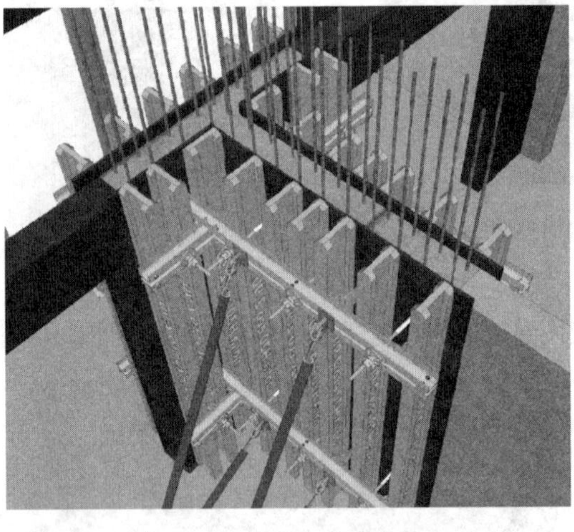

图 3-58　验收浇筑

模板拆除后应该及时将模板吊至专门的模板存放处，并及时进行清理，涂刷好脱模剂，避免影响下次使用。

**3. 注意事项**

1）脱模剂须为水性材料，脱模剂涂刷要均匀，禁止漏刷；

2）模板拆除时不得碰撞混凝土表面与混凝土棱角；

3）6 级以上大风严禁吊装模板；

4）拆模后，需将模板放入堆放架。

### 3.4.3 木模板

图 3-59 木模板示意

木模板在传统建筑中使用十分广泛，预制装配式建筑施工时主要用于特殊部位，不在此章节具体介绍（图 3-59）。

# 第 4 章　工程量清单计价案例分析

## 4.1　计算要点

根据预制装配式建筑工程高层住宅正负零以上工程项目内容，分别按建筑工程、装饰装修工程、机电安装工程等项目进行了整理汇总（表 4-1）。

**工程量清单计算要点（正负零以上）**　　**表 4-1**

工程名称：正负零以上装配式建筑住宅工程　　建筑面积（$m^2$）：

| 序号 | 工程项目名称 | 配置标准 | 与传统施工项目相比增减内容 | 备注 |
|---|---|---|---|---|
| 一 | 建筑工程 | | | |
| 1 | PC 构件安装 | □叠合梁　□叠合板　□夹心保温外挂墙板　□夹心保温剪力墙外墙板　□剪力墙外墙板　□剪力墙内墙板　□内墙板　□隔墙板　□楼梯梯段　□阳台板　□凸窗板　□空调板　□女儿墙板　□其他 | 增加内容 | |
| 2 | 套筒注浆 | □有　□无 | 增加内容 | |
| 3 | 现浇构件钢筋 | □有　□无 | 工程量减少 | |
| 4 | 现浇构件混凝土 | □有　□无 | 工程量减少 | |
| 5 | 砌体及轻质隔墙板 | □有　□无 | 工程量减少 | |
| 6 | 保温工程 | | | |
| (1) | 屋面保温 | □有　□无 | 无变化 | |
| (2) | 外墙保温 | □有　□无 | 无变化/取消 | 有夹心保温外挂墙板和夹心保温剪力墙外墙板时取消外墙保温 |
| (3) | 楼地面保温 | □有　□无 | 无变化 | |
| 7 | 防水工程 | | | |
| (1) | 屋面防水 | □有　□无 | 无变化 | |
| (2) | 外墙嵌缝打胶 | □有　□无 | 增加内容 | |
| (3) | 厨卫、阳台防水 | □有　□无 | 无变化 | |
| (4) | 空调板、飘窗板抹防水砂浆 | □有　□无 | 无变化 | |

## 工程量清单计算要点（正负零以上）

续表

工程名称：正负零以上装配式建筑住宅工程

| 序号 | 工程项目名称 | 配置标准 | 与传统施工项目相比增减内容 | 备注 |
|---|---|---|---|---|
| 8 | 成品烟道、排气道 | □有　□无 | 无变化 | |
| 9 | 变形缝 | □外墙变形缝　□屋面变形缝　□其他　□无 | 无变化 | |
| 10 | 模板工程 | □有　□无 | 工程量减少 | |
| 11 | 脚手架工程 | □有　□无 | 有变化 | 无预制外墙板、预制内墙板时，脚手架无变化 |
| 12 | 垂直运输机械费 | □进出场费　□安拆费　□使用费　□基础　□无 | 有变化 | |
| 13 | 超高施工增加费 | □有　□无 | 有变化 | 根据湖南装配式建设工程消耗量标准（试行版）该项费用暂无变化 |
| 14 | 其他工程 | □有　□无 | 无变化 | |
| 二 | 装饰装修工程 | | | |
| 1 | 室内初装修 | | | |
| (1) | 楼地面找平 | □水泥砂浆　□细石混凝土　□其他　□无 | 有变化 | 楼梯梯段取消找平 |
| (2) | 墙面抹灰 | □有　□无 | 工程量减少 | |
| (3) | 轻钢龙骨石膏板隔墙 | □有　□无 | 无变化 | |
| 2 | 建筑外装饰 | | | |
| (1) | 外墙饰面 | □外墙真石漆　□外墙硅丙涂料　□水性氟碳涂料　□其他　□无 | 无变化/取消 | 外墙、保温、装饰一体化时，现场减少外墙装修费用 |
| (2) | 外墙装饰线条 | □EPS 装饰线条　□其他　□无 | 无变化 | |
| 3 | 建筑部件 | | | |
| (1) | 建筑外门窗 | □有　型材：□塑钢　□普通铝合金　□断桥铝合金 | 无变化/取消窗框 | 外墙、保温、窗框一体化时，现场减少窗框费用 |
| | | □有　玻璃：□5＋9A＋5 中空玻璃　□其他 | 无变化 | |
| | | □无 | | |
| (2) | 入户门 | □有　□无 | 无变化 | |

**工程量清单计算要点（正负零以上）** 续表

工程名称：正负零以上装配式建筑住宅工程

| 序号 | 工程项目名称 | 配置标准 | | | 与传统施工项目相比增减内容 | 备注 |
|---|---|---|---|---|---|---|
| (3) | 防火门 | □木质防火门 □钢制防火门 □无 | | | 无变化 | |
| (4) | 单元门 | □铝合金 □其他 □无 | | | 无变化 | |
| (5) | 栏杆扶手、百叶 | 阳台栏杆 | □锌钢栏杆 □玻璃栏杆 □不锈钢栏杆 □其他 □无 | | 无变化 | |
| | | 空调栏杆、百叶 | □锌钢栏杆 □铝合金百叶 □其他 □无 | | 无变化 | |
| | | 护窗栏杆 | □锌钢护窗栏杆 □不锈钢护窗栏杆 □其他 □无 | | 无变化 | |
| | | 楼梯靠墙扶手 | □锌钢靠墙扶手 □不锈钢靠墙扶手 □其他 □无 | | 无变化 | |
| | | 楼梯栏杆 | □锌钢楼梯栏杆 □不锈钢楼梯栏杆 □其他 □无 | | 无变化 | |
| (6) | 轻钢玻璃雨篷 | □有 □无 | | | 无变化 | |
| (7) | 信报箱 | □有 □无 | | | 无变化 | |
| 4 | 楼内公共区域精装修 □有 □无（勾选此项时，下表不需填写） | | | | | |
| (1) | 单元入口、电梯厅、公共过道 | 天花 | 电梯厅、单元入口 | □矿棉板吊顶 □石膏板吊顶 □乳胶漆 □其他 □无 | 无变化 | |
| | | | 公共过道 | □矿棉板吊顶 □石膏板吊顶 □乳胶漆 □其他 □无 | 无变化 | |
| | | 墙面 | 电梯门所在的墙面 | □瓷砖墙面 □不锈钢电梯门套 □其他 □无 | 无变化 | |
| | | | 其他墙面 | □高级内墙涂料 □普通内墙涂料 □其他 □无 | 无变化 | |
| | | | 管井墙面 | □刮腻子 □水泥本色 □其他 | 无变化 | |
| | | 地面 | 地面饰面 | □地砖 600×600 □瓷砖踢脚线 □其他 | 无变化 | |
| (2) | 楼梯间 | 天花、墙面 | | □888 仿瓷涂料 □普通内墙涂料 □其他 | 无变化 | |
| | | 地面 | 梯级地面、踢脚线 | □梯级地面水泥本色 □水泥浆踢脚线 □其他 | 无变化 | |
| | | | 歇台、前室地面 | □水泥砂浆地面 □其他 | 无变化 | |

**工程量清单计算要点（正负零以上）** 续表

工程名称：正负零以上装配式建筑住宅工程

| 序号 | 工程项目名称 | | 配置标准 | 与传统施工项目相比增减内容 | 备注 |
|---|---|---|---|---|---|
| 5 | 户内精装修 □有 □无（勾选此项时，下表不需填写） | | | | |
| (1) | 客餐厅、卧室、过道 | 天花 | □高级内墙涂料 □普通内墙涂料 □其他 | 无变化 | |
| | | 墙面 | □高级内墙涂料 □普通内墙涂料 □其他 | 无变化 | |
| | | 地面 | □12mm厚强化木地板 □其他 | 无变化 | |
| (2) | 厨房 | 天花 | □成品铝塑板吊顶 □成品铝扣板 □其他 | 无变化 | |
| | | 墙面 | □涂料、部分墙砖 □墙砖 □其他 | 无变化 | |
| | | 地面 | □防滑地砖 □瓷砖踢脚线 □其他 | 无变化 | |
| (3) | 卫生间（非整体浴室填写） | 天花 | □成品铝塑板吊顶 □成品铝扣板 □其他 □无 | 无变化 | |
| | | 墙面 | □涂料、部分墙砖 □墙砖 □其他 □无 | 无变化 | |
| | | 地面 | □防滑地砖 □其他 □无 | 无变化 | |
| (4) | 阳台 | 天花 | □外墙涂料 □其他 | 无变化 | |
| | | 墙面 | □外墙涂料 □其他 | 无变化 | |
| | | 地面 | □防滑地砖 □瓷砖踢脚线 □其他 | 无变化 | |
| (5) | 飘窗板 | | □有 □无 | 无变化 | |
| (6) | 窗台板 | | □有 □无 | 无变化 | |
| (7) | 门踏板 | | □有 □无 | 无变化 | |
| (8) | 户内部件 □有 □无（勾选此项时，下表不需填写） | | | | |
| ① | 橱柜 | | □有 □无 | 无变化 | |
| ② | 整体浴室 | | □有 □无 | 无变化 | |
| ③ | 新型整体浴室 | | □有 □无 | 无变化 | |
| ④ | 套装门、门套、半门套 | | □有 □无 | 无变化 | |

## 工程量清单计算要点（正负零以上）

续表

工程名称：正负零以上装配式建筑住宅工程

| 序号 | 工程项目名称 | 配置标准 | | | 与传统施工项目相比增减内容 | 备注 |
|---|---|---|---|---|---|---|
| 6 | 措施项目费 | □有 □无 | | | | |
| (1) | 装饰脚手架 | □有 □无 | | | 有变化 | |
| (2) | 成品保护费 | □有 □无 | | | 无变化 | |
| (3) | 垂直运输机械费 | □有 □无 | | | 有变化 | |
| (4) | 超高施工增加费 | □有 □无 | | | 有变化 | 根据湖南装配式建设工程消耗量标准（试行版）该项费用无变化 |
| 7 | 其他 | □有 □无 | | | 无变化 | |
| 说明：内墙、管线、装修一体化时，取消现场墙面装饰施工 | | | | | | |
| 三 | 机电安装工程 | | | | | |
| 1 | 机电预留预埋 | □强电预留预埋 □防雷接地预留预埋<br>□给排水预留预埋 □弱电预留预埋<br>□消防预留预埋 □空调预留预埋<br>□新风预留预埋 □采暖预留预埋<br>□燃气预留预埋 □其他<br>□无 | | | 工程量减少 | |
| 2 | 机电安装 | | | | | |
| (1) | 强电 | | | | | |
| ① | 户内强电 | □有 | 施工范围 | 户内配电箱之后（含户内配电箱、管、线、开关、插座、灯具）；等电位接地 | 无变化 | |
| | | | 配电箱 | 全部到位 | 无变化 | |
| | | | 电线 | 按设计图纸 | 无变化 | |
| | | | 开关插座 | 全部到位 | 无变化 | |
| | | | 灯具 | □阳台吸顶灯<br>□有吊顶的天花为4寸筒灯 □其他为白炽灯 □其他 | 无变化 | |
| | | □无 | | | | |

**工程量清单计算要点（正负零以上）** 续表

工程名称：正负零以上装配式建筑住宅工程

| 序号 | 工程项目名称 | 配置标准 | | | 与传统施工项目相比增减内容 | 备注 |
|---|---|---|---|---|---|---|
| ② | 公共区域强电 | □有 | 施工范围 | 公变：从电井电表箱算起（不含电表箱）至户内配电箱；专变：从栋内一级配电箱算起（不含配电箱）至层间应急配电箱、电梯配电箱、风机配电箱、开关、插座、灯具 | 无变化 | |
| | | | 电线电缆 | 按设计图纸 | 无变化 | |
| | | | 灯具 | □单元入口、电梯厅、公共过道灯具为4寸筒灯 □楼梯间为吸顶灯 □其他 | 无变化 | |
| | | □无 | | | | |
| (2) | 给排水 | | | | | |
| ① | 户内给排水 | □有 | □不含洁具 | 给水从水表后（不含水表）接管进户并分支到各个用水点（含水嘴）；排水支管（含地漏） | 无变化 | 整体浴室卫生间/不需安装洁具卫生间 |
| | | | □含洁具 | 给水从水表后（不含水表）接管进户并分支到各个用水点（含水嘴）；排水支管（含地漏） | 无变化 | 非整体浴室精装卫生间 |
| | | □无 | | | | |
| ② | 公共区域给排水 | □有 | 施工范围 | 户内排污、雨水、空调排水等算至室外1.5米或者算至室外第一座井 | 无变化 | |
| | | □无 | | | | |
| ③ | 材料 | 给水 | □PPR □铝塑管 □钢塑管 □不锈钢 □其他 | | 无变化 | |
| | | 排水 | □PVC-U □铸铁 □HDPE □其他 | | 无变化 | |
| (3) | 电梯 | □无 | □有，总包 | □有，甲自采 | 无变化 | |

**工程量清单计算要点（正负零以上）** 续表

工程名称：正负零以上装配式建筑住宅工程

| 序号 | 工程项目名称 | 配置标准 | | | 与传统施工项目相比增减内容 | 备注 |
|---|---|---|---|---|---|---|
| (4) | 弱电 | □有 | □对讲 | □非可视 □黑白可视 □彩色可视 □数字可视 | 无变化 | |
| | | | □门禁 | □通道 □电梯刷卡 | 无变化 | |
| | | | □监控 | □模拟 □数字 | 无变化 | |
| | | | □广播 | □模拟 □数字 | 无变化 | |
| | | | □三网 | □有线电视 □网络 □电话 □面板 | 无变化 | |
| | | □无 | | | | |
| (5) | 消防 | □有 | □火灾报警 □消防栓 □喷淋 □应急照明 □防排烟 | | 无变化 | |
| | | □无 | | | | |
| (6) | 空调 | □有 | □总包 □甲自采 | | 无变化 | |
| | | □无 | | | | |
| (7) | 新风 | □有 | □总包 □甲自采 | | 无变化 | |
| | | □无 | | | | |
| (8) | 采暖 | □有 | □总包 □甲自采 | | 无变化 | |
| | | □无 | | | | |
| (9) | 燃气 | □有 | □总包 □甲自采 | | 无变化 | |
| | | □无 | | | | |
| 四 | 其他费用 | | | | | |
| (1) | 总包服务费 | □有 | □无 | | 无变化 | |
| (2) | 甲供材料保管费 | □有 | □无 | | 无变化 | |

## 4.2 与传统建筑相比增减项目内容

### 4.2.1 增加项目内容

**1. PC构件产品的制作和运输**

常见的PC构件产品包括：叠合梁的预制部分（图4-1）、叠合板的预制部分（图4-2）、预制混凝土夹心保温外挂墙板（图4-3），夹心保温剪力墙外墙板（图4-4）、预制剪力墙、预制内墙板（图4-5）、预制内隔墙（图4-6）、预制楼梯（图4-7）、预制阳台板（图4-8）、预制空调板、预制凸窗板、预制女儿墙、预制沉箱等，详图见识图部分的构件详图。

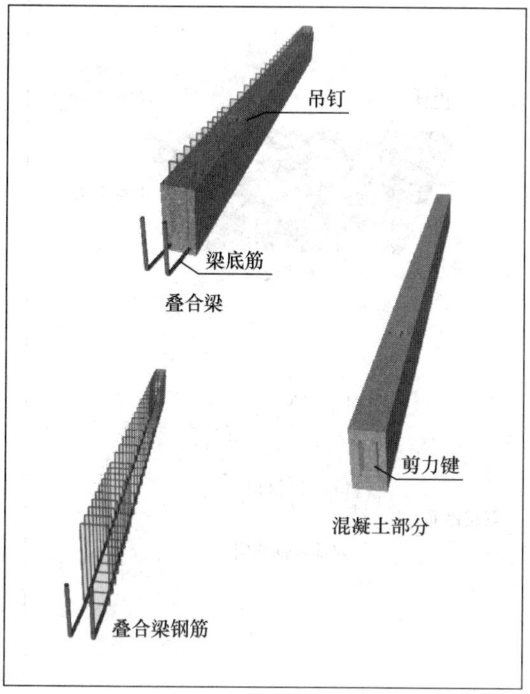


图 4-1　叠合梁的预制部分

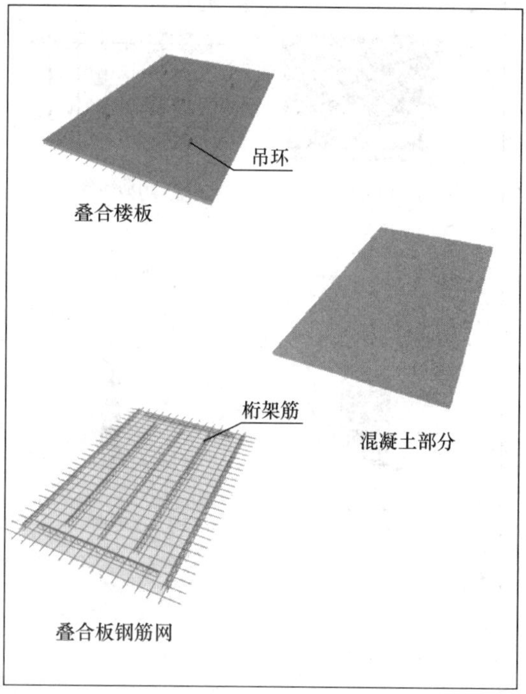


图 4-2　叠合板的预制部分

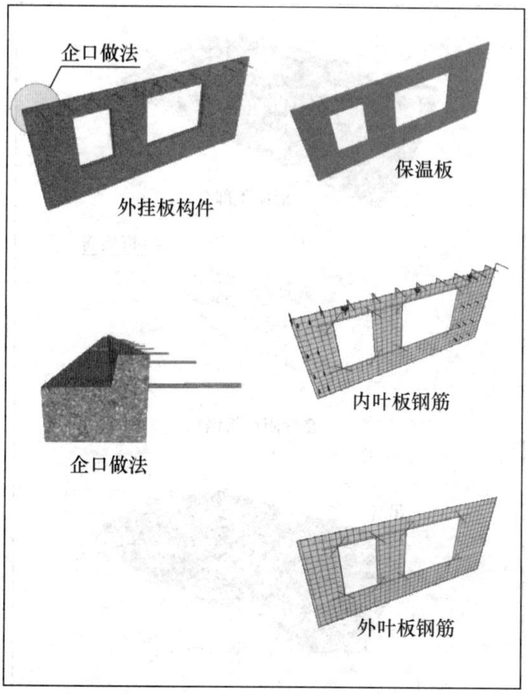


图 4-3　预制混凝土夹心保温外挂墙板

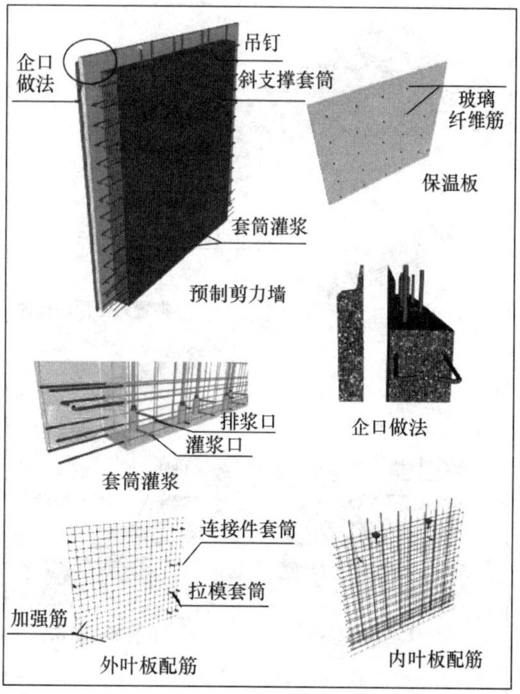


图 4-4　夹心保温剪力墙外墙板

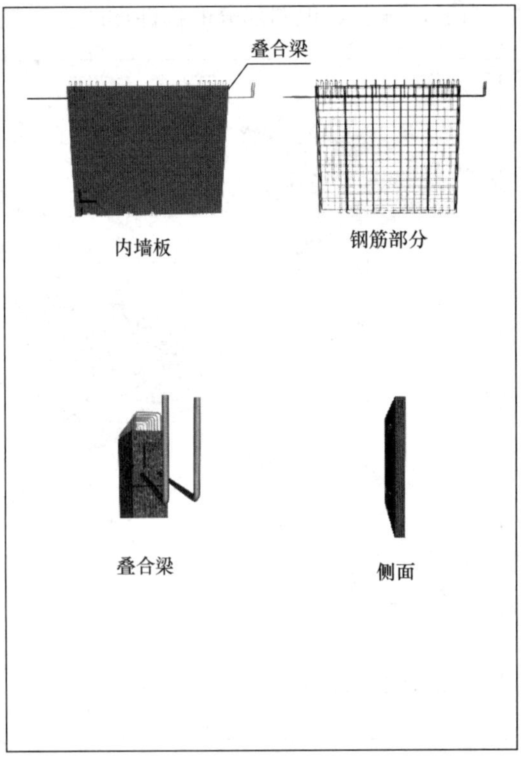


图 4-5　预制内墙板

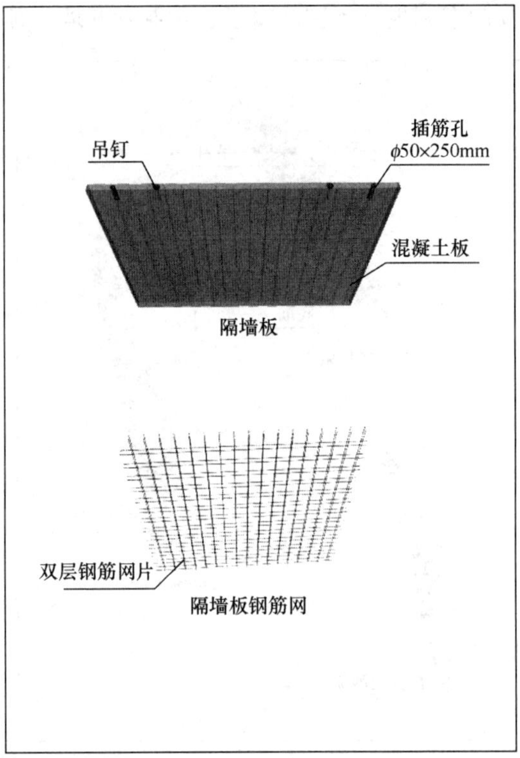


图 4-6　预制内隔墙

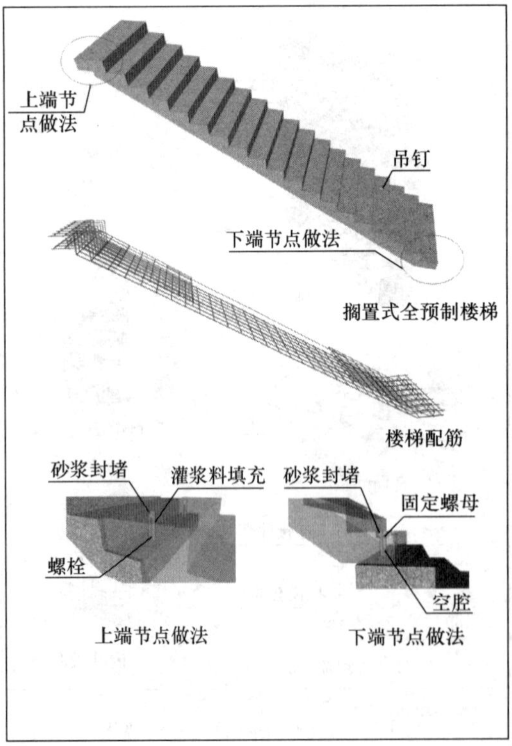


图 4-7　预制楼梯

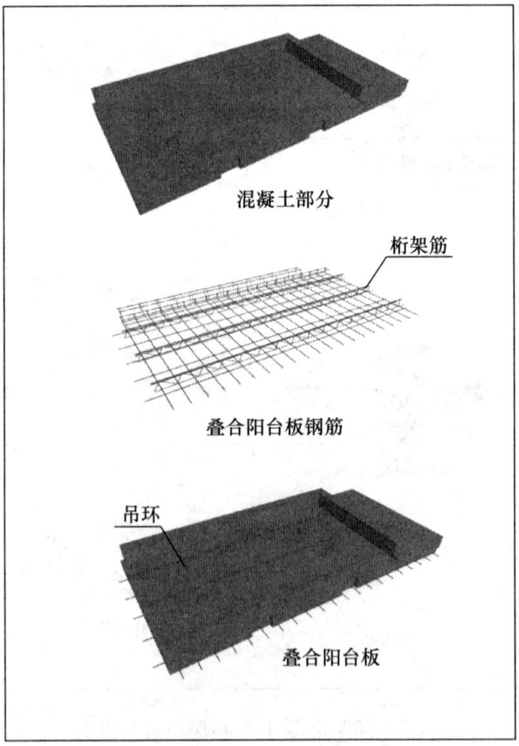


图 4-8　预制阳台板

**2. PC构件的安装**

PC构件安装包括支撑杆连接件预埋，结合面清理，构件吊装、就位、校正、垫实、固定，接头钢筋调直、构件打磨、坐浆料铺筑，填缝料填筑，搭设及拆除钢支撑等内容。

装配式建筑主体吊装作业主要流程：——构件运输；——弹线定位；——标高测量；——吊装外墙板；——构件垂直度校核；——外墙板缝宽度控制；——连接件安装、板缝封堵；——吊装叠合梁；——吊装内墙板；——剪力墙、柱钢筋绑扎；——柱、剪力墙支模；——柱、剪力墙混凝土浇捣；——模板、斜支撑拆除；——搭设叠合板顶支撑；——吊装叠合板；——铺设拼缝钢筋：——楼梯段吊装：——叠合板缝封堵；——搭设防护栏杆；——楼面管线预埋、叠合板钢筋绑扎；——楼面标高控制；——楼面混凝土浇捣；——楼面找平压光

（1）外墙板PC构件安装工艺流程：选择吊装工具—挂钩、检查构件水平—吊运—安装、就位—调整固定—取钩—连接件安装

1）PC墙板的就位、安装：根据楼面所放出的外墙挂板侧边线、端线、垫块、外墙挂板下端的连接件（连接件安装时外边与外墙挂板内边线重合）使外墙挂板就位（图4-9～图4-12）。

图4-9　外墙挂板下部定位件

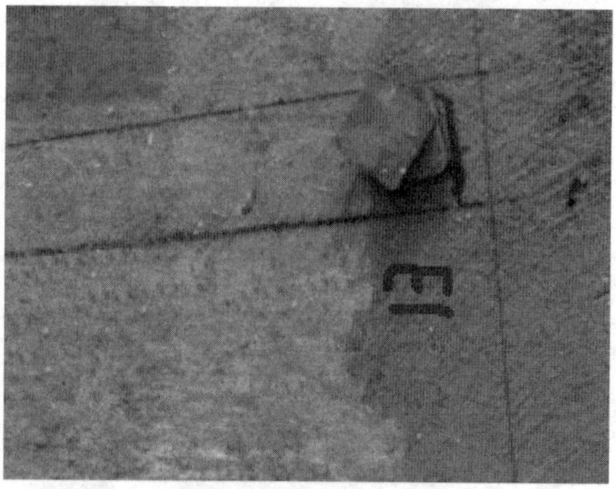


图4-10　垫块位置及控制线

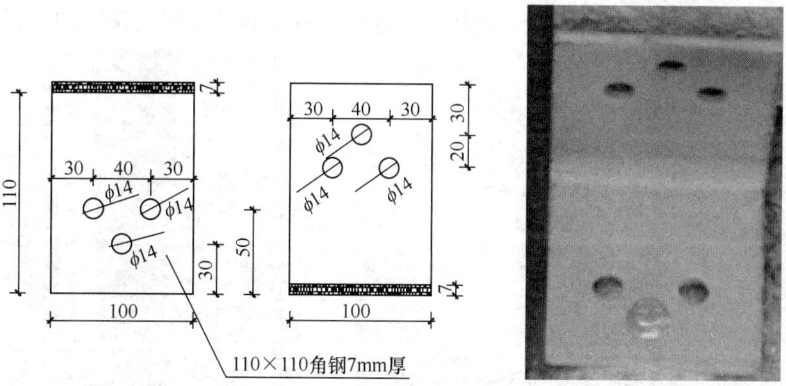


图4-11　墙板定位件

2）斜支撑的搭拆（图 4-13）。

图 4-12　墙板与地面的连接

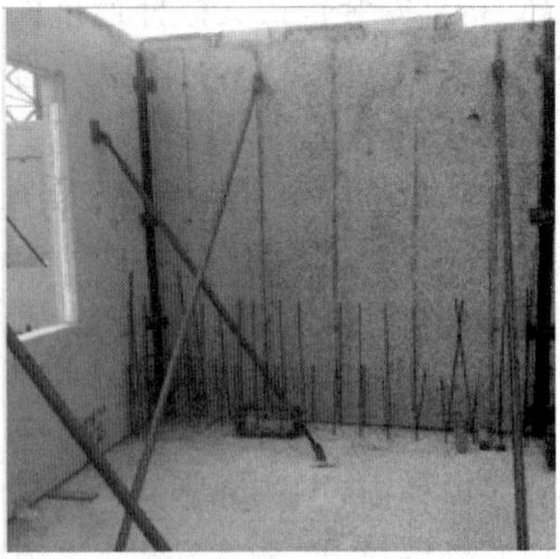

图 4-13　墙板支撑

3）外墙板内侧拼缝处理：外墙板内侧拼缝处放置 200mm 宽 3mm 厚自粘防水 SBS 卷材，高度为外墙挂板高度＋50mm。宽度缝两边均分，防止混凝土浇筑时漏浆和外墙板缝漏水（图 4-14）。

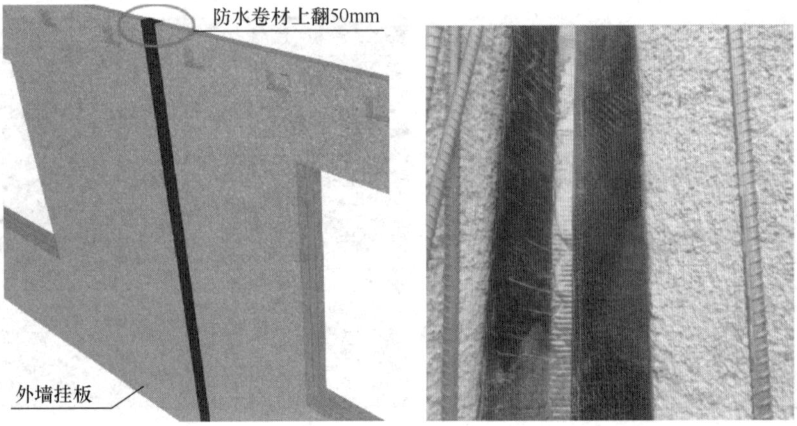


图 4-14　自粘卷材安装

4）连接件安装：两块外墙挂板之间用一字连接件或 L 型连接件连接（图 4-15、图 4-16）。

图 4-15　转角处固定

图 4-16　一字连接件固定

（2）叠合梁吊装工艺流程：测量放线—支撑搭设—挂钩、检查构件水平—吊运—就位、安装—调整—取钩

1）测量放线：根据轴线、外墙板线，将梁端控制线用线锤、靠尺、经纬仪等测量方法引至外墙板上。构件起吊前对照图纸复核构件的尺寸、编号。

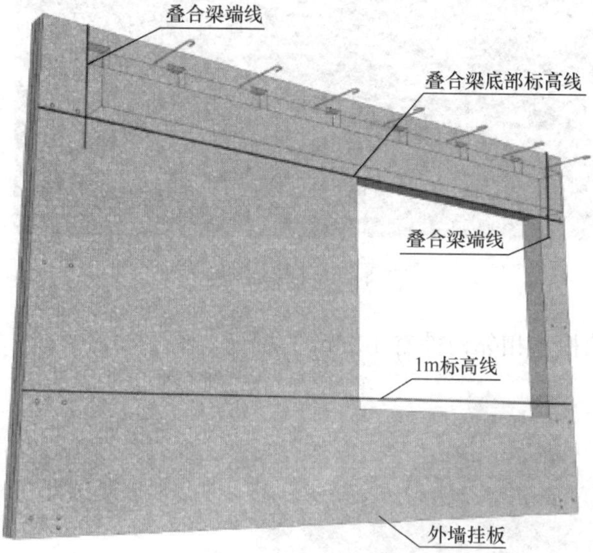


图 4-17　梁控制线图

2）梁支撑搭设：一般情况下对于长度大于 4m 的叠合梁，底部不得小于 3 个支撑点，大于 6m 的不得小于 4 个支撑点（图 4-18）。

图 4-18　梁底支撑搭设图

（3）内墙板、隔墙板吊装的施工工艺基本与外墙板吊装相同，但有以下几点必须注意：

1）落位时墙板底下要坐浆，坐浆时注意避开地面预留线管，以免砂浆将线管堵塞（图 4-19）。

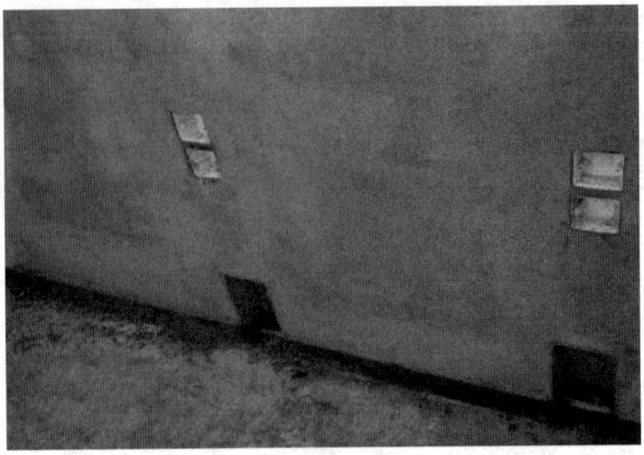

图 4-19　墙板坐浆

2）隔墙安装时墙板与相邻构件有 10mm 的拼缝（图 4-20）。

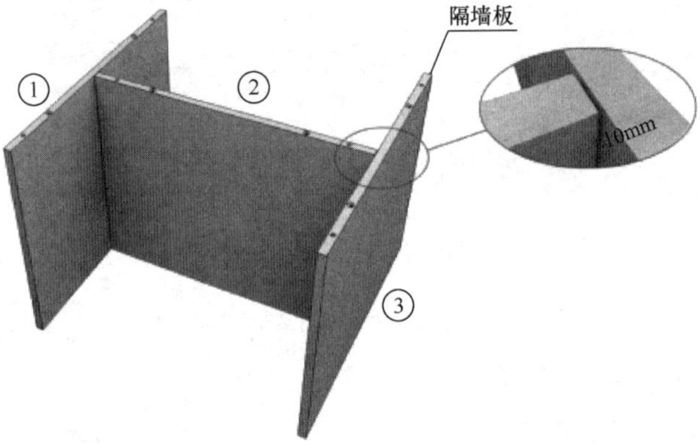


图 4-20　墙板拼缝

3）隔墙板的连接方式，是在隔墙板顶上预留出直径为 50mm 深为 250mm 的孔洞，叠合板相应位置预留出直径 75mm 的孔洞。叠合板吊装完后在孔内插入直径 12mm 的短钢筋，现浇时向孔内灌注混凝土，使叠合板与隔墙板牢固相连（图 4-21）。

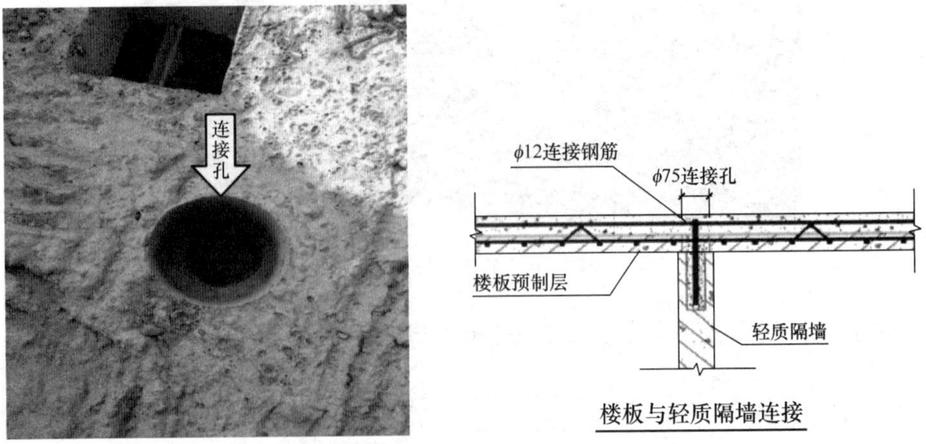


图 4-21　楼板与轻质隔墙连接

4）隔墙板两端与外墙板或内墙板连接时，可拆除斜支撑，然后用L形连接件将隔墙板固定在两端外墙板或内墙板上，节约空间（图 4-22）。

图 4-22　隔墙拆除斜支撑固定

（4）叠合楼板吊装

吊装工艺流程：支撑搭设—挂钩、检查水平—吊运—安装就位—调整取钩

1）叠合板底支撑架搭设：可根据项目情况采用多种搭设方式（图 4-23）。

图 4-23　独立三脚架支撑

2）叠合板安装时搭接边深入叠合梁或剪力墙上 15mm，板的非搭接边与梁、板拼缝按设计图纸要求安装（对接平齐）（图 4-24）；叠合板伸入梁内 15mm（图 4-25）。

（5）楼梯安装同叠合楼板（图 4-26）。

图 4-24　叠合板与叠合板拼缝

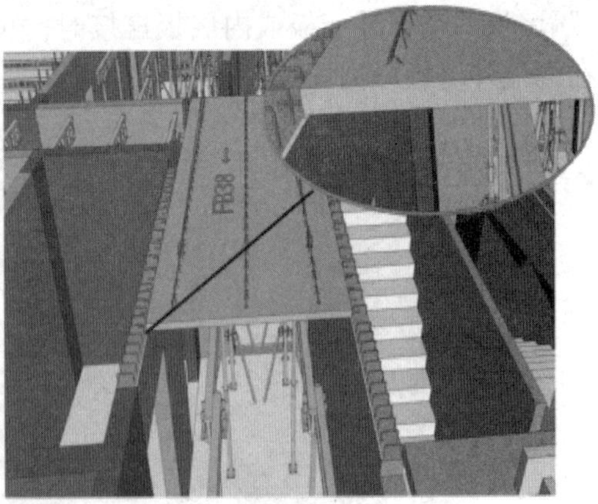



图 4-25　叠合板伸入梁内 15mm

图 4-26　梯段支撑

(6) 内墙拼缝处理

1) PC 竖向拼缝：

① 内墙板与内墙板（图 4-27）

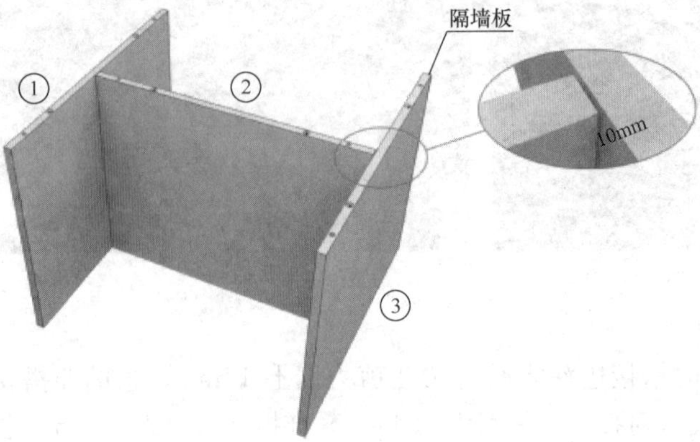



图 4-27　墙板

② 内墙板与剪力墙（图 4-28）

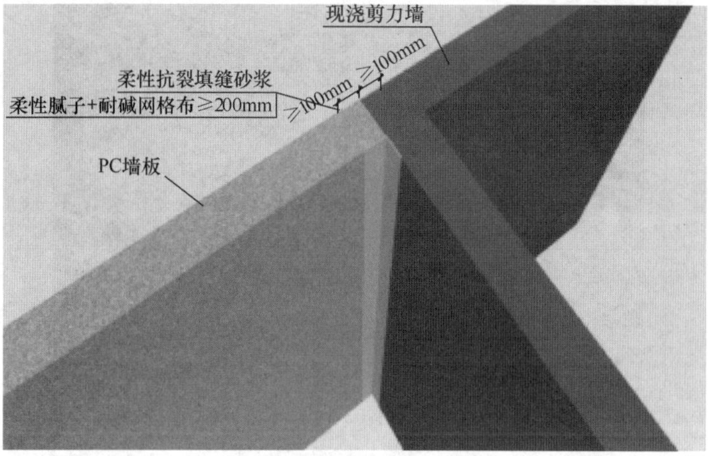


图 4-28　拼缝

2）PC 水平拼缝

① 叠合板与叠合板（图 4-29）

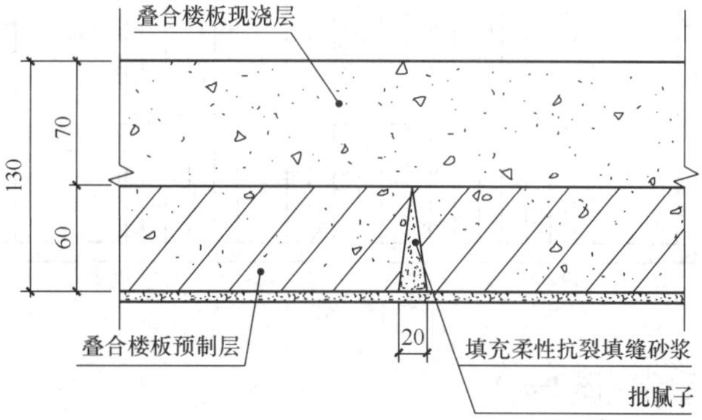


图 4-29　叠合板节点

② 叠合板与内墙板（图 4-30）

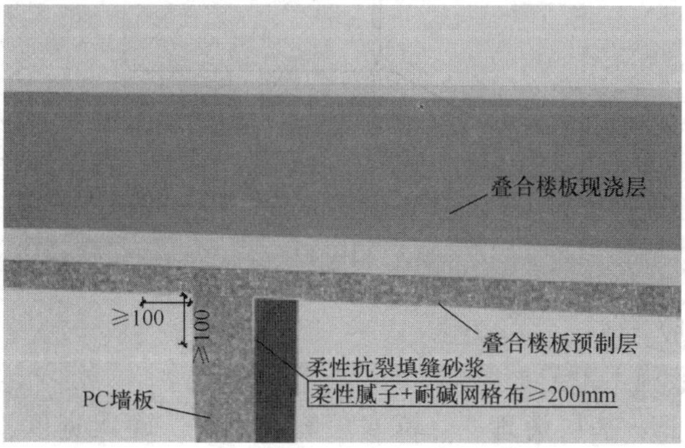


图 4-30

③ 叠合板与剪力墙体（图 4-31）

图 4-31

3）其他拼缝位

① 楼梯踏步与墙面（图 4-32）

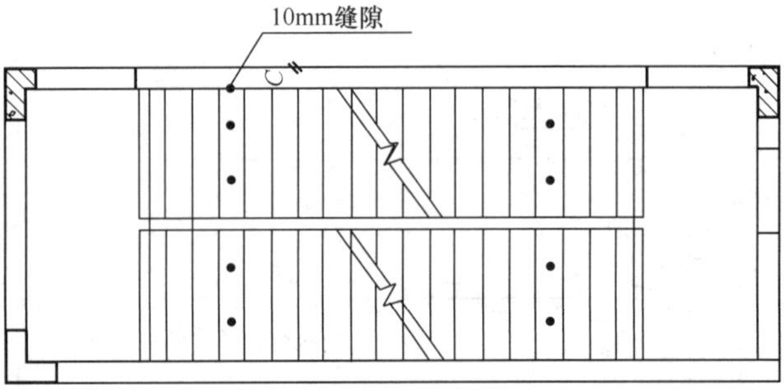


图 4-32

② 楼梯踏步与歇台（图 4-33）

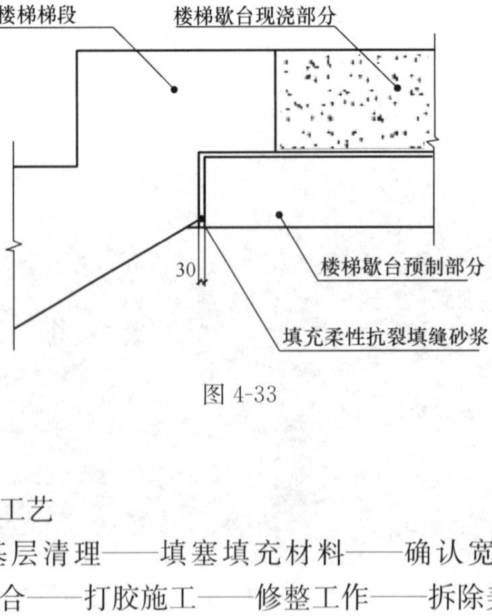


图 4-33

**3. 外墙嵌缝打胶**

（1）外墙防水胶施工工艺

确认接缝状态——基层清理——填塞填充材料——确认宽度、深度——美纹纸施工——刷底涂——材料混合——打胶施工——修整工作——拆除美纹纸，完工检查

(2) 外墙缝排水管安装要点

外墙缝排水管的安装工艺：在外墙缝每3层的十字交叉口增加防水排水管，即每隔3层进行2次密封，且配有排水构造（排水管）。

1）发生漏水时，可确保雨水有流出口，防止雨水堆积在内部；

2）接缝内部有可能因为冷热温差，形成结露水，安装排水管可使结露水经由排水管导出；

3）漏水发生后，可由排水管安装楼层开始迅速推断出漏水位置。

(3) 外墙拼缝节点处理施工示意（图4-34～图4-36）

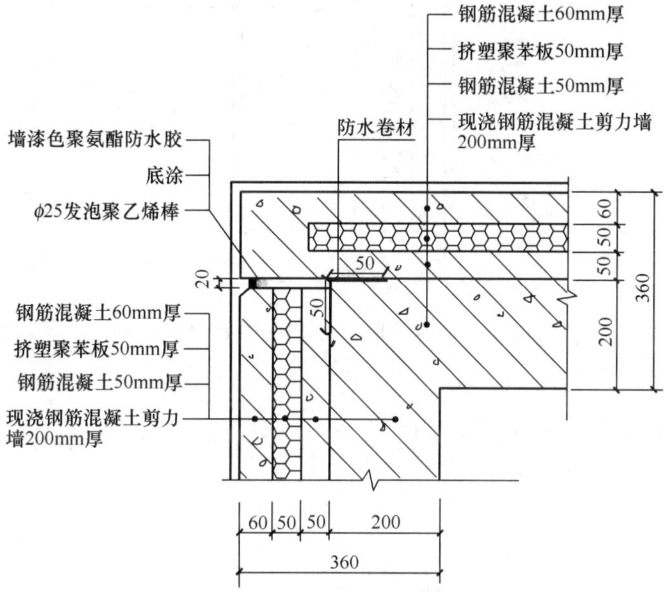


图4-34 外墙板阳角板缝构造

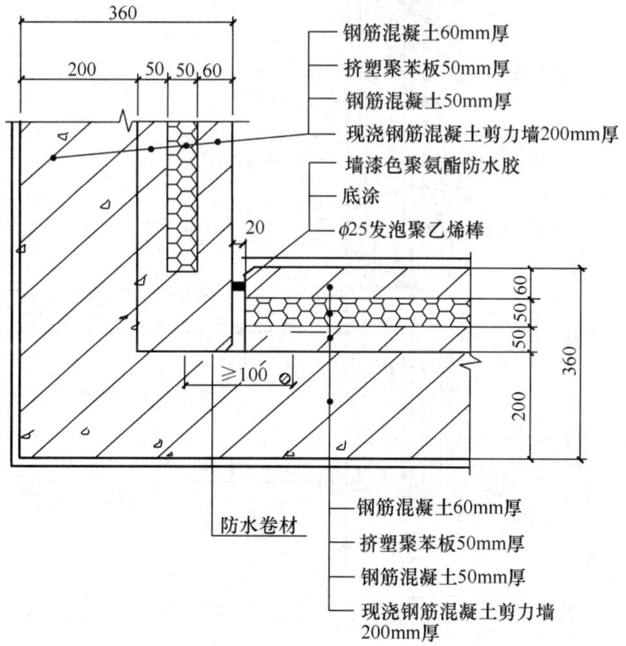


图4-35 外墙板阴角板缝构造

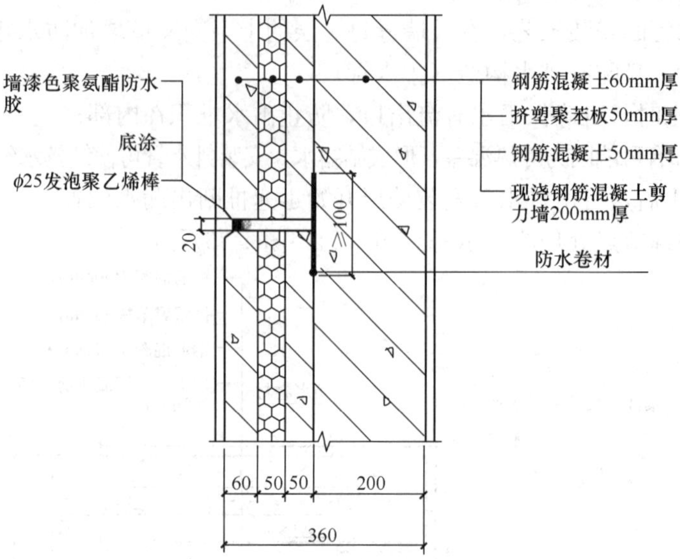


图 4-36　外墙板直线平角板缝构造

**4. 套筒灌浆**

钢筋套筒灌浆连接用于装配式混凝土结构中竖向构件钢筋对接时，金属灌浆套筒被预埋在竖向预制混凝土构件底部，连接时，在灌浆套筒中插入带肋钢筋后注入灌浆料拌合物（图 4-37）。

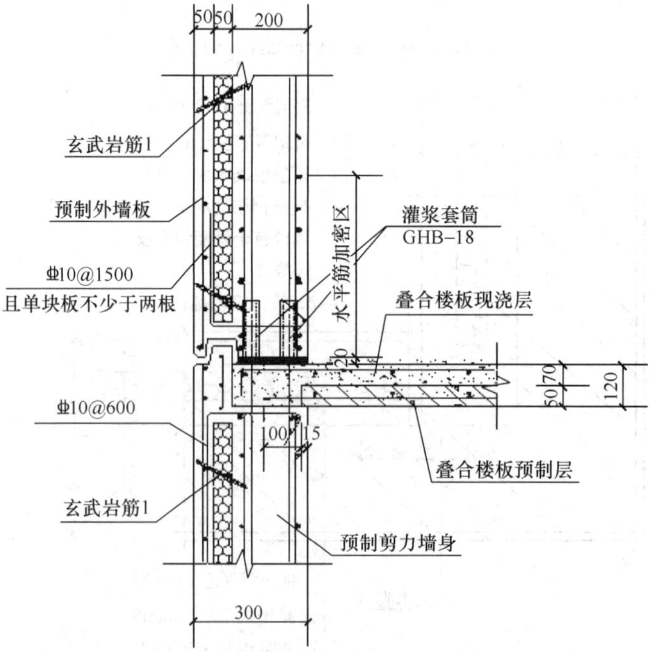


图 4-37　预制剪力墙墙身连接节点

**5. 增加了现浇层内的管线与预制构件中管线的连接方式**

（1）管线与线盒的连接（图 4-38）

图 4-38　线管与预制构件预埋线盒现场对接方法

（2）线管的对接方式

1）线管上对接（图 4-39、图 4-40）

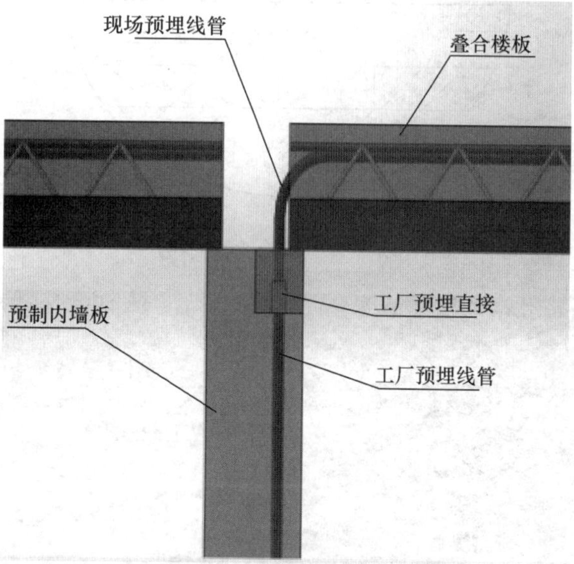


图 4-39　不带封口的线管的上对接

2）线管的下对接（图 4-41）

3）线管横向对接（图 4-42）

4）全预制楼板的线管对接（图 4-43）

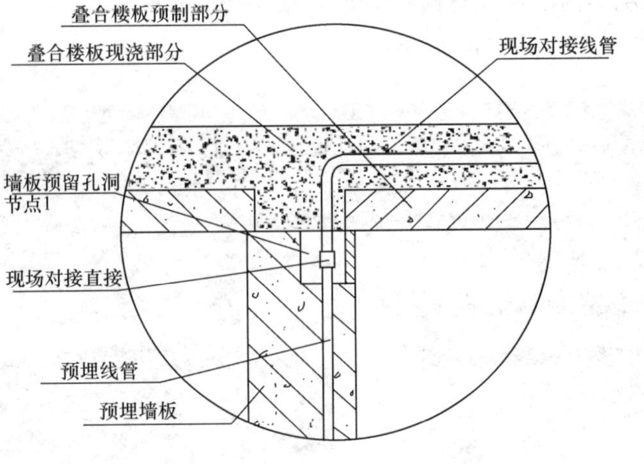


图 4-40　带封口的线管的上对接

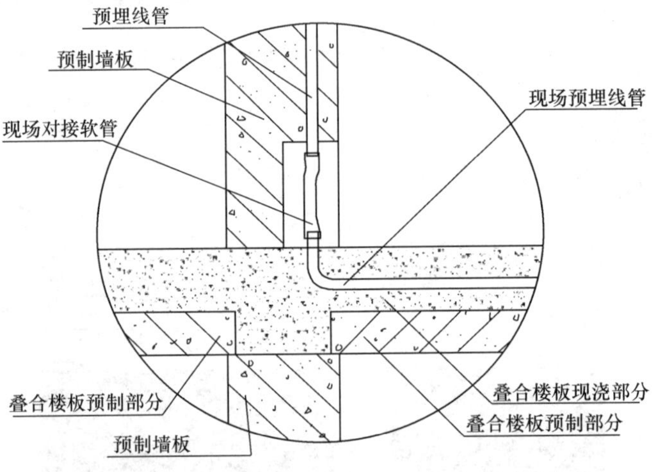


图 4-41　线管的下对接

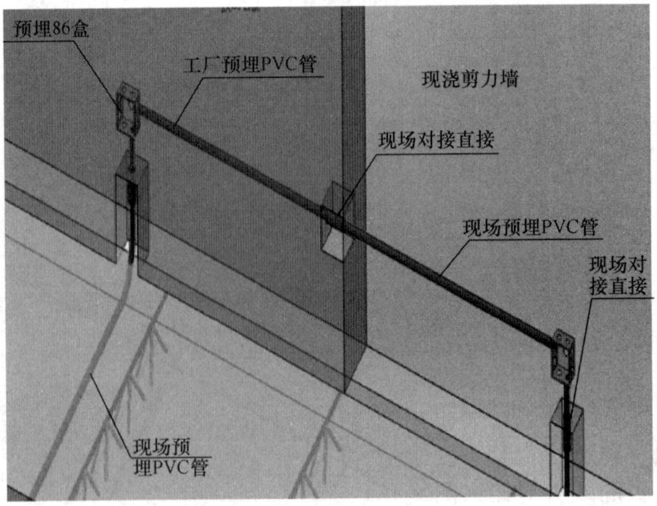


图 4-42　线管的横向对接

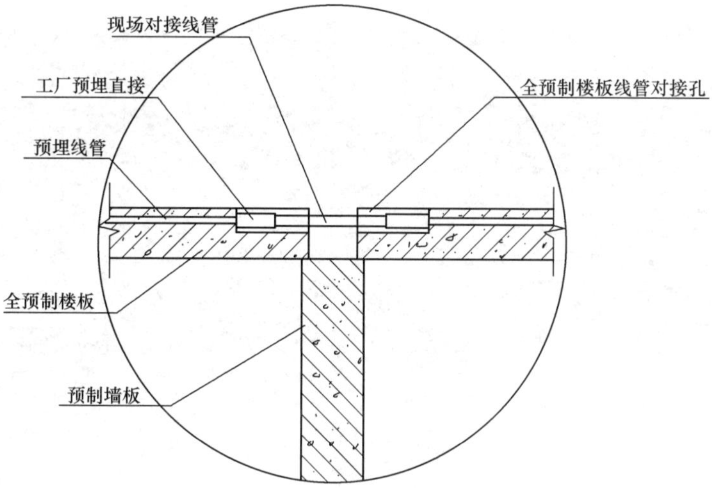


图 4-43　线管的横向对接

## 4.2.2　减少项目内容

**1. 钢筋工程**

预制装配式建筑工程现场施工的钢筋包括现浇构件钢筋和叠合构件现浇部分的钢筋

（1）现浇构件钢筋工程量减少内容：叠合梁预制部分的钢筋；叠合板预制部分的钢筋；预制剪力墙的钢筋；预制空调板、凸窗板、阳台板的钢筋；预制楼梯等混凝土结构预制构件内的钢筋。

（2）叠合处增加的钢筋：叠合楼板处拼缝钢筋；叠合梁的抗剪钢筋（抗剪钢筋伸入剪力墙内长度≥$l_{aE}$）；增加叠合梁开口箍处搭接的钢筋；内隔墙处插筋（图 4-44～图 4-46）。

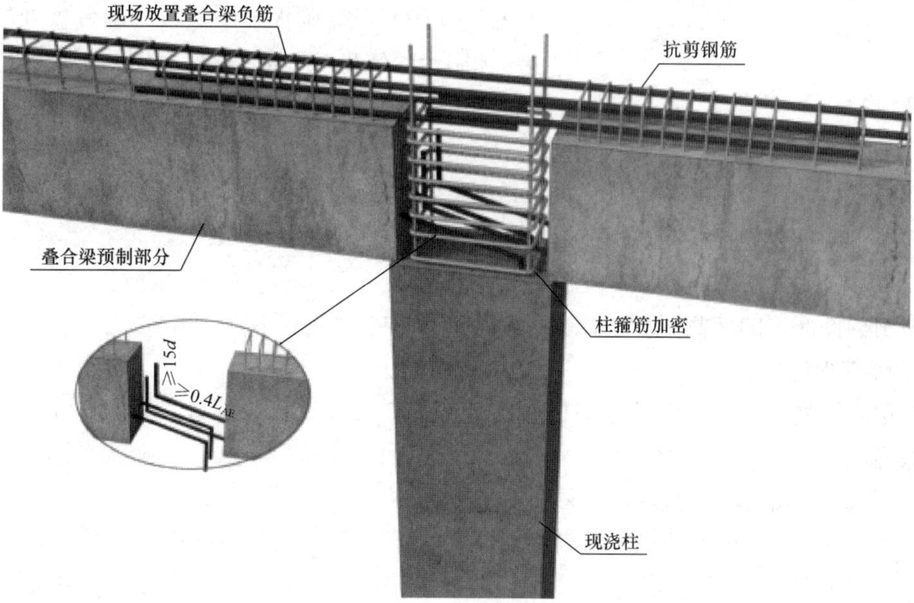


图 4-44　叠合梁钢筋图

图 4-45　叠合板负筋

**2. 现浇构件混凝土工程**

现浇构件混凝土工程量减少内容：（1）叠合梁预制部分的混凝土；（2）叠合板预制部分的混凝土；（3）预制剪力墙的混凝土；（4）预制空调板、凸窗板、阳台板的混凝土；（5）预制楼梯等混凝土结构预制构件内的混凝土。

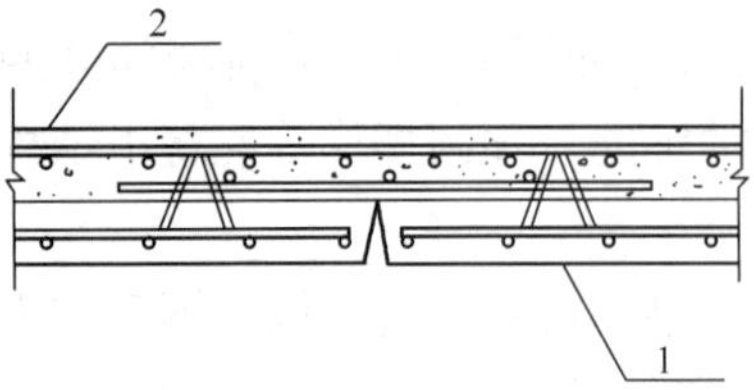


图 4-46　叠合板拼缝钢筋图
1—预制叠合楼板；2—楼板现浇层

**3. 现浇构件模板工程**

现浇构件模板工程量减少内容：（1）叠合梁处的梁模板；（2）叠合板处的板模板；（3）预制剪力墙的模板；（4）预制空调板、凸窗板、阳台板处的模板；（5）预制楼梯模板；（6）现浇构件与预制构件接触部位的模板等。

**4. 砌体工程**

砌体部位设计为预制内墙板和内隔墙处，减少砌体工程、同时减少砌体加筋、构造柱及圈梁的钢筋、混凝土、模板等工程量。

**5. 抹灰工程**

预制构件部位的抹灰工程量减少，减少预制楼梯处地面找平工作量。

**6. 外墙保温工程**

有预制混凝土夹心保温外挂墙板（图 4-3），夹心保温剪力墙外墙板（图 4-4）处取消现场保温施工。

**7. 现场施工的垂直运输费**

除 PC 构件吊装机械费用外（湖南装配式建设工程消耗量标准中 PC 构件安装子目中已含吊装机械费用），由于现场施工工程量比传统施工工程量减少，施工工期缩短，垂直运输费用也会减少。

**8. 脚手架费用**

（1）无预制外墙板的装配式建筑工程，外脚手架与传统施工外脚手架相同；

（2）设计有预制外墙挂板和预制外剪力墙的装配式建筑工程项目，外脚手架采用外墙挂架（图 4-47），费用比传统项目费用降低，减少了里脚手架、抹灰脚手架等的使用。

图 4-47　外墙挂架外立面图

**9. 安全文明施工费减少**

现场施工作业人员减少，临时建筑及相关配套费用减少；有外墙板和内墙板的项目安全防护费用减少。

**10. 现场安装预埋施工工程量减少，因预制构件中已预留预埋**

（1）预制构件中的户控箱、多媒体箱、线盒、管线预埋（图 4-48）

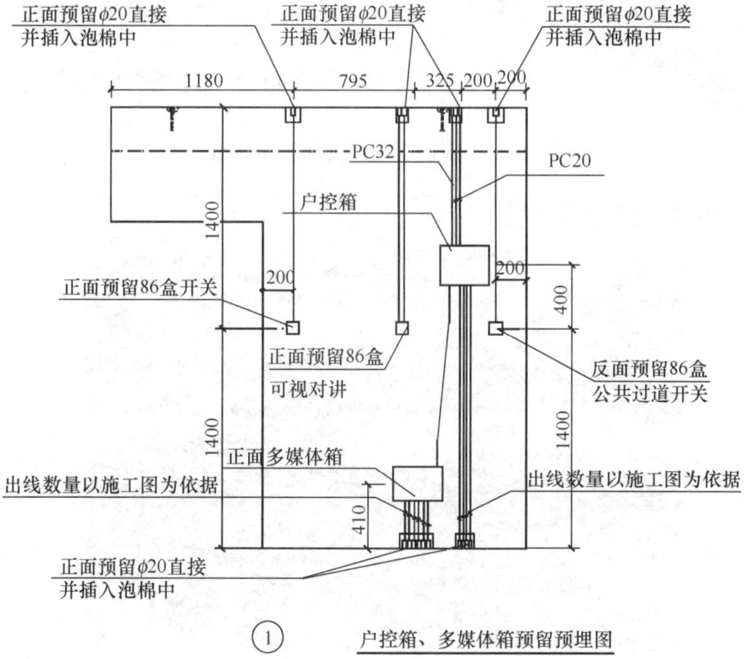


图 4-48

（2）预制楼板构件中带止水溢环的钢套管（图 4-49）

图 4-49　带止水翼环的钢套管预埋

（3）预制构件中带止水翼环的防漏宝（图 4-50）

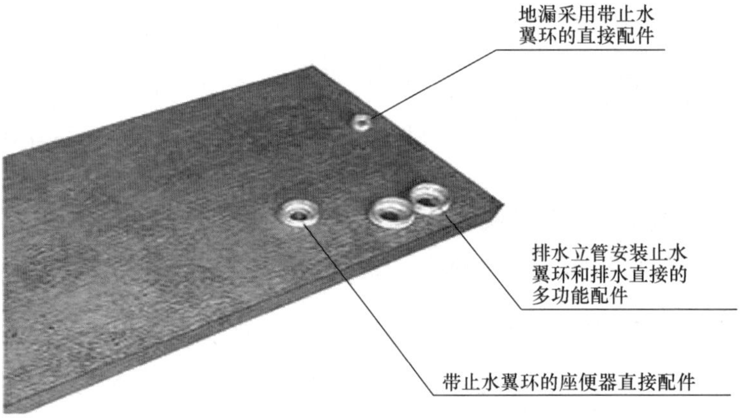


图 4-50　带止水翼环的防漏宝预埋

（4）预制梁构件中钢套管（图 4-51）

图 4-51　预制梁中的钢套管

(5) 预制构件中防雷

1) 预制构件扁网在现场的搭焊（图 4-52）

图 4-52　预制构件扁网在现场的搭焊

2) 预制构件中防雷预埋的定位（图 4-53）

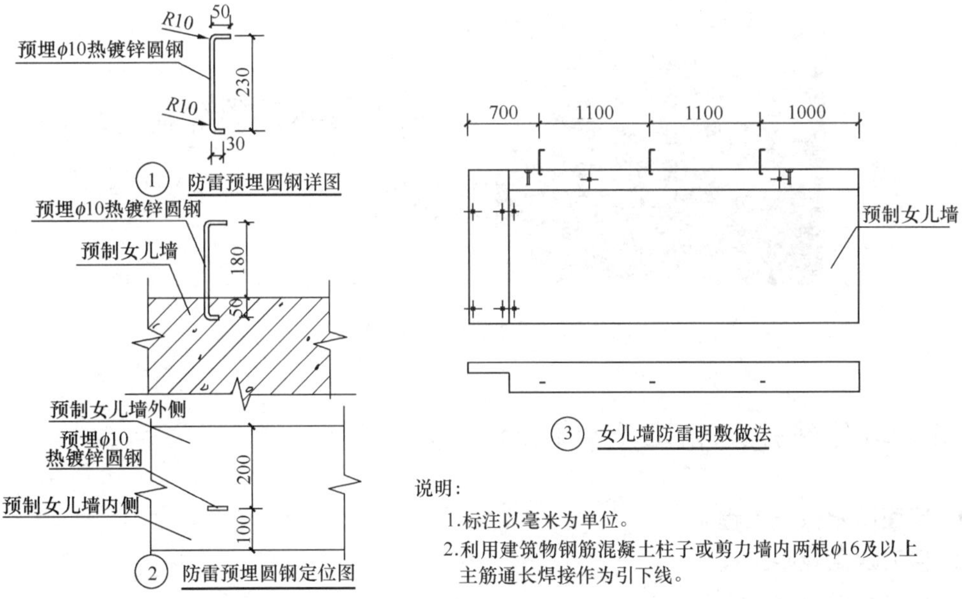


图 4-53　防雷预埋的定位

3) 防侧击雷的预制构件预埋（图 4-54）

(6) 墙体开槽工程量减少

当给水管设计为暗敷时，PC 构件在相应的位置预留墙槽，将给水管固定在墙槽内即可（图 4-55）。

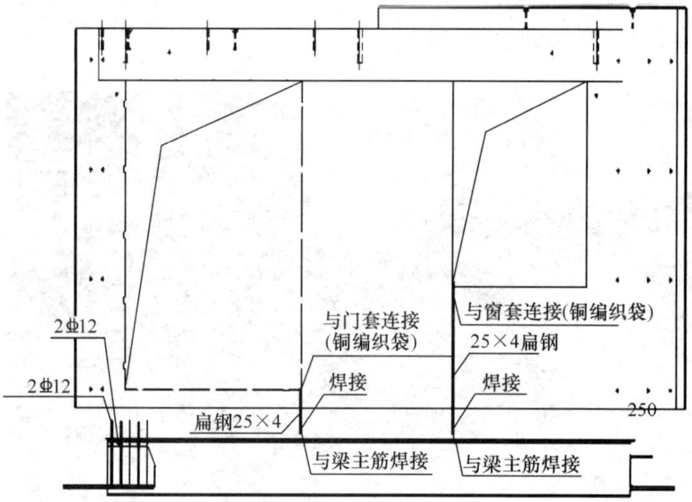


图 4-54　防侧击雷预制构件预埋

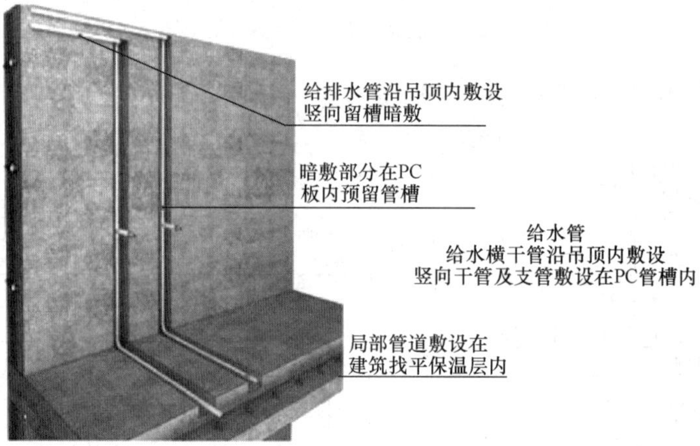


图 4-55　给水管的安装方式

## 4.2.3　与传统建筑相比无变化的内容

**1.** 屋面防水保温工程

**2.** 楼面保温找平工程

**3.** 成品烟道及排气道工程

**4.** 室内防水工程

**5.** 外墙饰面工程

**6.** 建筑门窗工程

**7.** 室内精装修工程

**8.** 除水电预埋以外的安装工程

## 4.2.4 预制装配式建筑与传统建筑工程预算造价对比分析

**1. 工程概况**

（1）项目名称：某住宅项目

（2）建设地点：湖南省

（3）结构形式：装配整体式混凝土剪力墙结构，标准层建筑面积 543.18m²，层高 2.95m。

**2. 计价依据**

（1）《建设工程工程量清单计价规范》（GB 50500—2013）、《房屋建筑与装饰工程工程量计价规范》（GB 50584—2013）；

（2）2014 年《湖南省建筑工程消耗量标准》、2014 年《湖南省装饰装修工程消耗量标准》、2014 年《湖南省安装工程消耗量标准》；

（3）《关于印发〈湖南省装配式建设工程消耗量标准（试行）〉的通知》（湘建价〔2016〕237 号文）；

（4）取费按《关于调整补充增值税条件下建设工程计价依据的通知》（湘建价〔2016〕160 号文）；

（5）人工单价根据《关于发布 2014 年湖南省建设工程人工工资单价的通知》（湘建价〔2014〕112 号文）；

（6）材料价格执行按《长沙建设造价》2017 年第 3 期 6 月计取，无预算价的按市场价计取；

（7）综合单价为全费用单价包括人工费、材料费、机械费、管理费、利润、规费及税金。

**3. 计量依据**

（1）建筑、结构、安装施工图；

（2）装配式工艺拆板图；

（3）施工组织设计及施工方案；

（4）案例工程量按一个标准层计算。

**4. 报价范围**

报价范围按照预制装配式建筑与传统建筑相比存在增减项目的内容：

PC 构件吊装、外墙嵌缝打胶、砌体及抹灰、现浇构件钢筋混凝土模板工程、轻质墙板、外墙保温、安装预埋、脚手架、垂直运输、超高施工增加费及安全文明施工费等。

**5. 预制装配式建筑与传统建筑工程造价对比表**

预制装配式建筑与传统建筑工程造价对比分析说明了预制率与工程造价的关系，以下数据仅做参考（表 4-2～表 4-6）（图 4-56～图 4-60）。

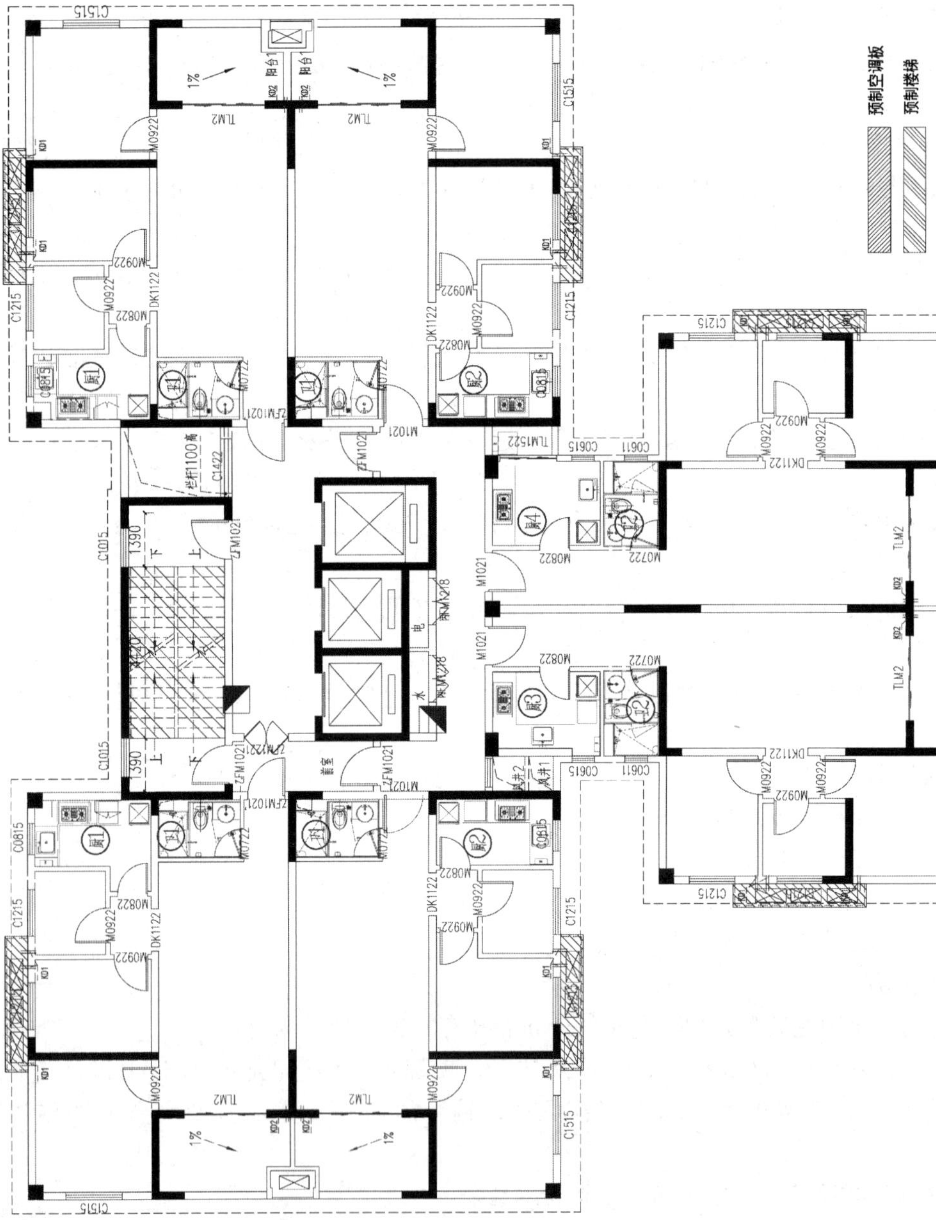


图 4-56　装配式平面布置图（叠合楼盖：叠合梁＋叠合板＋预制楼梯）预制率：30%

**表 4-2**

**预制装配式建筑与传统建筑工程造价对比表【预制率为 30%】**

工程名称：某住宅项目

| 序号 | 项目名称 | 装配式建筑 | 传统式建筑 | 经济指标差额（元/$m^2$） | 备注 |
|---|---|---|---|---|---|
| | | 经济指标（元/$m^2$） | 经济指标（元/$m^2$） | | |
| 一 | PC 构件安装 | 252.56 | | 252.56 | |
| 二 | 砌块墙 | 65.84 | 65.84 | 0.00 | |
| 三 | 轻质隔墙板 | 42.16 | 42.16 | 0.00 | |
| 四 | 现浇构件钢筋工程 | 164.80 | 218.80 | −54.00 | |
| 五 | 现浇构件混凝土工程 | 132.21 | 185.27 | −53.05 | |
| 六 | 外墙保温工程 | 56.08 | 56.08 | 0.00 | |
| 七 | 抹灰工程 | 96.46 | 117.63 | −21.17 | |
| 八 | 模板工程 | 85.35 | 189.07 | −103.72 | |
| 九 | 脚手架工程 | 79.55 | 79.55 | 0.00 | |
| 十 | 垂直运输费（不含 PC 构件安装） | 46.50 | 58.46 | −11.97 | 不含进出场及安拆费 |
| 十一 | 超高施工增加费 | 84.54 | 84.54 | 0.00 | |
| 十二 | 安全文明施工费 | 36.78 | 42.94 | −6.16 | |
| 十三 | 水电预埋费用增减 | 0.00 | 0.00 | 0.00 | |
| 十四 | 主体工程预算小计 | 1142.83 | 1140.33 | 2.49 | |

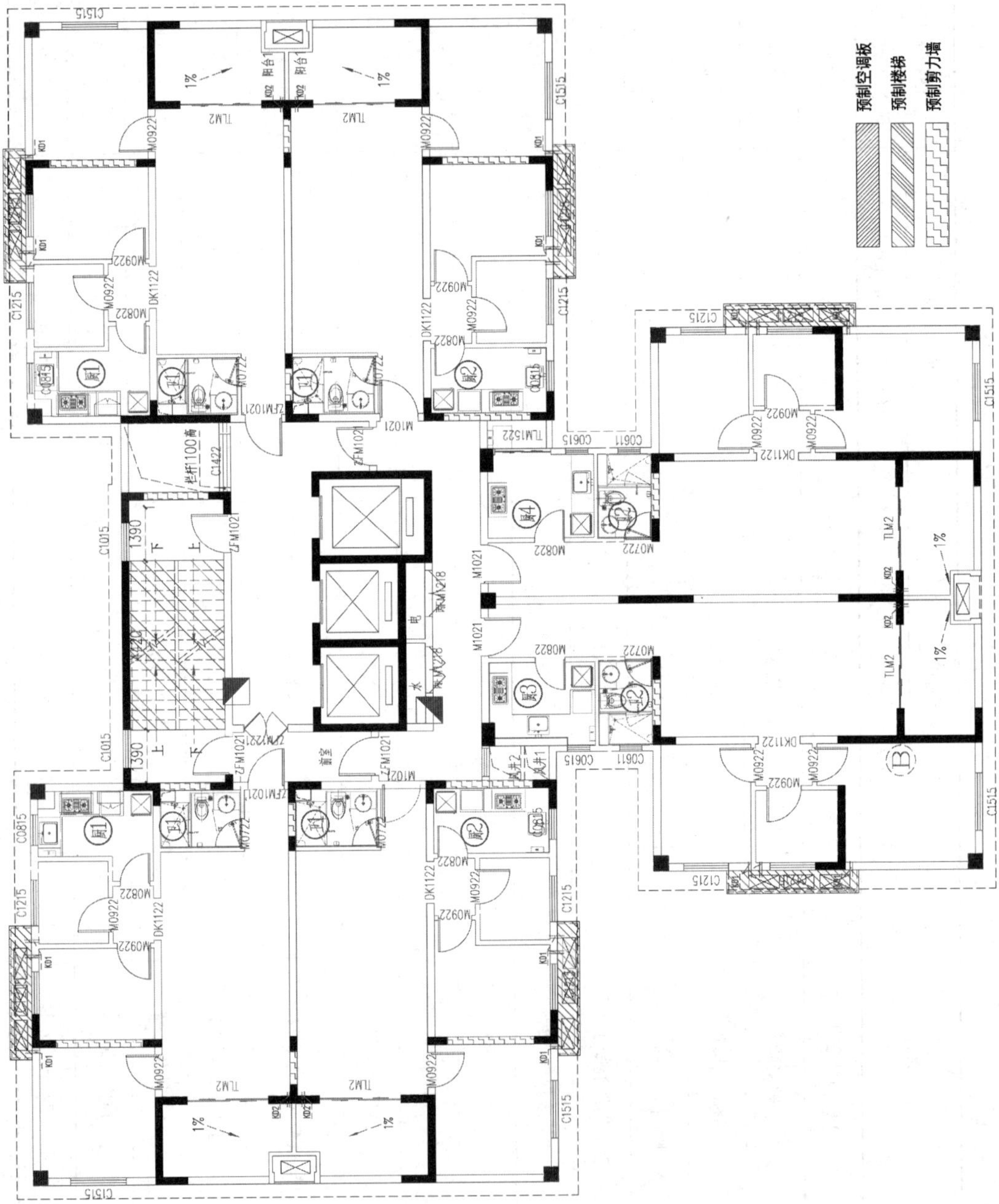


图 4-57　装配式平面布置图（叠合楼盖＋预制剪力墙）预制率 40%

**预制装配式建筑与传统建筑工程造价对比表【预制率为 40%】** **表 4-3**

工程名称：某住宅项目

| 序号 | 项目名称 | 装配式建筑 | 传统式建筑 | 经济指标差额（元/m²） | 备注 |
|---|---|---|---|---|---|
| | | 经济指标（元/m²） | 经济指标（元/m²） | | |
| 一 | PC 构件安装 | 331.30 | | 331.30 | |
| 二 | 砌块墙 | 67.07 | 65.84 | 1.23 | |
| 三 | 轻质隔墙板 | 42.70 | 42.16 | 0.54 | |
| 四 | 现浇构件钢筋工程 | 154.35 | 218.80 | −64.45 | |
| 五 | 现浇构件混凝土工程 | 114.10 | 185.27 | −71.16 | |
| 六 | 外墙保温工程 | 57.46 | 56.08 | 1.38 | |
| 七 | 抹灰工程 | 87.79 | 117.63 | −29.84 | |
| 八 | 模板工程 | 77.86 | 189.07 | −111.21 | |
| 九 | 综合脚手架 | 69.91 | 79.55 | −9.64 | |
| 十 | 垂直运输费（不含 PC 构件安装） | 45.61 | 58.46 | −12.85 | 不含进出场及安拆费 |
| 十一 | 超高施工增加费 | 89.02 | 84.54 | 4.48 | |
| 十二 | 安全文明施工费 | 41.45 | 42.94 | −1.49 | |
| 十三 | 水电预埋增减费用 | −6.44 | 0.00 | −6.44 | |
| 十四 | 主体工程预算小计 | 1172.19 | 1140.33 | 31.85 | |

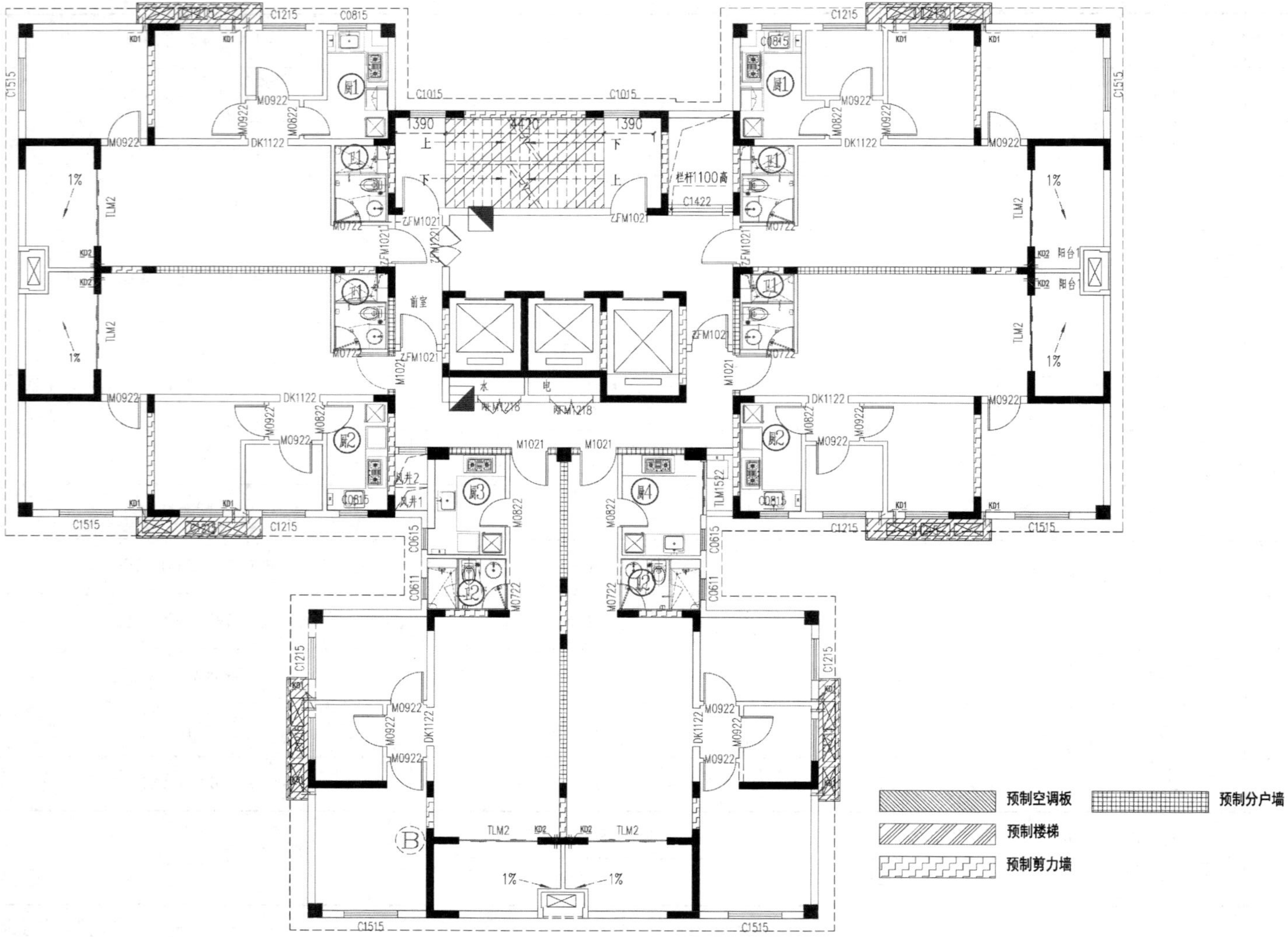


图 4-58　装配式平面布置图（叠合楼盖＋预制剪力墙＋预制内墙板）预制率 50%

**预制装配式建筑与传统建筑工程预算造价对比表【预制率为 50%】** 表 4-4

工程名称：某住宅项目

| 序号 | 项目名称 | 装配式建筑 | 传统式建筑 | 经济指标差额（元/$m^2$） | 备注 |
|---|---|---|---|---|---|
| | | 经济指标（元/$m^2$） | 经济指标（元/$m^2$） | | |
| 一 | PC 构件安装 | 444.03 | | 444.03 | |
| 二 | 外墙嵌缝打胶 | 0.91 | | 0.91 | |
| 三 | 现浇构件钢筋工程 | 147.41 | 218.80 | −71.39 | |
| 四 | 现浇构件混凝土工程 | 102.35 | 185.27 | −82.92 | |
| 五 | 砌块墙 | 55.52 | 65.84 | −10.32 | |
| 六 | 轻质隔墙板 | 42.70 | 42.16 | 0.54 | |
| 七 | 外墙保温工程 | 57.46 | 56.08 | 1.38 | |
| 八 | 抹灰工程 | 71.63 | 117.63 | −46.00 | |
| 九 | 模板工程 | 67.98 | 189.07 | −121.09 | |
| 十 | 脚手架工程 | 69.90 | 79.55 | −9.65 | |
| 十一 | 垂直运输机械费（不含 PC 构件安装） | 39.12 | 58.46 | −19.35 | 不含进出场及安拆费 |
| 十二 | 超高施工增加费 | 89.02 | 84.54 | 4.48 | |
| 十三 | 安全文明施工费 | 40.15 | 42.94 | −2.79 | |
| 十四 | 水电预埋增减费用 | −8.27 | 0.00 | −8.27 | |
| 十五 | 主体工程预算小计 | 1219.91 | 1140.33 | 79.58 | |

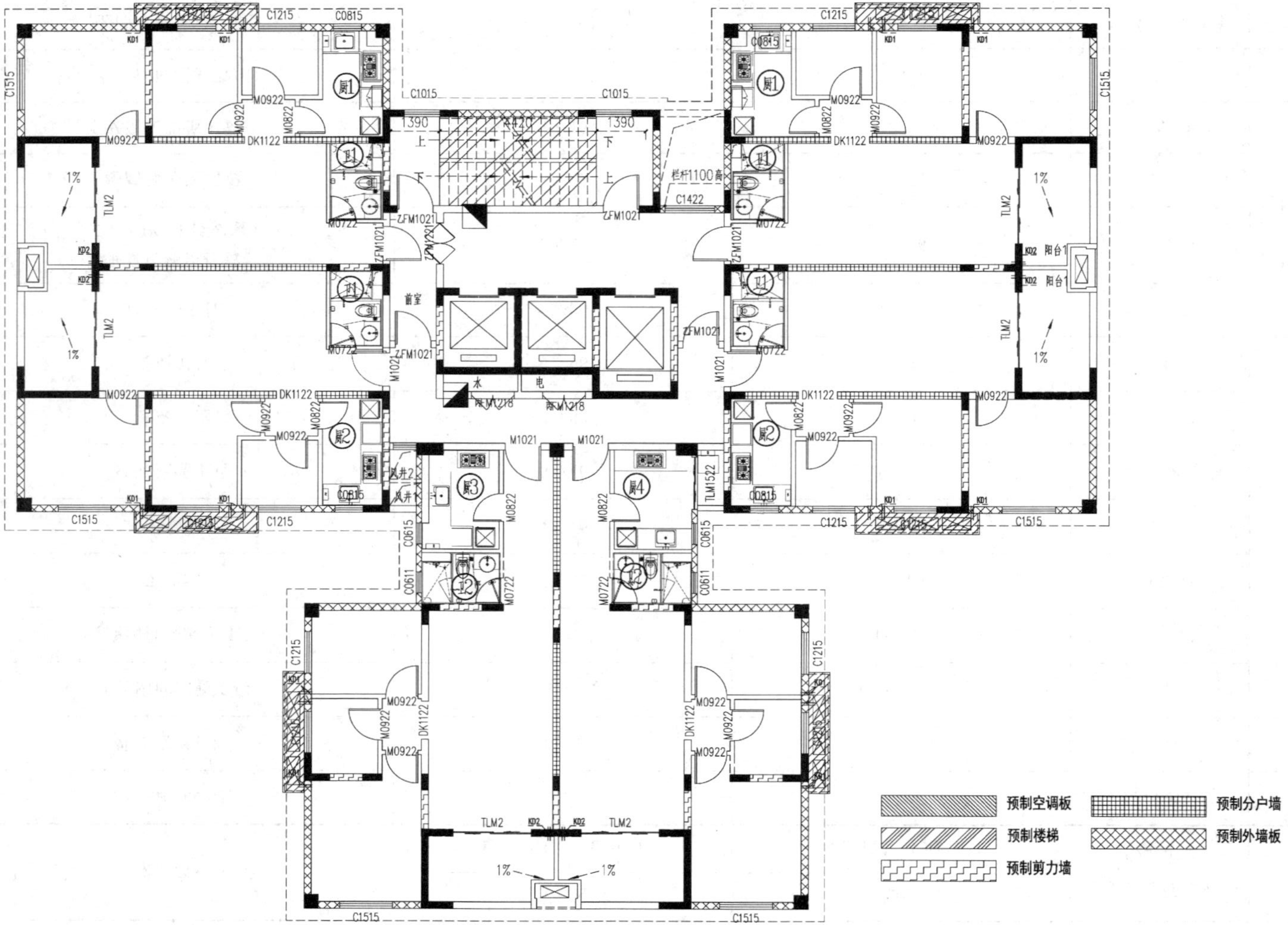


图 4-59　装配式平面布置图（叠合楼盖＋预制外剪力墙＋预制内剪力墙＋预制内墙板）预制率 60%

**预制装配式建筑与传统建筑工程造价对比表【预制率为 60%】**

表 4-5

工程名称：某住宅项目

| 序号 | 项目名称 | 装配式建筑 | 传统式建筑 | 经济指标差额（元/$m^2$） | 备注 |
|---|---|---|---|---|---|
| | | 经济指标（元/$m^2$） | 经济指标（元/$m^2$） | | |
| 一 | PC 构件安装 | 660.01 | | 660.01 | |
| 二 | 外墙嵌缝打胶 | 9.50 | | 9.50 | |
| 三 | 砌块墙 | 19.88 | 65.84 | −45.96 | |
| 四 | 轻质隔墙板 | 45.34 | 42.16 | 3.18 | |
| 五 | 现浇构件钢筋工程 | 146.46 | 218.80 | −72.34 | |
| 六 | 现浇构件混凝土工程 | 98.44 | 185.27 | −86.83 | |
| 七 | 外墙保温工程 | 57.46 | 56.08 | 1.38 | |
| 八 | 抹灰工程 | 36.48 | 117.63 | −81.15 | |
| 九 | 模板工程 | 53.36 | 189.07 | −135.71 | |
| 十 | 综合脚手架 | 69.91 | 79.55 | −9.64 | |
| 十一 | 垂直运输费（不含 PC 构件安装） | 25.40 | 58.46 | −33.06 | 不含进出场及安拆费 |
| 十二 | 超高施工增加费 | 89.02 | 84.54 | 4.48 | |
| 十三 | 安全文明施工费 | 37.59 | 42.94 | −5.35 | |
| 十四 | 安装预埋扣减费用 | −12.29 | 0.00 | −12.29 | |
| 十五 | 主体工程预算小计 | 1336.57 | 1140.33 | 196.24 | |

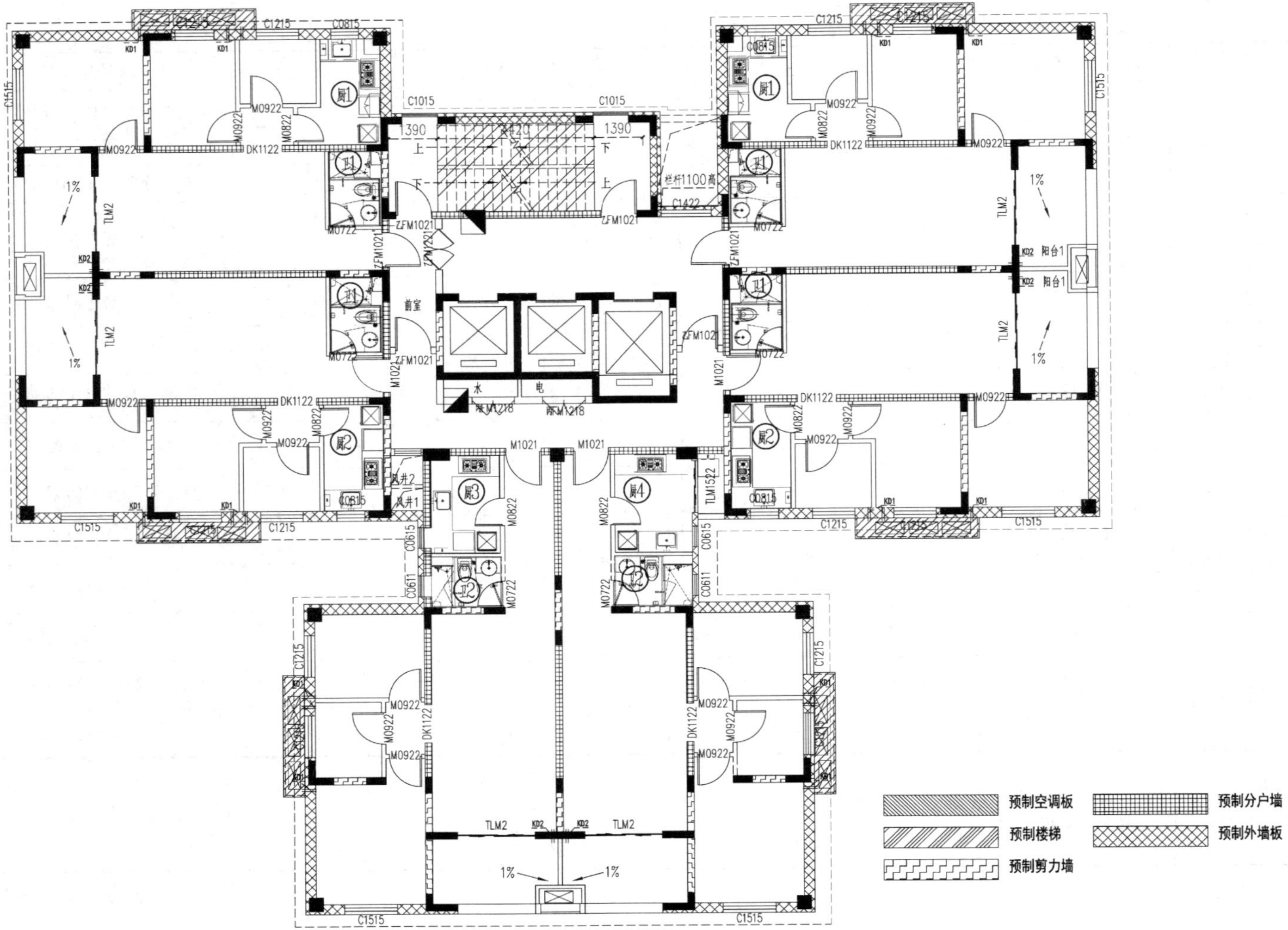


图 4-60 装配式平面布置图（叠合楼盖＋预制夹心保温＋预制内剪力墙＋预制内墙板）外剪力墙预制率为 70%

预制装配式建筑与传统建筑工程造价对比表【预制率为 70%】

表 4-6

工程名称：某住宅项目

| 序号 | 项目名称 | 装配式建筑 | 传统式建筑 | 经济指标差额（元/$m^2$） | 备注 |
|---|---|---|---|---|---|
| | | 经济指标（元/$m^2$） | 经济指标（元/$m^2$） | | |
| 一 | PC 构件安装 | 927.36 | | 927.36 | |
| 二 | 外墙嵌缝打胶 | 22.99 | | 22.99 | |
| 三 | 砌块墙 | 6.45 | 65.84 | −59.39 | |
| 四 | 轻质隔墙板 | 42.72 | 42.16 | 0.57 | |
| 五 | 现浇构件钢筋工程 | 143.82 | 218.80 | −74.98 | |
| 六 | 现浇构件混凝土工程 | 90.86 | 185.27 | −94.41 | |
| 七 | 外墙保温工程 | 0.00 | 81.66 | −81.66 | |
| 八 | 抹灰工程 | 11.96 | 117.63 | −105.67 | |
| 九 | 模板工程 | 35.54 | 189.07 | −153.53 | |
| 十 | 综合脚手架 | 69.91 | 79.55 | −9.64 | |
| 十一 | 垂直运输费（不含 PC 构件安装） | 17.48 | 58.50 | −41.01 | 不含进出场及安拆费 |
| 十二 | 超高施工增加费 | 89.02 | 84.54 | 4.48 | |
| 十三 | 安全文明施工费 | 34.20 | 42.98 | −8.78 | |
| 十四 | 安装预埋费用扣减 | −12.55 | 0.00 | −12.55 | |
| 十五 | 主体工程预算小计 | 1479.75 | 1165.99 | 313.76 | |

说明：传统建筑按此方保温标准

## 4.3 案例分析

### 4.3.1 编制说明

**1. 工程概况**

（1）工程名称：某公租房项目

（2）建设地点：长沙市

（3）结构形式：本工程采用混凝土叠合楼盖装配整体式结构，地上共 33 层，层高 2.9m。

（4）总建筑面积：本栋地上部分建筑面积为 20197.83$m^2$，标准层建筑面积 606.11$m^2$。

（5）抗震设防：本工程剪力墙抗震等级为三级，抗震设防烈度为 6 度。

（6）混凝土强度等级：本栋 1～5 层墙柱混凝土强度等级为 C55，6～10 层为 C50，11～15 层为 C35，16 至顶层为 C40，楼板及梁强度等级均为 C35。

**2. 计算依据**

（1）本工程的清单工程量计算按照《房屋建筑与装饰工程工程量计价规范》GB 50584—2013、《建筑工程建筑面积计算规范》GB/T 50353—2013 等规范文件进行编制；

（2）本工程的定额工程量计算按照《湖南省建筑工程消耗量标准》（2014 版）、《湖南省装修工程消耗量标准》（2014 版）、《湖南省安装工程消耗量标准》（2014 版）、湘建价[2016] 237 号文；

（3）人工工资单价按照湘建价〔2014〕112 号文，建筑工程人工单价按 82 元/工日；

（4）取费文件按照湘建价〔2016〕160 号文；

（5）材料价格参考长沙造价信息 2016 年第 4 期及长沙地区市场价。

**3. 报价范围**

本工报价范围为 PC 构件的安装、外墙板拼缝打胶、砌体、轻质墙板、现浇构件钢筋、混凝土、模板、垂直运输、脚手架及超高施工增加费用等。

### 4.3.2 工程图纸

**1. 建筑图纸**

见图 4-61。

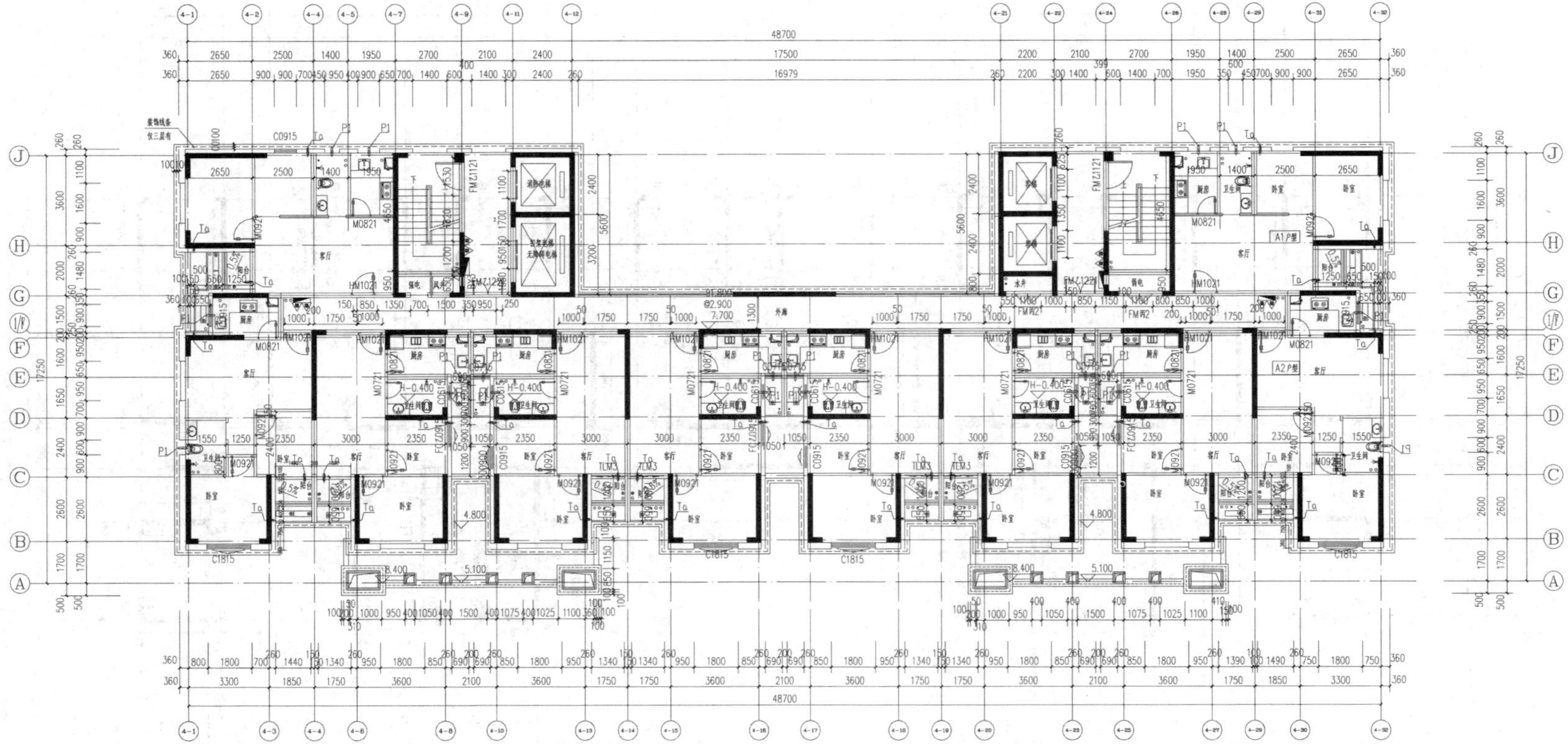

图 4-61　标准层建筑平面图（详图见文末插页）

## 2. 结构图纸

见图 4-62～图 4-65。

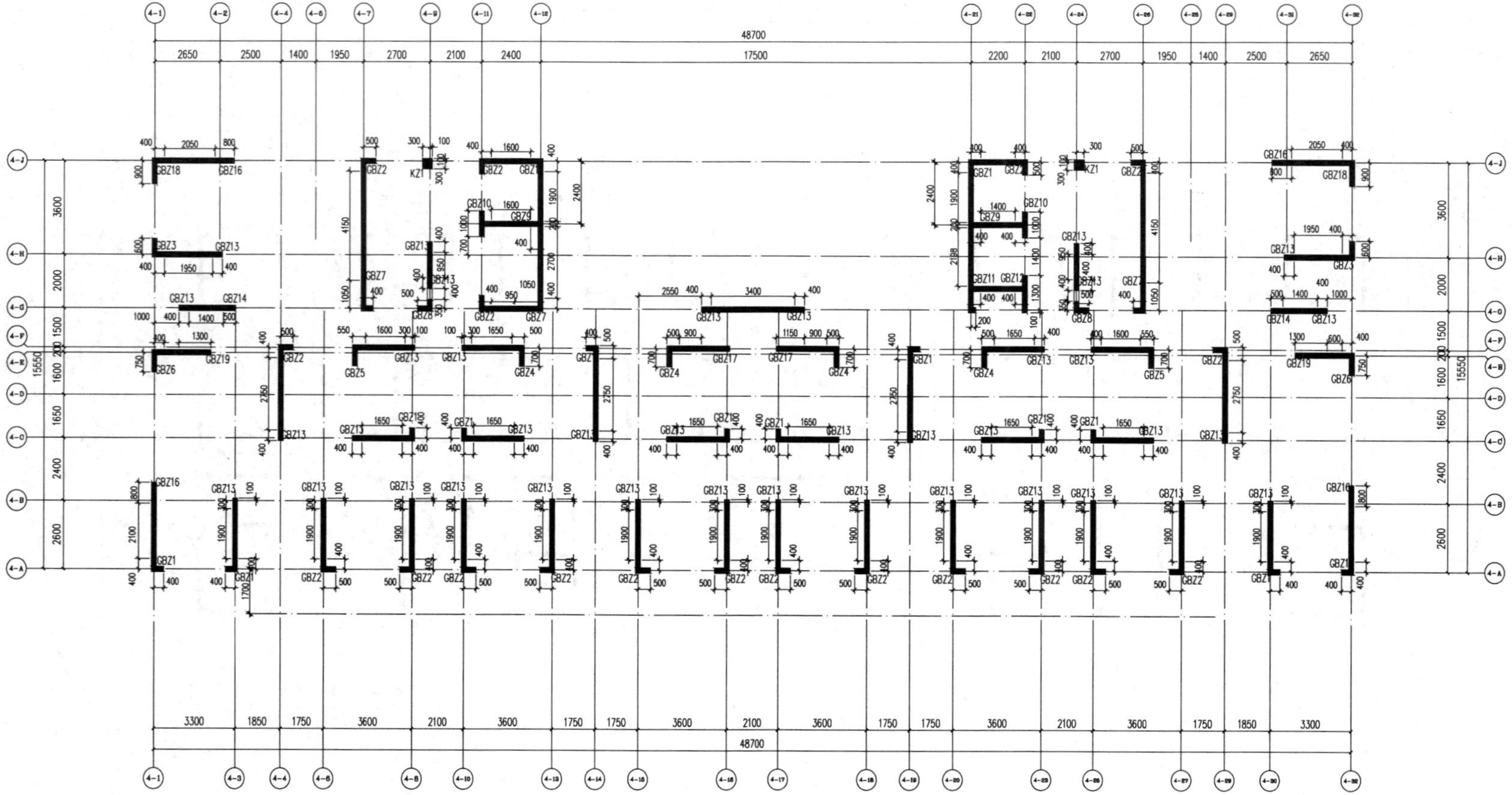

图 4-62　结构图一：标准层墙柱定位图

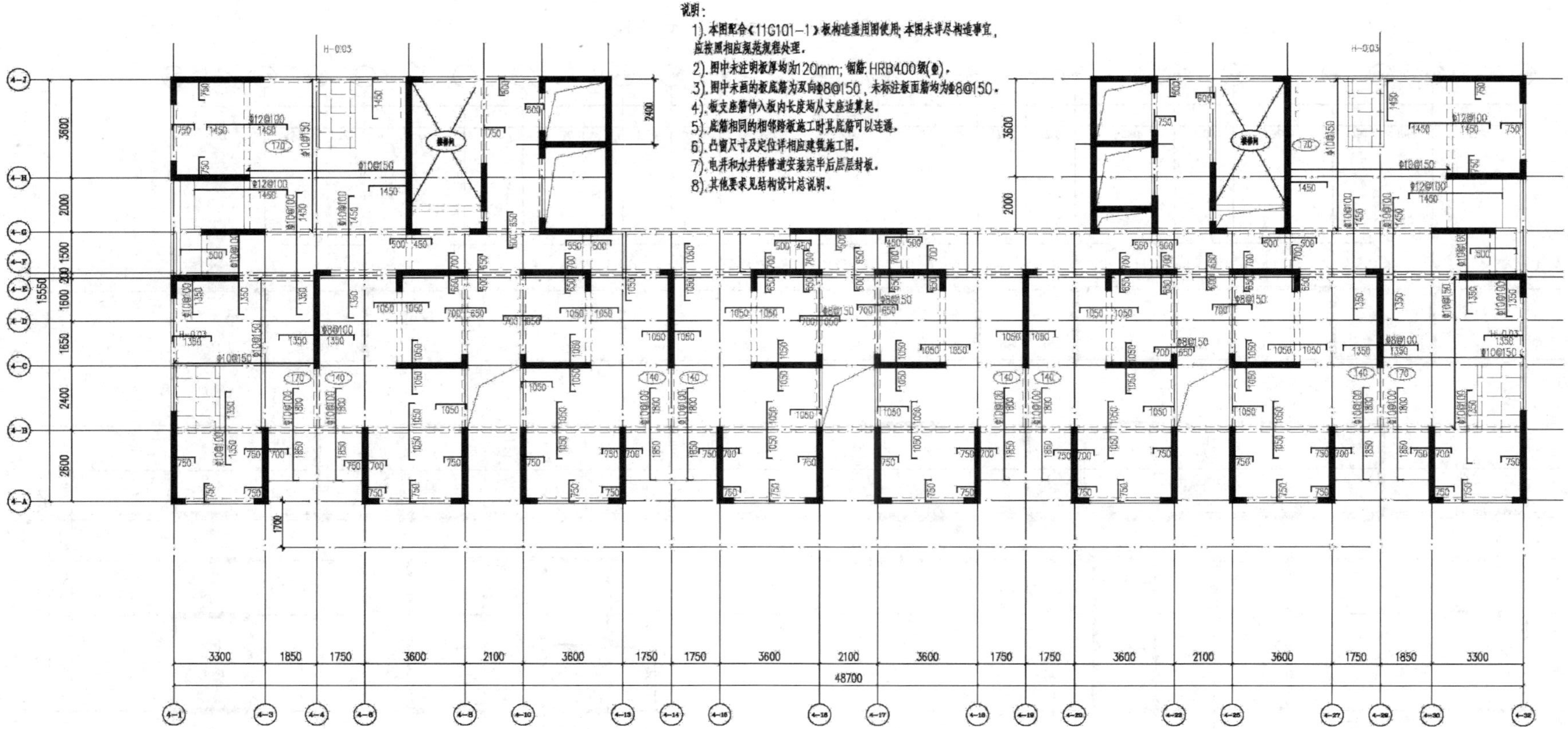


图 4-63　结构图二：标准层梁配筋图

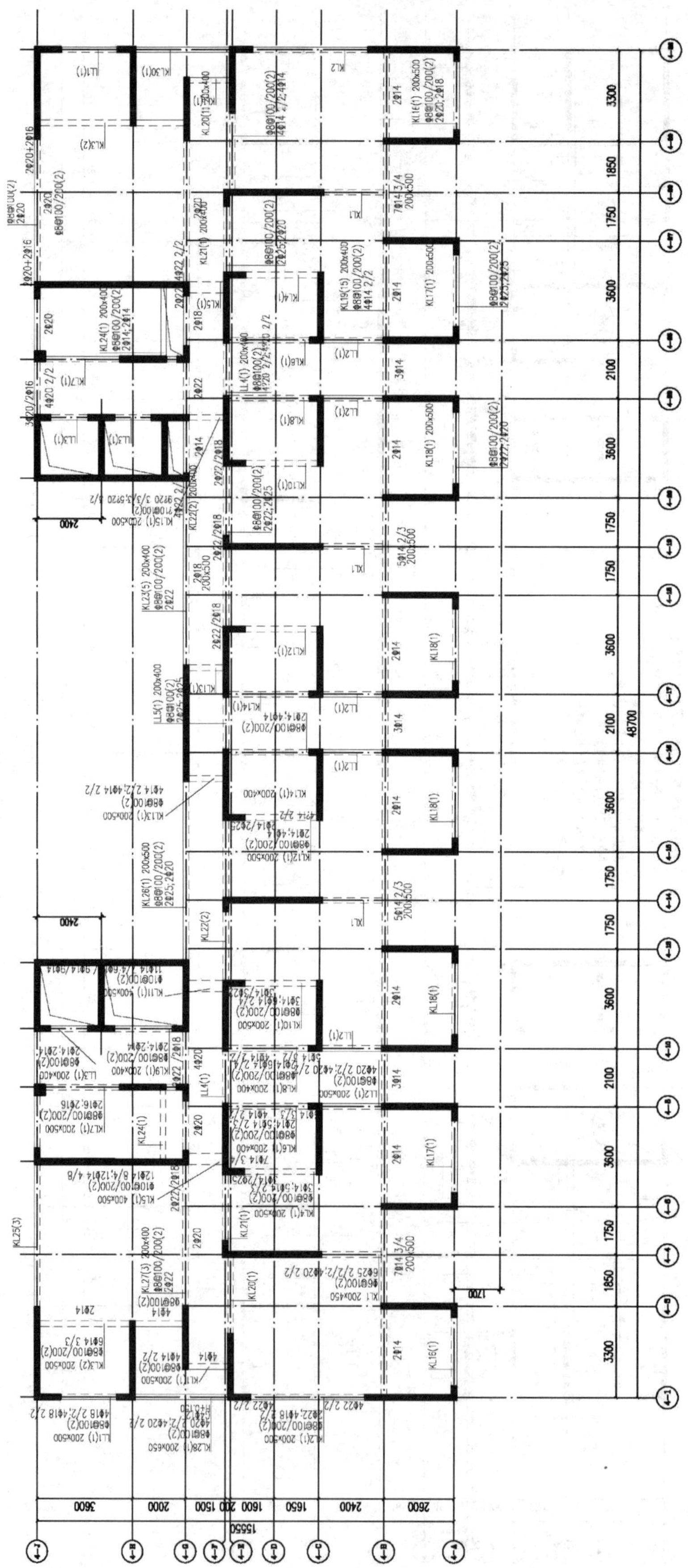

图 4-64　结构图三：标准层板配筋图

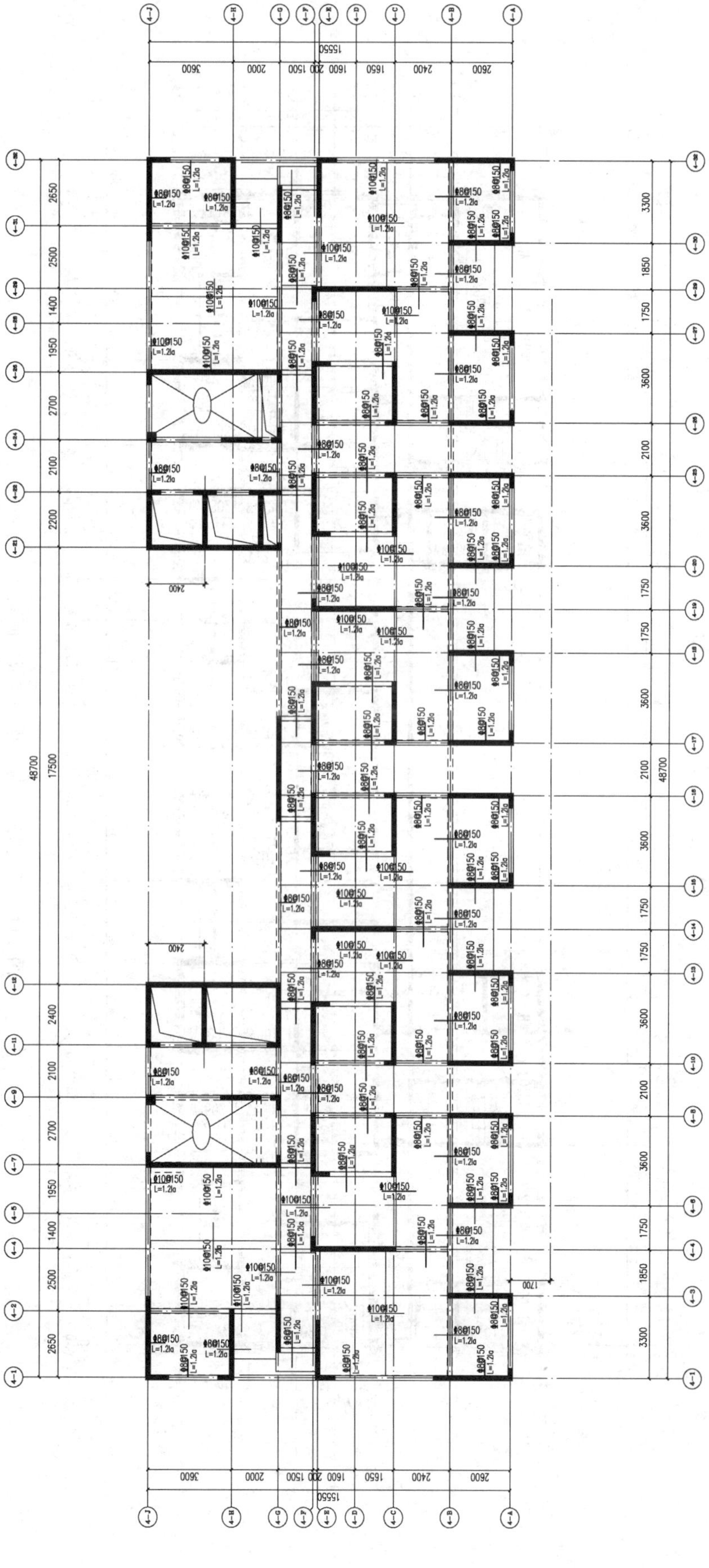

图 4-65　结构图四：标准层楼板拆分及楼板拼缝钢筋布置图

### 3. 工艺图纸

见图 4-66～图 4-70。

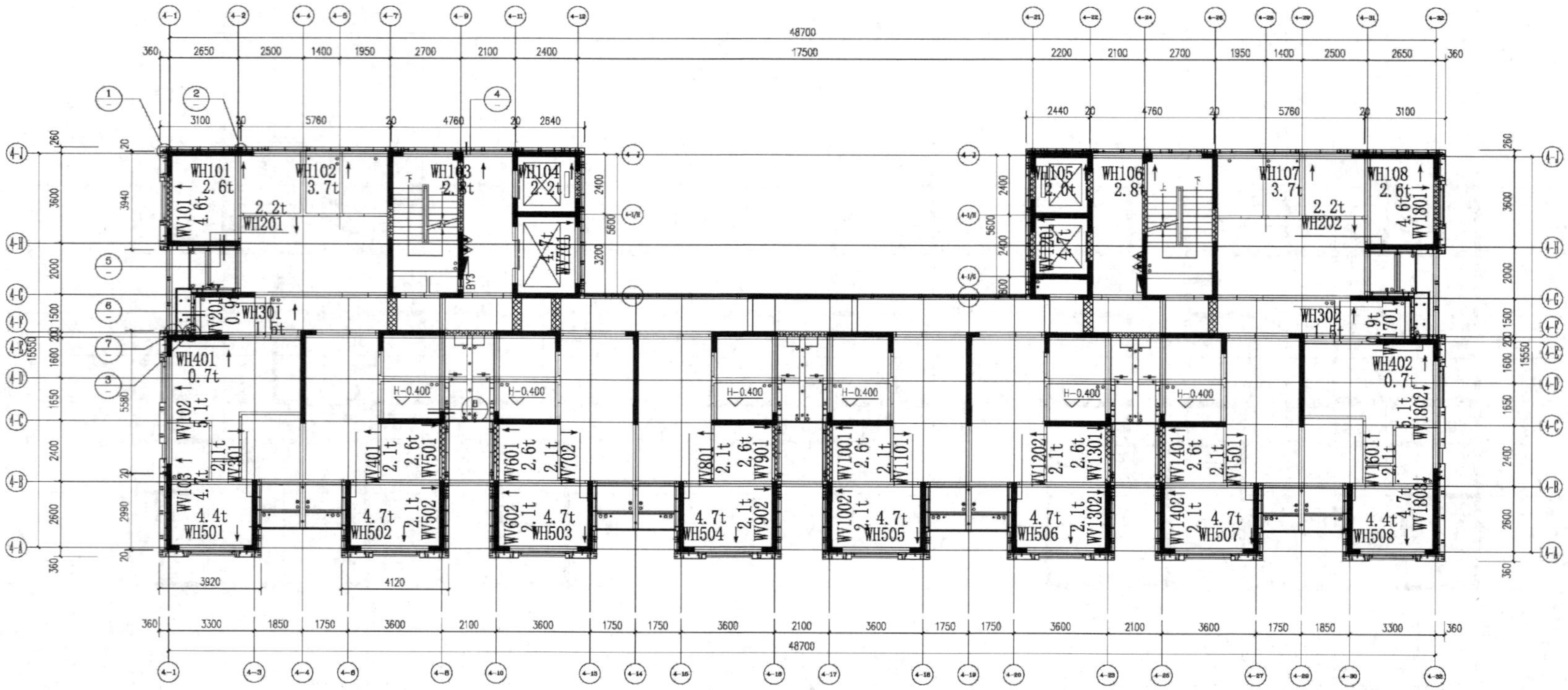

图 4-66　工艺图一：标准层外挂板平面图

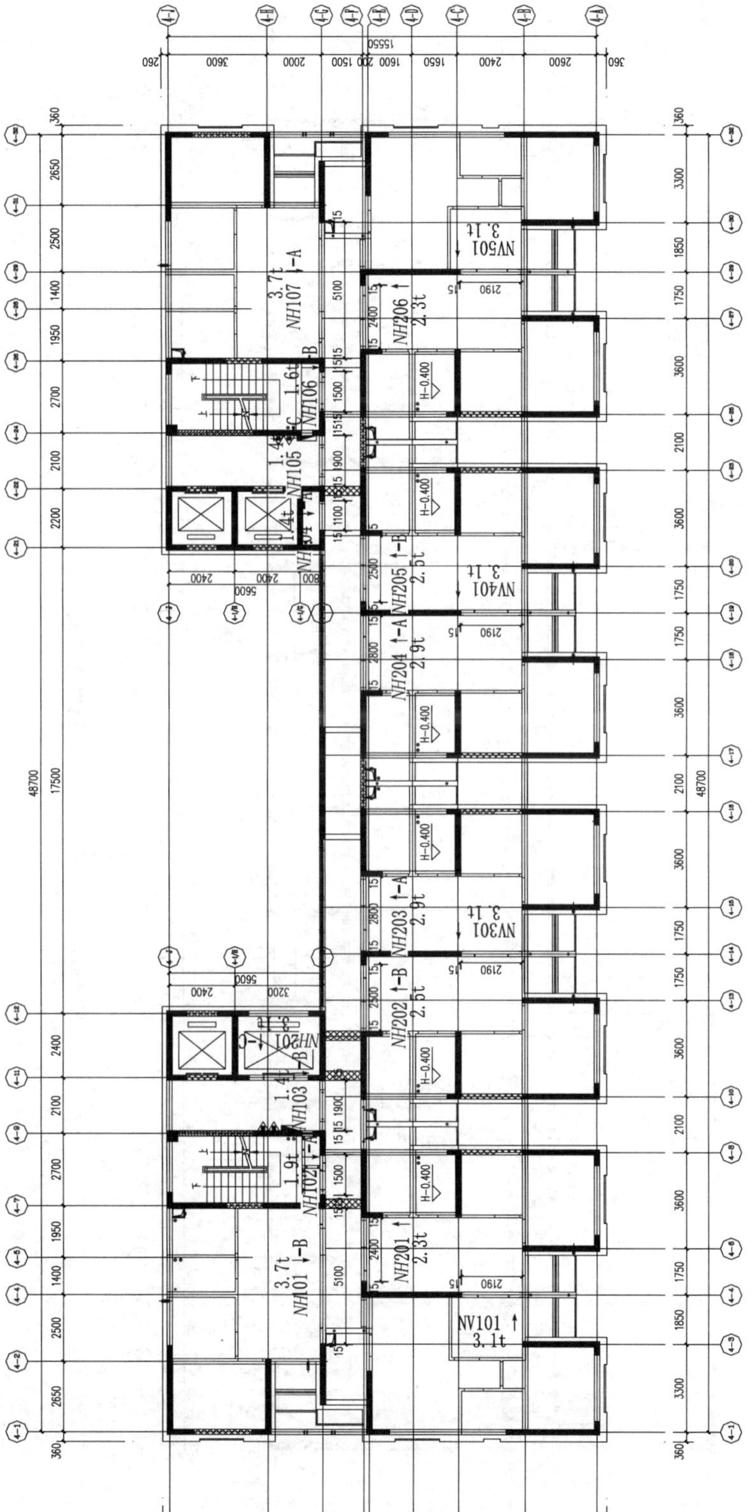


图 4-67 工艺图二：标准层内墙板平面图

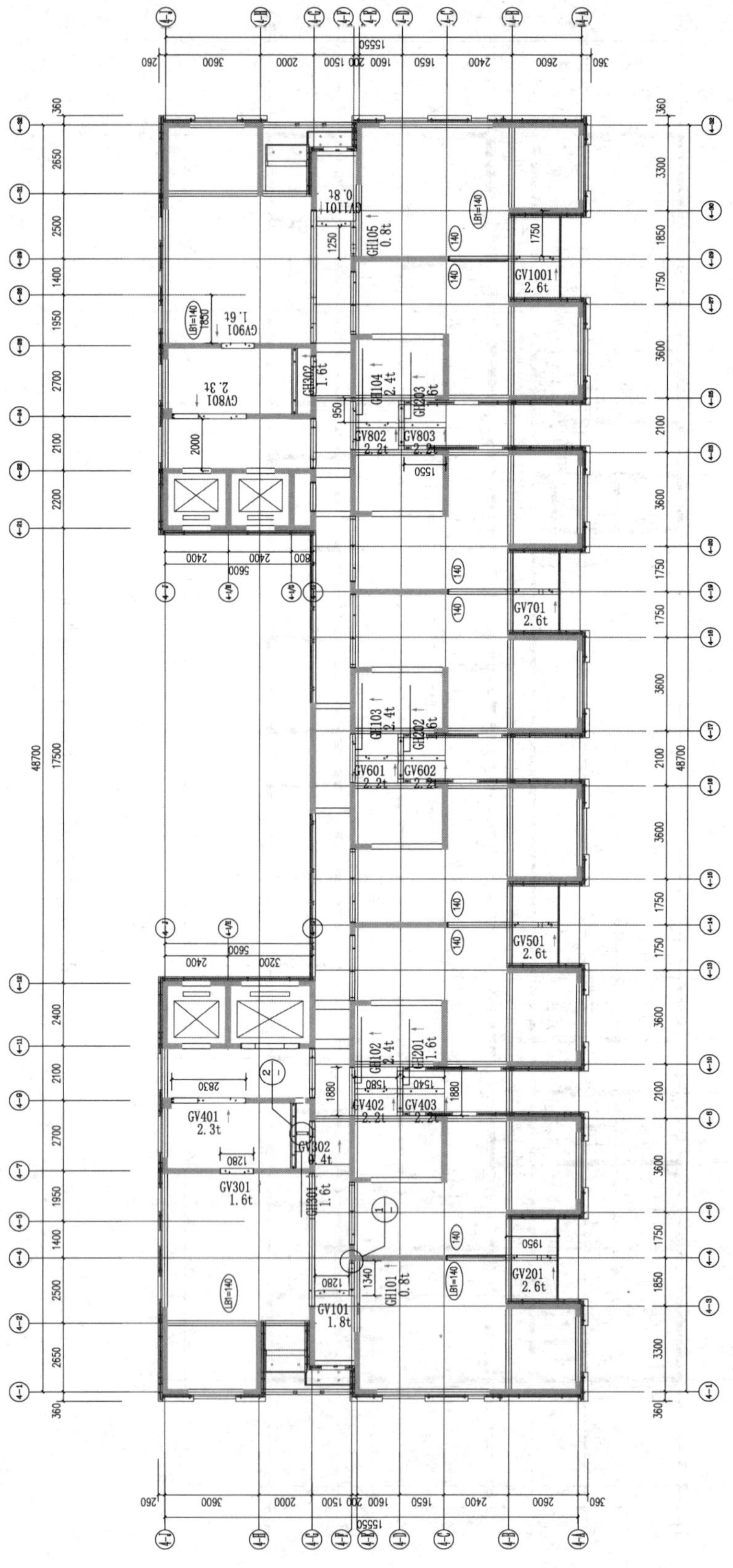


图 4-68　工艺图三：标准层隔墙板平面图

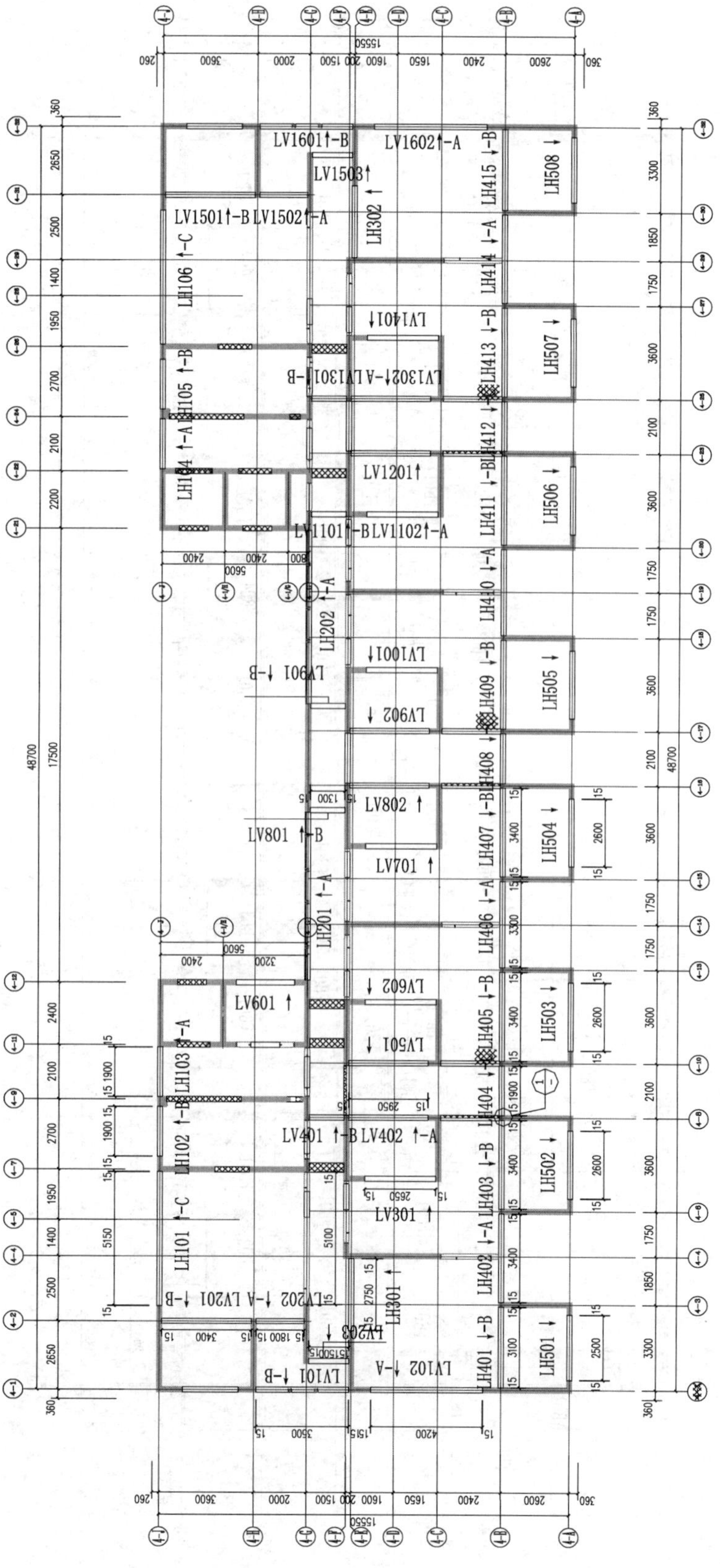

图 4-69　工艺图四：标准叠合梁平面图

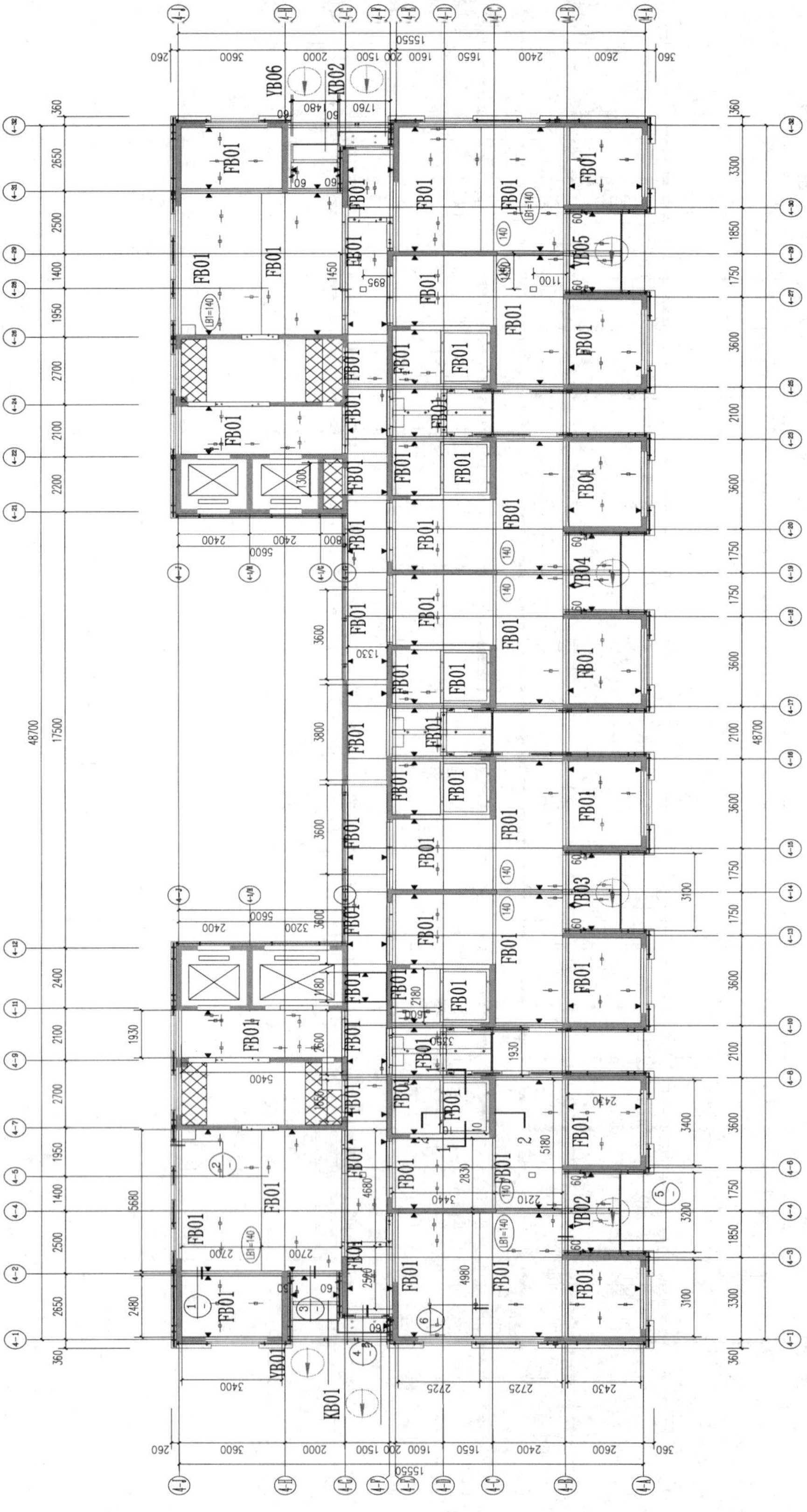

图 4-70　工艺图五：标准层楼板平面布置图

根据以上建筑图、结构图、工艺图说明如下：

1. 预制装配式建筑图与传统建筑图相比有以下不同：(1) 平面布置图增加了外墙挂板；(2) 非承重墙材质发生了变化；(3) 建筑节点发生了变化。

2. 预制装配式结构图与传统结构图相比需要注意以下几点：

(1) 该工程的结构形式为混凝土叠合楼盖装配整体式结构，墙、柱竖向构件为现浇构件，墙柱定位、配筋及构件信息与传统结构表现方式相同；

(2) 梁的平法配筋图与传统结构表现方式相同，构件配筋信息含预制和现浇部分；

(3) 板的平法配筋图与传统结构表现方式相同，构件配筋信息含预制和现浇部分；

(4) 增加了楼板拆分及楼板拼缝钢筋布置图；

(5) 结构节点发生了变化。

3. 工艺图设计是预制装配式建筑比传统建筑增加的环节之一，需注意以下几点：

(1) 通过外墙板、内墙板、内隔墙的平面布置及详图，可以计算出相应墙板的工程量，同时根据建筑平面布置可以判断其他轻质墙体的有无和具体位置；

(2) 通过叠合梁的平面图，可以识别叠合梁和现浇梁，现浇梁同传统建筑计算方法(按结构图)，叠合梁分别按预制部分（按工艺图）和现浇部分计算工程量，叠合梁的现浇部分工程量（按结构图）需减去预制部分的钢筋、混凝土、模板工程量；

(3) 通过叠合板的平面图，可以识别叠合板和现浇板，现浇板同传统建筑计算方法(按结构图)，叠合板分别按预制部分（按工艺图）和现浇部分计算工程量，叠合板的现浇部分工程量（按结构图）需减去预制部分的钢筋、混凝土、模板工程量。

## 4.3.3 工程量计算

### 4.3.3.1 装配式混凝土结构工程量计算规则

**1. 装配式混凝土结构工程清单项目设置及工程量计算规则**

**表 4-7**

<table>
<tr><th>项目编码</th><th>项目名称</th><th>项目特征</th><th>计量单位</th><th>工程量计算规则</th><th>工作内容</th></tr>
<tr><td>B010518001</td><td>PC 柱</td><td>1. 图代号<br>2. 单件体积<br>3. 截面尺寸<br>4. 混凝土强度等级<br>5. 钢筋种类、规格及含量<br>6. 其他预埋要求<br>7. 灌缝材料种类</td><td rowspan="3">$m^3$</td><td rowspan="3">以立方米计量，设计图示尺寸以体积计算</td><td>1. 构件就位、安装<br>2. 支撑杆件搭、拆<br>3. 灌缝材料制作、运输<br>4. 接头灌缝、养护<br>5. 套筒注浆</td></tr>
<tr><td>B010518002</td><td>PC 单梁</td><td rowspan="2">1. 图代号<br>2. 单件体积<br>3. 截面尺寸<br>4. 混凝土强度等级<br>5. 钢筋种类、规格及含量<br>6. 其他预埋要求</td><td rowspan="4">1. 构件就位、安装<br>2. 支撑杆件搭、拆</td></tr>
<tr><td>B010518003</td><td>PC 叠合梁</td></tr>
<tr><td>B010518004</td><td>PC 整体楼板</td><td rowspan="2">1. 图代号<br>2. 单件体积<br>3. 板厚度<br>4. 混凝土强度等级<br>5. 钢筋种类、规格及含量<br>6. 其他预埋要求</td><td rowspan="2">$m^3$</td><td rowspan="2">以立方米计量，设计图示尺寸以体积计算</td></tr>
<tr><td>B010518005</td><td>PC 叠合楼板</td></tr>
</table>

续表

<table>
<tr><th>项目编码</th><th>项目名称</th><th>项目特征</th><th>计量单位</th><th>工程量计算规则</th><th>工作内容</th></tr>
<tr><td>B010518006</td><td>PC 实心墙板</td><td rowspan="5">1. 图代号<br>2. 单件体积<br>3. 板厚度<br>4. 混凝土强度等级<br>5. 钢筋种类、规格及含量<br>6. 其他预埋要求<br>7. 灌（嵌缝材料种类）</td><td rowspan="5">$m^3$</td><td rowspan="5">以立方米计量，设计图示尺寸以体积计算</td><td>1. 构件就位、安装<br>2. 支撑杆件搭、拆<br>3. 灌缝材料制作、运输<br>4. 墙底灌缝、养护<br>5. 套筒注浆</td></tr>
<tr><td>B010518007</td><td>PC 夹心墙板</td><td>1. 构件就位、安装<br>2. 支撑杆件搭、拆<br>3. 套筒注浆</td></tr>
<tr><td>B010518008</td><td>PC 叠合墙板</td><td rowspan="3">1. 构件就位、安装<br>2. 支撑杆件搭、拆<br>3. 灌缝材料制作、运输<br>4. 墙底灌缝、养护<br>5. 套筒注浆</td></tr>
<tr><td>B010518009</td><td>PC 外墙面板</td></tr>
<tr><td>B010518010</td><td>PC 外挂墙板</td></tr>
<tr><td>B010518011</td><td>PC 楼梯</td><td>1. 图代号<br>2. 单件体积<br>3. 结构形式<br>4. 钢筋种类、规格及含量<br>5. 混凝土强度等级<br>6. 其他预埋要求</td><td>$m^3$</td><td>以立方米计量，设计图示尺寸以体积计算</td><td rowspan="3">1. 构件就位、安装<br>2. 支撑杆件搭、拆</td></tr>
<tr><td>B010518012</td><td>PC 阳台板</td><td rowspan="2">1. 图代号<br>2. 单件体积<br>3. 板厚度<br>4. 混凝土强度等级<br>5. 钢筋种类、规格及含量<br>6. 其他预埋要求</td><td rowspan="2">$m^3$</td><td rowspan="2">以立方米计量，设计图示尺寸以体积计算</td></tr>
<tr><td>B010518013</td><td>PC 空调板</td></tr>
<tr><td>B010518014</td><td>PC 女儿墙</td><td rowspan="3">1. 图代号<br>2. 单件体积<br>3. 板厚度<br>4. 混凝土强度等级<br>5. 钢筋种类、规格及含量<br>6. 其他预埋要求</td><td rowspan="3">$m^3$</td><td rowspan="3">以立方米计量，设计图示尺寸以体积计算</td><td>1. 构件就位、安装<br>2. 支撑杆件搭、拆<br>3. 灌缝材料制作、运输<br>4. 墙底灌缝、养护<br>5. 套筒注浆</td></tr>
<tr><td>B010518015</td><td>PC 凸窗</td><td>1. 构件就位、安装<br>2. 支撑杆件搭、拆</td></tr>
<tr><td>B010518016</td><td>PC 其他构件</td><td></td></tr>
<tr><td>B010518017</td><td>外墙嵌缝打胶</td><td>1. 填缝要求<br>2. 胶品种、型号</td><td>m</td><td>设计图示尺寸以长度计算</td><td>1. 清理<br>2. 填缝</td></tr>
</table>

**2. 装配式混凝土结构工程定额工程量计算规则**

（1）构件安装工程量按成品构件设计图示尺寸的实体积以“$m^3$”计算，依附于构件制作的各类保温层的体积并入相应构件安装中计算，扣除门窗洞口及大于 0.3$m^2$ 的孔洞、线箱所占体积等，不扣除构件内钢筋、预埋铁件、配管、套管、线盒及单个面积小于等于 0.3$m^2$ 的孔洞、线箱等所占体积，构件外露钢筋体积亦不再增加。

（2）套筒注浆按设计数量以“个”计取。

（3）外墙嵌缝、打胶按构件外墙接缝的设计图示尺寸的长度以 m 计取。

（4）若装配式建筑檐口高度超过 50m，构件吊装相应项目的人工和机械用量分别乘以如下系数：

表 4-8

| 吊装室外地面至檐口高度 | ≤80m | ≤120m | ≤150m |
|---|---|---|---|
| 系数 | 1.1 | 1.2 | 1.4 |

（5）装配式构件结合处混凝土的钢筋制作安装部分，按 2014 年《湖南省建设工程消耗量标准》相应项目的人工和机械用量分别乘以系数 1.2 计取。

（6）现浇混凝土模板（含±0.00 以下地下室部分）均执行 2014 年《湖南省建设工程消耗量标准》，如采用竹胶合板、木模板，则竹胶合板、木模板，材料消耗量乘以系数 1.5 计取。

（7）装配式混凝土结构的措施项目，除本标准另有说明外，按 2014 年《湖南建设工程消耗量标准》有关规定计算，其中综合脚手架按 2014 年《湖南建设工程消耗量标准》相应项目乘以系数 0.85 计取，外墙改架工及采用吊篮或其他措施的外脚手架费用，均不另行计算。

**3. 装配式混凝土结构工程计价办法及消耗量标准的有关解释**

（1）安全文明费不包括 PC 构件运输道路及堆放区费用，发生时，应另行签证。

（2）装配率低于 50%的单体建筑工程，综合脚手架（垂直支撑）、模板工程、超高增加费等措施费按《湖南省建设工程消耗量标准》执行。

（3）装配式混凝土结构项目，PC 构件安装起始标高以上建筑部分均按装配式混凝土—现浇剪力墙工程相关标准执行［装配率低于 50%的单体建筑工程，其建筑工程取费（含装配式构件部分）仍按建筑工程取费标准执行］。

（4）装饰装修、安装部分及 PC 构件安装起始标高以下的建筑部分仍按原相应标准执行。

（5）除以上清单和定额的计算规则外，其他项目的清单和定额计算规则同传统项目。

### 4.3.3.2 工程量计算计算式

**1. PC 外挂墙板　清单编码：B010518010001**

以标准层外挂板 WH102 为例，如图 4-71 所示：

$V=(5.76\times2.96-0.9\times1.45\times2-0.6\times1.45)\times0.16-[5.76\times(0.091+0.076)/2]\times0.08\times2=2.094m^3$

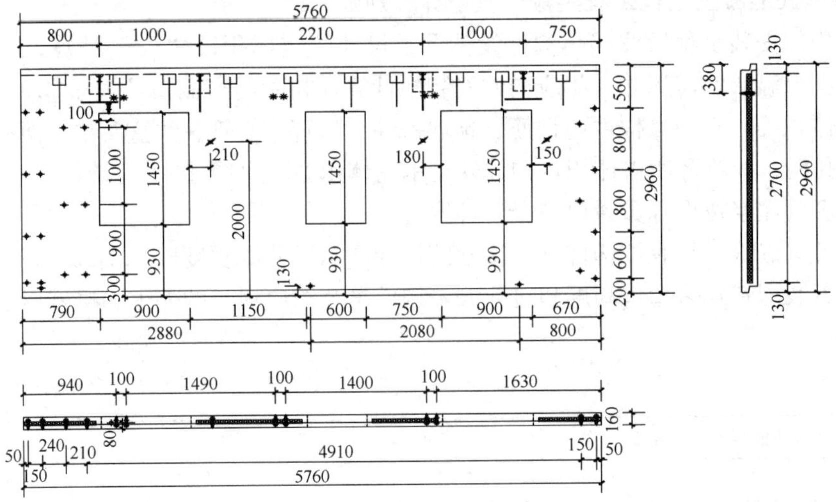


图 4-71　标准层外挂板详图：WH102

**【注释】**

5.76——长度

2.96——高度

0.9×1.45+0.6×1.45——窗洞

0.16——墙厚

0.091——企口缺口上底宽

0.076——企口缺口下底宽

0.08——企口高度

其他外挂板工程量参照此方法计算。

定额编码：G1-15，外挂墙板板厚小于等于 200mm，工程量同清单工程量。

**2. PC 实心墙板　清单编码：B010518006001**

以标准层内墙板 NH101 为例，如图 4-72 所示：

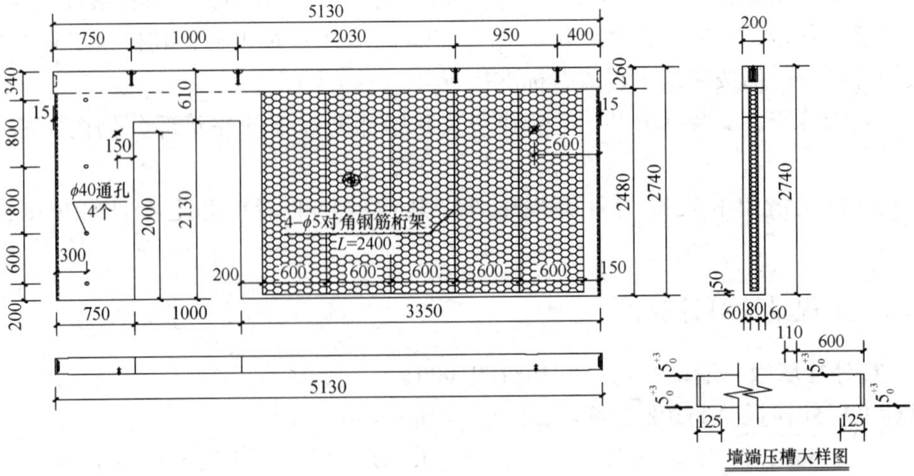


图 4-72　标准层内墙板详图：NH101

工程量的计算：

$$V = (5.13 \times 2.74 - 1 \times 2.13) \times 0.2$$
$$= 0.311 m^3$$

**【注释】**

5.13——墙长

2.74——墙高

1×2.13——门洞

0.2——墙厚

其他内墙工程量参照此方法计算。

定额编码：G1-8，内墙板墙厚小于等于 200mm，工程量同清单工程量。

**3. PC 实心墙板　清单编码：B010518006001**

以标准层隔墙板 GH101 为例，如图 4-73 所示：

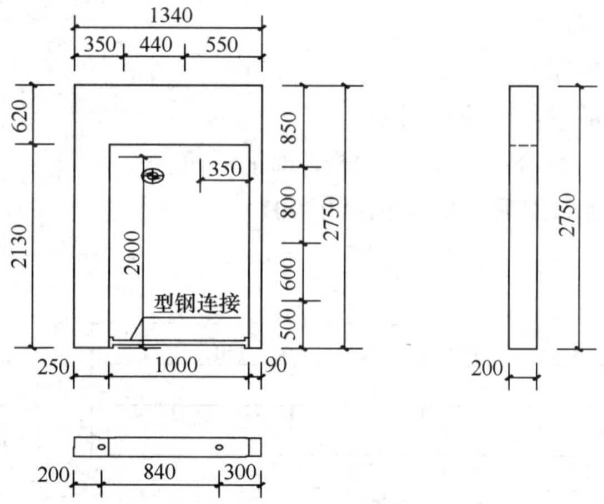


图 4-73　标准层隔墙板详图：GH101

$$V = (1.34 \times 2.75 - 1 \times 2.13) \times 0.2$$
$$= 0.311 m^3$$

**【注释】**

1.34——墙长

2.75——墙高

1×2.13——门洞

0.2——墙厚

其他内墙及隔墙工程量参照此方法计算。

定额编码：G1-8，内墙板墙厚小于等于 200mm，工程量同清单工程量。

**4. PC 叠合板　清单编码：B010518005001**

以标准层叠合板 FB01 为例，如图 4-74 所示：

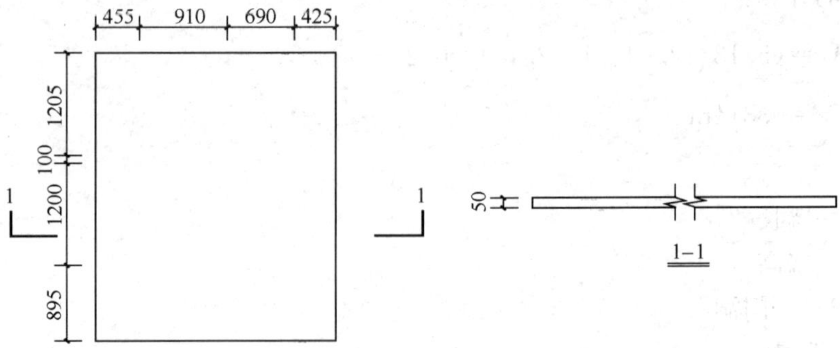


图 4-74　标准层叠合板详图：FB101

$$V = 2.48 \times 3.4 \times 0.05 = 0.422\text{m}^3$$

**【注释】**

2.48——叠合板板长

3.4——叠合板板宽

0.05——叠合板板厚

其他叠合板工程量参照此方法计算。

定额编码：G1-5，叠合板，工程量同清单工程量。

**5. PC 叠合梁　清单编码：B010518003001**

以标准层梁 LH101 为例，如图 4-75 所示：

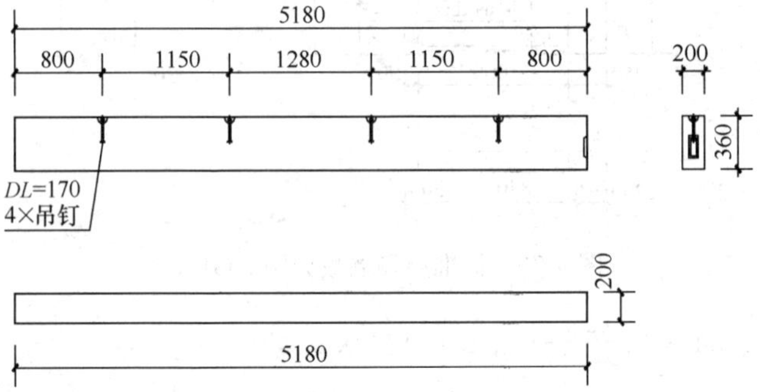


图 4-75　标准层梁详图：LH101

$$V = 5.18 \times 0.2 \times 0.36 = 0.373\text{m}^3$$

**【注释】**

5.18——叠合梁梁长

0.2——叠合梁梁宽

0.36——叠合梁梁高

其他叠合梁工程量参照此方法计算。

定额编码：G1-3，叠合梁，工程量同清单工程量。

**6. PC 楼梯　　清单编码：B010518011001**

以标准层楼梯 LT01 为例，如图 4-76 所示：

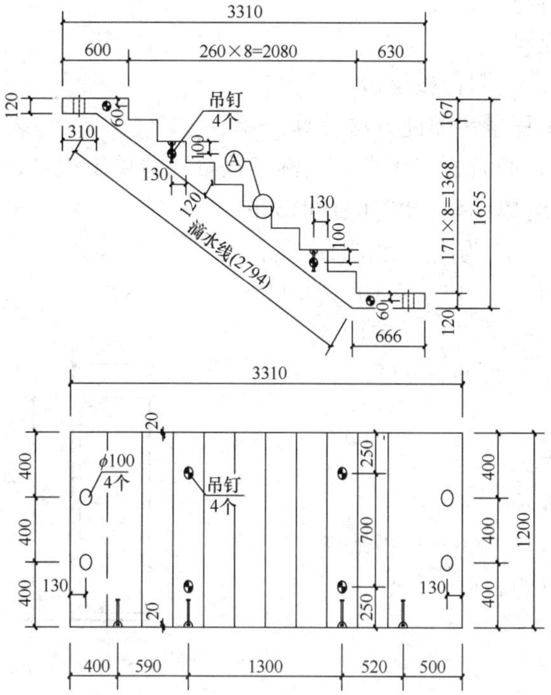


图 4-76　标准层楼梯详图：LT01

$$V = 0.651 \times 1.2 = 0.781\text{m}^3$$

**【注释】**

0.651——楼梯截面面积

1.2——楼梯宽度

定额编码 G1-17，直行梯段简支，定额工程量同清单工程量。

**7. PC 阳台板　　清单编码：B010518012001**

以标准层阳台板 YB02 为例，如图 4-77 所示：

$$V = 3.2 \times 1.765 \times 0.05 + 3.2 \times 0.05 \times 0.07 = 0.294\text{m}^3$$

**【注释】**

3.2——阳台板板长

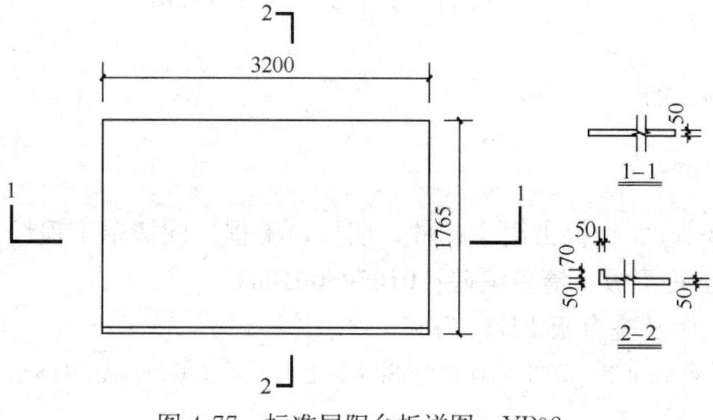


图 4-77　标准层阳台板详图：YB02

1.765——阳台板板宽

0.05——阳台板板厚

3.2×0.05×0.07——阳台板反边

其他叠合阳台板工程量参照此方法计算。

定额编码：G1-19，叠合板式阳台，定额工程量同清单工程量。

**8. PC 空调板　　清单编码：B010518013001**

以标准层空调板 KB01 为例，如图 4-78 所示：

$$V = (0.65 \times 1.76 - 0.16 \times 0.07 - 0.11 \times 0.06) \times 0.1 + (0.59 + 1.58) \times 0.06 \times 0.03 = 0.117\text{m}^3$$

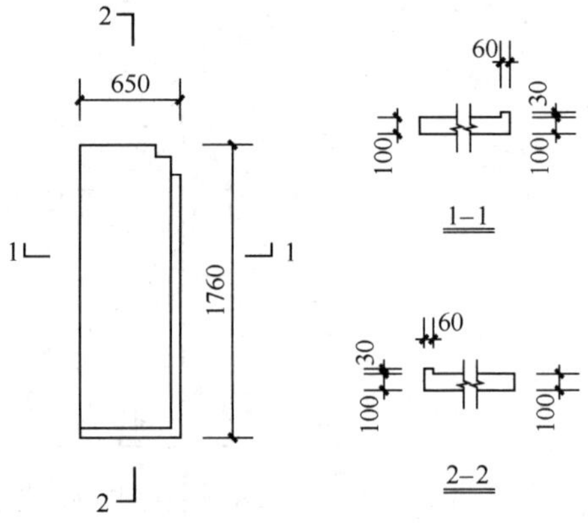

图 4-78　标准层空调板详图：KB01

**【注释】**

0.65——空调板板宽

1.76——空调板板长

0.16×0.07−0.11×0.06——板缺口

0.59、1.58——反边长度

0.06——反边宽度

0.03——反边高度

定额编码：G1-22，空调板，工程量同清单工程量。

**9. 外墙拼缝打胶　　清单编码：010518017001**

以标准层拼缝为例

$$L = 44 \times 2.9 + 184.9 = 312.5\text{m}$$

**【注释】**

44——竖缝条数

2.9——竖缝高度

184.9——水平缝长度

定额编码：G1-28，嵌缝、打胶，工程量同清单工程量

**10. 现浇混凝土剪力墙　清单编码：010504001001**

以 4-J 交 4-1～4-2 轴墙为例

$$V = 4.15 \times 0.2 \times 2.9 = 2.407\text{m}^3$$

**【注释】**

4.15——墙中心线长

0.2——墙厚

2.9——墙高

定额编码：A5-109，商品混凝土构件，墙柱，工程量同清单工程量。

**11. 现浇混凝土有梁板　清单编码：010505001001**

以叠合梁 LV201 及叠合板 FB01 为例

$$V = 3.4 \times 0.14 \times 0.2 + 3.4 \times 2.45 \times 0.07 = 0.678\text{m}^3$$

【注释】

3.4——梁长、板长

0.14——叠合梁现浇部分厚度

0.2——梁宽

2.45——板宽

0.07——叠合板现浇层厚度

定额编码：A5-108，商品混凝土梁板，工程量同清单工程量。

**12. 轻质隔墙　清单编码：011210006001**

以 4-H～4-G 交 4-2 轴线墙体为例

$$S = 3.4 \times (2.9 - 0.5) - 0.9 \times 2.1 = 6.27\text{m}^2$$

3.4——墙长

2.9——墙高

0.5——梁高

0.9×2.1——门洞

定额编码：A4-80　工程量同清单工程量。

**13. 钢筋　清单编码：010515001001**

PC 构件产品为成品构件，成品构件价格已含构件内钢筋、混凝土、保温材料、水电预埋材料、预埋件等材料费，因此 PC 构件内的材料不再单独计算。仅计算现浇构件墙、柱、梁、板等钢筋，以及叠合梁板现浇部分的上部钢筋、叠合板拼缝钢筋、隔墙插筋。

此处以 4-H～4-G 交 4-2 轴的板拼缝钢筋为例。(分布钢筋另计)

$$1.2 \times 34 \times 0.01 \times 2 \times 23 \times 0.617 = 11.58\text{kg}$$

【注释】

1.2——系数

34×0.01——锚固长度

23——钢筋根数

0.617——每米重量

定额编码：A5-16，带肋钢筋，工程量同清单工程量。

**14. 直形墙模板　清单编码：011702011001**

以 4-J 交 4-1～4-2 轴墙为例

$$S = (3.15 + 0.8) \times (2.9 - 0.12) + 0.2 \times (2.9 - 0.5) \times 2 = 11.94\text{m}^2$$

3.15、0.8——墙内侧长度

2.9——层高

0.12——板厚

0.2——墙宽

0.5——梁高

定额编码：A13-31，现浇混凝土模板直形墙，工程量同清单工程量

注意：现浇构件墙柱模板工程量需扣除与预制构件接触处的面积；叠合梁板处取消模板。

## 4.3.4 清单与计价表

**单位工程工程量清单与造价表（一般计税法）**

工程名称：某公租房项目　　　　**表 4-9**　第 1 页　共 13 页

| 序号 | 项目编码 | 项目名称 | 项目特征描述 | 计量单位 | 工程量 | 金额（元） | | | | |
|---|---|---|---|---|---|---|---|---|---|---|
| | | | | | | 综合单价 | 合价 | 其中 | | |
| | | | | | | | | 建安费用 | 销项税额 | 附加税费 |
| | | 预制部分 | | | | | 15903908.43 | 14276450.21 | 1570409.52 | 57048.7 |
| 1 | B010518010001 | PC 外挂墙板 | 1. 板厚度：160mm<br>2. 混凝土强度等级：C35<br>3. 钢筋种类、规格及含量：三级螺纹钢 ϕ6、ϕ10<br>4. 其他预埋要求：水电线管及底盒预埋 | $m^3$ | 2514.29 | 3015.07 | 7580763.88 | 6805018.94 | 748552.08 | 27192.86 |
| | G1-15 换 | 外挂墙板墙厚≤200mm 吊装室外地面至檐口高度≤120m 人工×1.2，机械×1.2 | | $10m^3$ | 251.429 | 30150.71 | 7580763.88 | 6805018.94 | 748552.08 | 27192.86 |
| 2 | B010518006001 | PC 实心墙板 | 1. 板厚度：200mm、100mm<br>2. 混凝土强度等级：C35<br>3. 钢筋种类、规格及含量：一级螺纹钢 ϕ4、三级螺纹钢 ϕ6、ϕ8<br>4. 其他预埋要求：水电线管及底盒预埋<br>5. 灌（嵌）缝材料种类：抗裂砂浆 | $m^3$ | 1213.45 | 2790.72 | 3386400.27 | 3039867.53 | 334385.43 | 12147.31 |
| | G1-8 换 | 实心剪力墙内墙板墙厚≤200mm 吊装室外地面至檐口高度≤120m 人工×1.2，机械×1.2 | | $10m^3$ | 121.345 | 27907.21 | 3386400.27 | 3039867.53 | 334385.43 | 12147.31 |
| 3 | B010518005001 | PC 叠合楼板 | 1. 板厚度：50mm<br>2. 混凝土强度等级：C35<br>3. 钢筋种类、规格及含量：规格详见工艺图，含量为 169.7kg/$m^3$<br>4. 其他预埋要求：水电线管及底盒预埋 | $m^3$ | 761.84 | 3131.63 | 2385800.83 | 2141660.14 | 235582.62 | 8558.07 |
| 本页合计 | | | | | | | 13352964.98 | 11986546.61 | 1318520.13 | 47898.24 |

## 单位工程工程量清单与造价表（一般计税法）

工程名称：某公租房项目　　　　　**表 4-9**　第 2 页　共 13 页

| 序号 | 项目编码 | 项目名称 | 项目特征描述 | 计量单位 | 工程量 | 金额（元） 综合单价 | 合价 | 其中 建安费用 | 销项税额 | 附加税费 |
|---|---|---|---|---|---|---|---|---|---|---|
| | G1-5 换 | 叠合板　吊装室外地面至檐口高度≤120m 人工×1.2，机械×1.2 | | $10m^3$ | 76.184 | 31316.3 | 2385800.83 | 2141660.14 | 235582.62 | 8558.07 |
| 4 | B010518003001 | PC 叠合梁 | 1. 截面尺寸：按设计尺寸<br>2. 混凝土强度等级：C35<br>3. 钢筋种类、规格及含量：按设计要求<br>4. 其他预埋要求：水电线管及底盒预埋 | $m^3$ | 427.83 | 2939.14 | 1257451.66 | 1128775.74 | 124165.33 | 4510.59 |
| | G1-3 换 | 叠合梁　吊装室外地面至檐口高度≤120m 人工×1.2，机械×1.2 | | $10m^3$ | 42.783 | 29391.39 | 1257451.66 | 1128775.74 | 124165.33 | 4510.59 |
| 5 | B010518012001 | PC 阳台板 | 1. 板厚度：50mm<br>2. 混凝土强度等级：C35<br>3. 钢筋种类、规格及含量：含量 $180.8kg/m^3$，规格详见工艺图<br>4. 其他预埋要求：水电线管及底盒预埋 | $m^3$ | 53.53 | 3153.51 | 168807.47 | 151533.28 | 16668.66 | 605.53 |
| | G1-19 换 | 叠合板式阳台　装室外地面至檐口高度≤120m 人工×1.2，机械×1.2 | | $10m^3$ | 5.353 | 31535.11 | 168807.47 | 151533.28 | 16668.66 | 605.53 |
| 6 | B010518013001 | PC 空调板 | 1. 板厚度：100mm<br>2. 混凝土强度等级：C35<br>3. 钢筋种类、规格及含量：含量 $100kg/m^3$，规格详见工艺图<br>4. 其他预埋要求：水电线管及底盒预埋 | $m^3$ | 7.25 | 3212.64 | 23291.61 | 20908.16 | 2299.9 | 83.55 |
| | | 本页合计 | | | | | 1449550.74 | 1301217.18 | 143133.89 | 5199.67 |

## 单位工程工程量清单与造价表（一般计税法）

工程名称：某公租房项目　　　　表 4-9　第 3 页　共 13 页

| 序号 | 项目编码 | 项目名称 | 项目特征描述 | 计量单位 | 工程量 | 综合单价 | 合价 | 其中：建安费用 | 其中：销项税额 | 其中：附加税费 |
|---|---|---|---|---|---|---|---|---|---|---|
| | G1-22 换 | 空调板　吊装室外地面至檐口高度≤120m 人工×1.2,机械×1.2 | | $10m^3$ | 0.725 | 32126.36 | 23291.61 | 20908.16 | 2299.9 | 83.55 |
| 7 | B010518011001 | PC 楼梯 | 1. 结构形式：简支<br>2. 钢筋种类、规格及含量：含量 $100kg/m^3$ 规格见工艺图<br>3. 混凝土强度等级：<br>4. 其他预埋要求：水电线管及底盒预埋 | $m^3$ | 81.47 | 2907.84 | 236901.88 | 212659.54 | 23392.55 | 849.79 |
| | G1-17 换 | 直行梯段简支　吊装室外地面至檐口高度≤120m 人工×1.2，机械×1.2 | | $10m^3$ | 8.147 | 29078.42 | 236901.88 | 212659.54 | 23392.55 | 849.79 |
| 8 | B010518014001 | PC 女儿墙 | 1. 板厚度：200mm<br>2. 混凝土强度等级：C35<br>3. 钢筋种类、规格及含量：含量为 $62kg/m^3$ 规格见工艺图<br>4. 其他预埋要求：水电线管及底盒预埋 | $m^3$ | 101.97 | 3015.07 | 307446.83 | 275985.58 | 30358.41 | 1102.84 |
| | G1-15 换 | 外挂墙板墙厚≤200mm 吊装室外地面至檐口高度≤120m 人工×1.2，机械×1.2 | | $10m^3$ | 10.197 | 30150.71 | 307446.83 | 275985.58 | 30358.41 | 1102.84 |
| 9 | B010518017001 | 外墙嵌缝打胶 | 1. 填缝要求：用泡沫棒封堵再用聚氨酯打胶密封<br>2. 胶品种、型号：聚氨酯密封胶 | m | 11285.01 | 49.36 | 557044.01 | 500041.3 | 55004.54 | 1998.17 |
| | G1-28 | 嵌缝、打胶 | | 100m | 112.8501 | 4936.14 | 557044.01 | 500041.3 | 55004.54 | 1998.17 |
| | | 现浇部分 | | | | | 7023010.35 | 10914438.19 | 1200588.2 | 43614.09 |
| 10 | 010401004001 | 多孔砖墙 | 1. 砖品种、规格、强度等级：<br>2. 墙体类型：内墙<br>3. 砂浆强度等级、配合比：M5 水泥砂浆 | $m^3$ | 90.32 | 529.4 | 47815.17 | 42922.21 | 4721.44 | 171.52 |
| | | 本页合计 | | | | | 1149207.89 | 1031608.63 | 113476.94 | 4122.32 |

## 单位工程工程量清单与造价表（一般计税法）

工程名称：某公租房项目　　　　　　**表 4-9**　第 4 页　共 13 页

| 序号 | 项目编码 | 项目名称 | 项目特征描述 | 计量单位 | 工程量 | 金额（元） | | | | |
|---|---|---|---|---|---|---|---|---|---|---|
| | | | | | | 综合单价 | 合价 | 其中 | | |
| | | | | | | | | 建安费用 | 销项税额 | 附加税费 |
| | A4-23 换 | 页岩多孔砖 厚 190mm 框架结构间、预制柱间砌砖墙、混凝土小型空心砌块墙 人工×1.1 | | $10m^3$ | 9.032 | 5293.97 | 47815.17 | 42922.21 | 4721.44 | 171.52 |
| 11 | 011210006001 | 其他隔断 | 1. 隔板材料品种、规格、色：轻质隔墙板<br>2. 嵌缝、塞口材料品种：抗裂砂浆 | $m^2$ | 7743.18 | 117.75 | 911731.82 | 818433.66 | 90027.7 | 3270.46 |
| | A4-80 | 钢丝网夹心矿棉墙板 | | $100m^2$ | 77.4318 | 11774.64 | 911731.82 | 818433.66 | 90027.7 | 3270.46 |
| 12 | 010504001001 | 直形墙 | 1. 混凝土种类：预拌<br>2. 混凝土强度等级：C55 | $m^3$ | 307.79 | 768.71 | 236601.01 | 212389.46 | 23362.84 | 848.71 |
| | A5-109 换 | 商品混凝土构件 地面以上输送高度 30m 以内 墙柱 超过 90m 机械 [J6-38] 含量×1.77 换为【普通商品混凝土 C55（砾石）】 | | $100m^3$ | 3.0779 | 76870.92 | 236601.01 | 212389.46 | 23362.84 | 848.71 |
| 13 | 010504001002 | 直形墙 | 1. 混凝土种类：预拌<br>2. 混凝土强度等级：C50 | $m^3$ | 512.86 | 707.79 | 362998.21 | 325852.35 | 35843.76 | 1302.11 |
| | A5-109 换 | 商品混凝土构件 地面以上输送高度 30m 以内 墙柱超过 90m 机械 [J6-38] 含量×1.77 换为【普通商品混凝土 C50（砾石）】 | | $100m^3$ | 5.1286 | 70779.2 | 362998.21 | 325852.35 | 35843.76 | 1302.11 |
| 14 | 010504001003 | 直形墙 | 1. 混凝土种类：预拌<br>2. 混凝土强度等级：C45 | $m^3$ | 512.86 | 678.37 | 347909.7 | 312307.85 | 34353.86 | 1247.98 |
| 本页合计 | | | | | | | 1859240.74 | 1668983.32 | 183588.16 | 6669.26 |

## 单位工程工程量清单与造价表（一般计税法）

工程名称：某公租房项目　　　　**表 4-9**　第 5 页　共 13 页

| 序号 | 项目编码 | 项目名称 | 项目特征描述 | 计量单位 | 工程量 | 金额（元） | | | | |
|---|---|---|---|---|---|---|---|---|---|---|
| | | | | | | 综合单价 | 合价 | 其中 | | |
| | | | | | | | | 建安费用 | 销项税额 | 附加税费 |
| | A5-109 换 | 商品混凝土构件 地面以上输送高度 30m 以内 墙柱超过 90m 机械［J6-38］含量×1.77 换为【普通商品混凝土 C45（砾石）】 | | 100m³ | 5.1286 | 67837.17 | 347909.7 | 312307.85 | 34353.86 | 1247.98 |
| 15 | 010504001004 | 直形墙 | 1. 混凝土种类：预拌<br>2. 混凝土强度等级：C40 | m³ | 512.86 | 659.63 | 338296.36 | 303678.25 | 33404.61 | 1213.5 |
| | A5-109 换 | 商品混凝土构件 地面以上输送高度 30m 以内 墙柱超过 90m 机械［J6-38］含量×1.77 换为【普通商品混凝土 C40（砾石）】 | | 100m³ | 5.1286 | 65962.71 | 338296.36 | 303678.25 | 33404.61 | 1213.5 |
| 16 | 010504001005 | 直形墙 | 1. 混凝土种类：预拌<br>2. 混凝土强度等级：C35 | m³ | 1362.25 | 642.68 | 875486.41 | 785897.27 | 86448.7 | 3140.45 |
| | A5-109 换 | 商品混凝土构件 地面以上输送高度 30m 以内 墙柱超过 90m 机械［J6-38］含量×1.77 换为【普通商品混凝土 C35（砾石）】 | | 100m³ | 13.6225 | 64267.68 | 875486.42 | 785897.27 | 86448.7 | 3140.45 |
| 17 | 010502001001 | 矩形柱 | 1. 混凝土种类：预拌<br>2. 混凝土强度等级：C55 | m³ | 2.44 | 767.45 | 1872.58 | 1680.95 | 184.9 | 6.72 |
| | A5-109 换 | 商品混凝土构件 地面以上输送高度 30m 以内 墙柱超过 90m 机械［J6-38］含量×1.77 换为【普通商品混凝土 C55（砾石）】 | | 100m³ | 0.02436 | 76870.92 | 1872.58 | 1680.95 | 184.9 | 6.72 |
| 本页合计 | | | | | | | 1215655.35 | 1091256.47 | 120038.21 | 4360.67 |

## 单位工程工程量清单与造价表（一般计税法）

工程名称：某公租房项目　　　　**表 4-9**　第 6 页　共 13 页

| 序号 | 项目编码 | 项目名称 | 项目特征描述 | 计量单位 | 工程量 | 金额（元） | | | | |
|---|---|---|---|---|---|---|---|---|---|---|
| | | | | | | 综合单价 | 合价 | 其中 | | |
| | | | | | | | | 建安费用 | 销项税额 | 附加税费 |
| 18 | 010502001002 | 矩形柱 | 1. 混凝土种类：预拌<br>2. 混凝土强度等级：C50 | $m^3$ | 4.06 | 707.79 | 2873.64 | 2579.57 | 283.75 | 10.31 |
| | A5-109 换 | 商品混凝土构件 地面以上输送高度 30m 以内 墙柱超过 90m 机械［J6-38］含量×1.77 换为【普通商品混凝土 C50（砾石）】 | | $100m^3$ | 0.0406 | 70779.2 | 2873.64 | 2579.57 | 283.75 | 10.31 |
| 19 | 010502001003 | 矩形柱 | 1. 混凝土种类：预拌<br>2. 混凝土强度等级：C45 | $m^3$ | 4.06 | 678.37 | 2754.19 | 2472.35 | 271.96 | 9.88 |
| | A5-109 换 | 商品混凝土构件 地面以上输送高度 30m 以内 墙柱超过 90m 机械［J6-38］含量×1.77 换为【普通商品混凝土 C45（砾石）】 | | $100m^3$ | 0.0406 | 67837.17 | 2754.19 | 2472.35 | 271.96 | 9.88 |
| 20 | 010502001004 | 矩形柱 | 1. 混凝土种类：预拌<br>2. 混凝土强度等级：C40 | $m^3$ | 4.06 | 659.63 | 2678.09 | 2404.04 | 264.44 | 9.61 |
| | A5-109 换 | 商品混凝土构件 地面以上输送高度 30m 以内 墙柱超过 90m 机械［J6-38］含量×1.77 换为【普通商品混凝土 C40（砾石）】 | | $100m^3$ | 0.0406 | 65962.71 | 2678.09 | 2404.04 | 264.44 | 9.61 |
| 21 | 010502001005 | 矩形柱 | 1. 混凝土种类：预拌<br>2. 混凝土强度等级：C35 | $m^3$ | 11.96 | 642.68 | 7686.41 | 6899.86 | 758.98 | 27.57 |
| 本页合计 | | | | | | | 15992.33 | 14355.82 | 1579.13 | 57.37 |

### 单位工程工程量清单与造价表（一般计税法）

工程名称：某公租房项目　　　　表 4-9　第 7 页　共 13 页

| 序号 | 项目编码 | 项目名称 | 项目特征描述 | 计量单位 | 工程量 | 金额（元） | | | | |
|---|---|---|---|---|---|---|---|---|---|---|
| | | | | | | 综合单价 | 合价 | 其中 | | |
| | | | | | | | | 建安费用 | 销项税额 | 附加税费 |
| | A5-109 换 | 商品混凝土构件 地面以上输送高度 30m 以内 墙柱超过 90m 机械［J6-38］含量×1.77 换为【普通商品混凝土 C35（砾石）】 | | $100m^3$ | 0.1196 | 64267.68 | 7686.41 | 6899.86 | 758.98 | 27.57 |
| 22 | 010503004001 | 圈梁 | 1. 混凝土种类：预拌<br>2. 混凝土强度等级：C35 | $m^3$ | 3.13 | 823.92 | 2578.86 | 2314.96 | 254.65 | 9.25 |
| | A5-84 换 | 现拌混凝土 圈梁、过梁、弧形拱形梁换为【普通商品混凝土 C35（砾石）】 | | $10m^3$ | 0.313 | 8239.16 | 2578.86 | 2314.96 | 254.65 | 9.25 |
| 23 | 010505001001 | 有梁板 | 1. 混凝土种类：预拌<br>2. 混凝土强度等级：C35 | $m^3$ | 1435.08 | 575.83 | 826359.9 | 741797.9 | 81597.77 | 2964.22 |
| | A5-108 换 | 商品混凝土构件 地面以上输送高度 30m 以内 梁板超过 90m 机械［J6-38］含量×1.77 | | $100m^3$ | 14.3508 | 57582.85 | 826359.9 | 741797.9 | 81597.77 | 2964.22 |
| 24 | 010507007001 | 其他构件 雨棚板 | 1. 混凝土种类：预拌<br>2. 混凝土强度等级：C35 | $m^3$ | 3.04 | 560.25 | 1703.16 | 1528.88 | 168.18 | 6.11 |
| | A5-108 | 商品混凝土构件 地面以上输送高度 30m 以内 梁板 | | $100m^3$ | 0.0304 | 56025.15 | 1703.16 | 1528.88 | 168.18 | 6.11 |
| 25 | 010515001001 | 现浇构件钢筋 | 钢筋种类、规格：$\Phi$6.5 | t | 4.29 | 6923.84 | 29703.26 | 26663.7 | 2933.01 | 106.55 |
| | A5-2 | 圆钢筋 直径 6.5mm | | t | 4.29 | 6923.84 | 29703.26 | 26663.7 | 2933.01 | 106.55 |
| 本页合计 | | | | | | | 860345.18 | 772305.44 | 84953.61 | 3086.13 |

## 单位工程工程量清单与造价表（一般计税法）

工程名称：某公租房项目　　　　**表 4-9**　第 8 页　共 13 页

| 序号 | 项目编码 | 项目名称 | 项目特征描述 | 计量单位 | 工程量 | 金额（元） | | | | |
|---|---|---|---|---|---|---|---|---|---|---|
| | | | | | | 综合单价 | 合价 | 其中 | | |
| | | | | | | | | 建安费用 | 销项税额 | 附加税费 |
| 26 | 010515001002 | 现浇构件钢筋 | 钢筋种类、规格：Φ8 | t | 113.05 | 5597.16 | 632758.64 | 568008 | 62480.88 | 2269.76 |
| | A5-3 | 圆钢筋 直径 8mm | | t | 113.05 | 5597.16 | 632758.64 | 568008 | 62480.88 | 2269.76 |
| 27 | 010515001003 | 现浇构件钢筋 | 钢筋种类、规格：Φ10 | t | 17.11 | 4886.36 | 83605.65 | 75050.23 | 8255.52 | 299.9 |
| | A5-4 | 圆钢筋 直径 10mm | | t | 17.11 | 4886.36 | 83605.65 | 75050.23 | 8255.52 | 299.9 |
| 28 | 010515001004 | 现浇构件钢筋 | 钢筋种类、规格：Φ12 | t | 5.67 | 4990.18 | 28294.33 | 25398.95 | 2793.88 | 101.49 |
| | A5-5 | 圆钢筋 直径 12mm | | t | 5.67 | 4990.18 | 28294.33 | 25398.95 | 2793.88 | 101.49 |
| 29 | 010515001005 | 现浇构件钢筋 | 钢筋种类、规格：Φ8 三级钢 | t | 101.971 | 5448.1 | 555548.15 | 498698.51 | 54856.84 | 1992.8 |
| | A5-16 换 | 带肋钢筋 直径 8mm 带肋钢筋 Φ8mm 人工［00001］含量为 18.34，材料［011425］换为［011413］ | | t | 101.971 | 5448.1 | 555548.15 | 498698.51 | 54856.84 | 1992.8 |
| 30 | 010515001006 | 现浇构件钢筋 | 钢筋种类、规格：Φ10 三级钢 | t | 2.177 | 5018.06 | 10924.31 | 9806.42 | 1078.71 | 39.19 |
| | A5-16 | 带肋钢筋 直径 10mm | | t | 2.177 | 5018.06 | 10924.31 | 9806.42 | 1078.71 | 39.19 |
| 31 | 010515001007 | 现浇构件钢筋　梁、板叠合部位 | 钢筋种类、规格：Φ8 三级钢 | t | 53.304 | 5467.16 | 291421.42 | 261600.06 | 28776.01 | 1045.35 |
| 本页合计 | | | | | | | 1602552.5 | 1438562.17 | 158241.84 | 5748.49 |

**单位工程工程量清单与造价表（一般计税法）**

工程名称：某公租房项目　　　　**表 4-9**　第 9 页　共 13 页

| 序号 | 项目编码 | 项目名称 | 项目特征描述 | 计量单位 | 工程量 | 金额（元） | | | | |
|---|---|---|---|---|---|---|---|---|---|---|
| | | | | | | 综合单价 | 合价 | 其中 | | |
| | | | | | | | | 建安费用 | 销项税额 | 附加税费 |
| | A5-16 换 | 带肋钢筋 直径 10mm 装配式构件结合处混凝土的钢筋制作安装部分 人工×1.2，机械×1.2 带肋钢筋 Φ8mm 人工[00001] 含量为 18.34，材料[011425] 换为 [011413] | | t | 53.304 | 5467.16 | 291421.42 | 261600.06 | 28776.01 | 1045.35 |
| 32 | 010515001008 | 现浇构件钢筋　梁、板叠合部位 | 钢筋种类、规格：Φ10 三级钢 | t | 53.71 | 5435.39 | 291935.02 | 262061.11 | 28826.72 | 1047.2 |
| | A5-16 换 | 带肋钢筋 直径 10mm 装配式构件结合处混凝土的钢筋制作安装部分 人工×1.2，机械×1.2 | | t | 53.71 | 5435.39 | 291935.02 | 262061.11 | 28826.72 | 1047.2 |
| 33 | 010515001009 | 现浇构件钢筋　梁、板叠合部位 | 钢筋种类、规格：Φ12 三级钢 | t | 23.252 | 5510.56 | 128131.55 | 115019.76 | 12652.17 | 459.62 |
| | A5-17 换 | 带肋钢筋 直径 12mm 装配式构件结合处混凝土的钢筋制作安装部分 人工×1.2，机械×1.2 | | t | 23.252 | 5510.56 | 128131.55 | 115019.76 | 12652.17 | 459.62 |
| 34 | 010515001010 | 现浇构件钢筋 | 钢筋种类、规格：Φ12 三级钢 | t | 97.57 | 5086.58 | 496297.17 | 445510.73 | 49006.18 | 1780.26 |
| | A5-17 | 带肋钢筋 直径 12mm | | t | 97.57 | 5086.58 | 496297.17 | 445510.73 | 49006.18 | 1780.26 |
| 35 | 010515001011 | 现浇构件钢筋 | 筋种类、规格：Φ14 三级钢 | t | 31.68 | 4741.03 | 150195.81 | 134826.16 | 14830.88 | 538.77 |
| 本页合计 | | | | | | | 1066559.55 | 957417.76 | 105315.95 | 3825.85 |

## 单位工程工程量清单与造价表（一般计税法）

工程名称：某公租房项目　　　　**表 4-9**　第 10 页　共 13 页

| 序号 | 项目编码 | 项目名称 | 项目特征描述 | 计量单位 | 工程量 | 金额（元） | | | | |
|---|---|---|---|---|---|---|---|---|---|---|
| | | | | | | 综合单价 | 合价 | 其中 | | |
| | | | | | | | | 建安费用 | 销项税额 | 附加税费 |
| | A5-18 | 带肋钢筋 直径 14mm | | t | 31.68 | 4741.03 | 150195.81 | 134826.16 | 14830.88 | 538.77 |
| 36 | 010515001012 | 现浇构件钢筋 | 钢筋种类、规格：Φ16 三级钢 | t | 12.67 | 4486.56 | 56844.76 | 51027.79 | 5613.06 | 203.91 |
| | A5-19 | 带肋钢筋 直径 16mm | | t | 12.67 | 4486.56 | 56844.76 | 51027.79 | 5613.06 | 203.91 |
| 37 | 010515001013 | 现浇构件钢筋 | 钢筋种类、规格：Φ18 三级钢 | t | 9.17 | 4297.34 | 39406.63 | 35374.12 | 3891.15 | 141.36 |
| | A5-20 | 带肋钢筋 直径 18mm | | t | 9.17 | 4297.34 | 39406.63 | 35374.12 | 3891.15 | 141.36 |
| 38 | 010515001014 | 现浇构件钢筋 | 钢筋种类、规格：Φ20 三级钢 | t | 28.18 | 4209.21 | 118615.45 | 106477.45 | 11712.52 | 425.48 |
| | A5-21 | 带肋钢筋 直径 20mm | | t | 28.18 | 4209.21 | 118615.45 | 106477.45 | 11712.52 | 425.48 |
| 39 | 010515001015 | 现浇构件钢筋 | 钢筋种类、规格：Φ22 三级钢 | t | 14.21 | 4077.38 | 57939.55 | 52010.55 | 5721.16 | 207.83 |
| | A5-22 | 带肋钢筋 直径 22mm | | t | 14.21 | 4077.38 | 57939.55 | 52010.55 | 5721.16 | 207.83 |
| 40 | 010515001016 | 现浇构件钢筋 | 钢筋种类、规格：Φ25 三级钢 | t | 18.69 | 3971.26 | 74222.8 | 66627.53 | 7329.03 | 266.24 |
| | A5-23 | 带肋钢筋 直径 25mm | | t | 18.69 | 3971.26 | 74222.8 | 66627.53 | 7329.03 | 266.24 |
| 41 | 010516003001 | 机械连接 | 连接方式：电渣压力焊 | 个 | 1184 | 6.61 | 7820.35 | 7020.09 | 772.21 | 28.05 |
| 本页合计 | | | | | | | 354849.54 | 318537.53 | 35039.13 | 1272.87 |

**单位工程工程量清单与造价表（一般计税法）**

工程名称：某公租房项目　　　　**表 4-9**　第 11 页　共 13 页

| 序号 | 项目编码 | 项目名称 | 项目特征描述 | 计量单位 | 工程量 | 金额（元） | | | | |
|---|---|---|---|---|---|---|---|---|---|---|
| | | | | | | 综合单价 | 合价 | 其中 | | |
| | | | | | | | | 建安费用 | 销项税额 | 附加税费 |
| | A5-56 | 电渣压力焊接 $\phi$14～18 | | 10 个接头 | 118.4 | 66.05 | 7820.35 | 7020.09 | 772.21 | 28.05 |
| | | 单价措施费 | | | | | 5254387.74 | 4726438.44 | 519908.24 | 18886.85 |
| 42 | 011702002001 | 矩形柱 | 1. 模板材料：竹胶合板模板钢支撑<br>2. 支撑高度：3.6m 以内 | $m^2$ | 255.39 | 67.68 | 17283.65 | 15515 | 1706.65 | 62 |
| | A13-20 换 | 现浇混凝土模板 矩形柱 竹胶合板模板钢支撑装配式混凝土结构工程现浇混凝土模板（含±0.00 以下地下室部分），如采用竹胶合板 材料［050091］含量×1.5 | | $100m^2$ | 2.5539 | 6767.55 | 17283.65 | 15515 | 1706.65 | 62 |
| 43 | 011702011001 | 直形墙 | 1. 模板材料：竹胶合板模板钢支撑；<br>2. 支撑高度：3.6mm 以内 | $m^2$ | 23747.4 | 49.32 | 1171339.03 | 1051475.08 | 115662.26 | 4201.7 |
| | A13-31 换 | 现浇混凝土模板直形墙 竹胶合板模板 钢支撑装配式混凝土结构工程现浇混凝土模板（含±0.00 以下地下室部分），如采用竹胶合板 材料［050091］含量×1.5 | | $100m^2$ | 237.474 | 4932.49 | 1171339.04 | 1051475.08 | 115662.26 | 4201.69 |
| 44 | 011702014001 | 有梁板 | | $m^2$ | 1918.95 | 73.4 | 140850.94 | 126437.56 | 13908.13 | 505.24 |
| | | 本页合计 | | | | | 1329473.62 | 1193427.64 | 131277.04 | 4768.94 |

## 单位工程工程量清单与造价表（一般计税法）

工程名称：某公租房项目　　　　**表 4-9**　第 12 页　共 13 页

| 序号 | 项目编码 | 项目名称 | 项目特征描述 | 计量单位 | 工程量 | 金额（元） | | | | |
|---|---|---|---|---|---|---|---|---|---|---|
| | | | | | | 综合单价 | 合价 | 其中 | | |
| | | | | | | | | 建安费用 | 销项税额 | 附加税费 |
| | A13-36 换 | 现浇混凝土模板 有梁板 竹胶合板模板 钢支撑装配式混凝土结构工程现浇混凝土模板（含±0.00 以下地下室部分），如采用竹胶合板 材料［050091］含量×1.5 | 1. 模板材料：竹胶合板模板钢支撑<br>2. 支撑高度：3.6m 以内 | $100m^2$ | 19.1895 | 7340 | 140850.94 | 126437.56 | 13908.13 | 505.24 |
| 45 | 011702023001 | 雨篷、悬挑板、阳台板 | 1. 模板材料：竹胶合板模板钢支撑<br>2. 支撑高度：3.6m 以内 | $m^2$ | 30.37 | 155.42 | 4720.1 | 4237.09 | 466.08 | 16.93 |
| | A13-44 换 | 现浇混凝土模板 悬挑板（阳台、雨篷）直形 木模板木支撑装配式混凝土结构工程现浇混凝土模板（含±0.00 以下地下室部分），如采用木模板 材料［050090］含量×1.5 | | $10m^2$ 投影面积 | 3.037 | 1554.2 | 4720.1 | 4237.09 | 466.08 | 16.93 |
| 46 | 011701001001 | 综合脚手架 | 1. 建筑物结构：框剪结构<br>2. 檐口高度：97.6m | $m^2$ | 20197.83 | 68.12 | 1375810.25 | 1235022.61 | 135852.48 | 4935.16 |
| | A12-16 换 | 综合脚手架 框架、剪力墙结构多高层建筑 檐口高 110m 以内 20m 以上 材料［010610］含量为 60 装配式混凝土结构、装配式钢结构的综合脚手架 单价×0.85 | | $100m^2$ | 201.9783 | 6811.67 | 1375810.26 | 1235022.62 | 135852.49 | 4935.15 |
| 47 | 011703001001 | 垂直运输 | | 天 | 604.12 | 1840.3 | 1111763.5 | 997995.95 | 109779.55 | 3987.99 |
| | | 本页合计 | | | | | 2492293.85 | 2237255.65 | 246098.11 | 8940.08 |

## 单位工程工程量清单与造价表（一般计税法）

工程名称：某公租房项目　　　　**表 4-9**　第 13 页　共 13 页

| 序号 | 项目编码 | 项目名称 | 项目特征描述 | 计量单位 | 工程量 | 金额（元） | | | | |
|---|---|---|---|---|---|---|---|---|---|---|
| | | | | | | 综合单价 | 合价 | 其中 | | |
| | | | | | | | | 建安费用 | 销项税额 | 附加税费 |
| | A14-6 | 垂直运输工程 建筑物地面以上 塔吊 建筑檐口高 120m 以内 | | 台班 | 604.12 | 1840.3 | 1111763.5 | 997995.95 | 109779.55 | 3987.99 |
| 48 | 011704001001 | 超高施工增加 | 1. 建筑物结构：框剪结构；<br>2. 檐口高度 97.6m | $m^2$ | 16449.64 | 87.09 | 1432620.27 | 1286019.22 | 141462.12 | 5138.93 |
| | A15-2 | 多层建筑物超高增加费 檐高 100m 以内 | | $100m^2$ | 164.4964 | 8709.13 | 1432620.27 | 1286019.22 | 141462.11 | 5138.93 |
| | | | | | | | | | | |
| | | | | | | | | | | |
| | | | | | | | | | | |
| | | | | | | | | | | |
| | | | | | | | | | | |
| 本页合计 | | | | | | | 1432620.27 | 1286019.22 | 141462.12 | 5138.93 |
| 累　计 | | | | | | | 28181306.54 | 25297493.44 | 2782724.26 | 101088.82 |

注：多孔砖墙为架空层墙砌体，有梁板模板以及雨棚、悬挑板、阳台板模板为 1～3 层及屋面机房现浇有梁板、雨棚、悬挑板、阳台板模板。

## 4.4 案例分析

### 4.4.1 编制说明

**1. 工程概况**

（1）工程名称：某住宅项目

（2）建设地点：长沙市

（3）结构形式：装配整体式剪力墙结构，共18层：层高：2.9m

（4）总建筑面积：11709$m^2$　标准层建筑面积：627.38$m^2$

（5）抗震设防：抗震设防烈度为6度

**2. 计算依据**

（1）本工程的清单工程量计算严格按照《房屋建筑与装饰工程工程量计价规范》GB 50584—2013、《建筑工程建筑面积计算规范》GB/T 50353—2013等规范文件进行编制；

（2）本工程的定额工程量计算严格按照《湖南省建筑工程消耗量标准》(2014版)、《湖南省装修工程消耗量标准》(2014版)、《湖南省安装工程消耗量标准》(2014版)；

（3）人工工资单价湘建价〔2014〕112号文；

（4）取费文件湘建价〔2016〕160号文；

（5）材料价格参考长沙造价信息2018年第1期及长沙地区市场价；

（6）湖南省住房和城乡建设厅关于印发《湖南省装配式建设工程消耗量标准（试行)》的通知湘建价〔2016〕237号文。

**3. 报价范围**

本工报价范围为PC构件的吊装（包括成品构件材料费)、外墙板拼缝打胶、砌体、轻质墙板、钢筋制作及绑扎、模板安拆、垂直运输、脚手架搭拆及超高增加费用。

### 4.4.2 工程图纸

**1. 建筑图**

见图4-79。

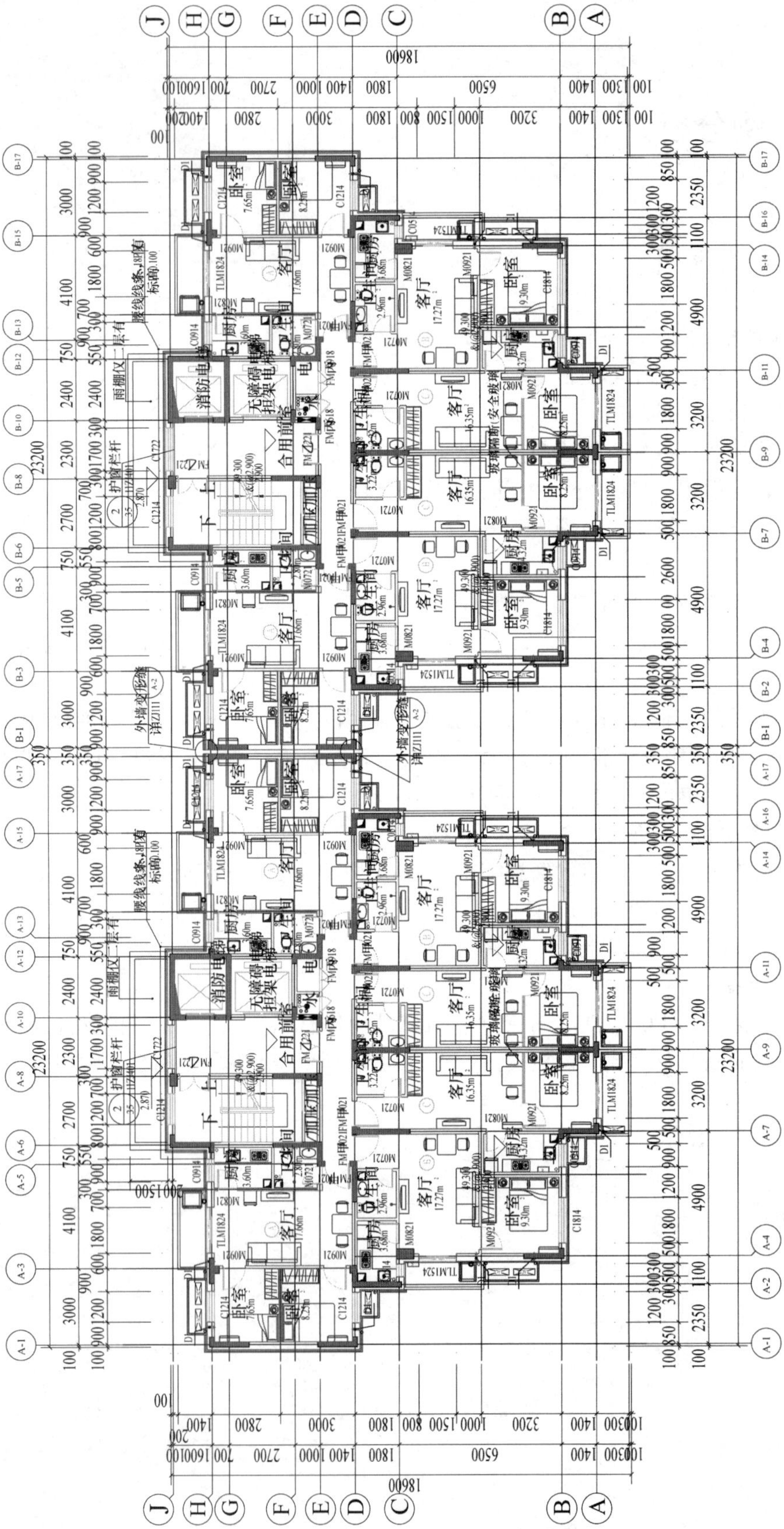

图 4-79 标准层建筑平面图（详图见文末插页）

**2. 结构图**

见图 4-80～图 4-84。

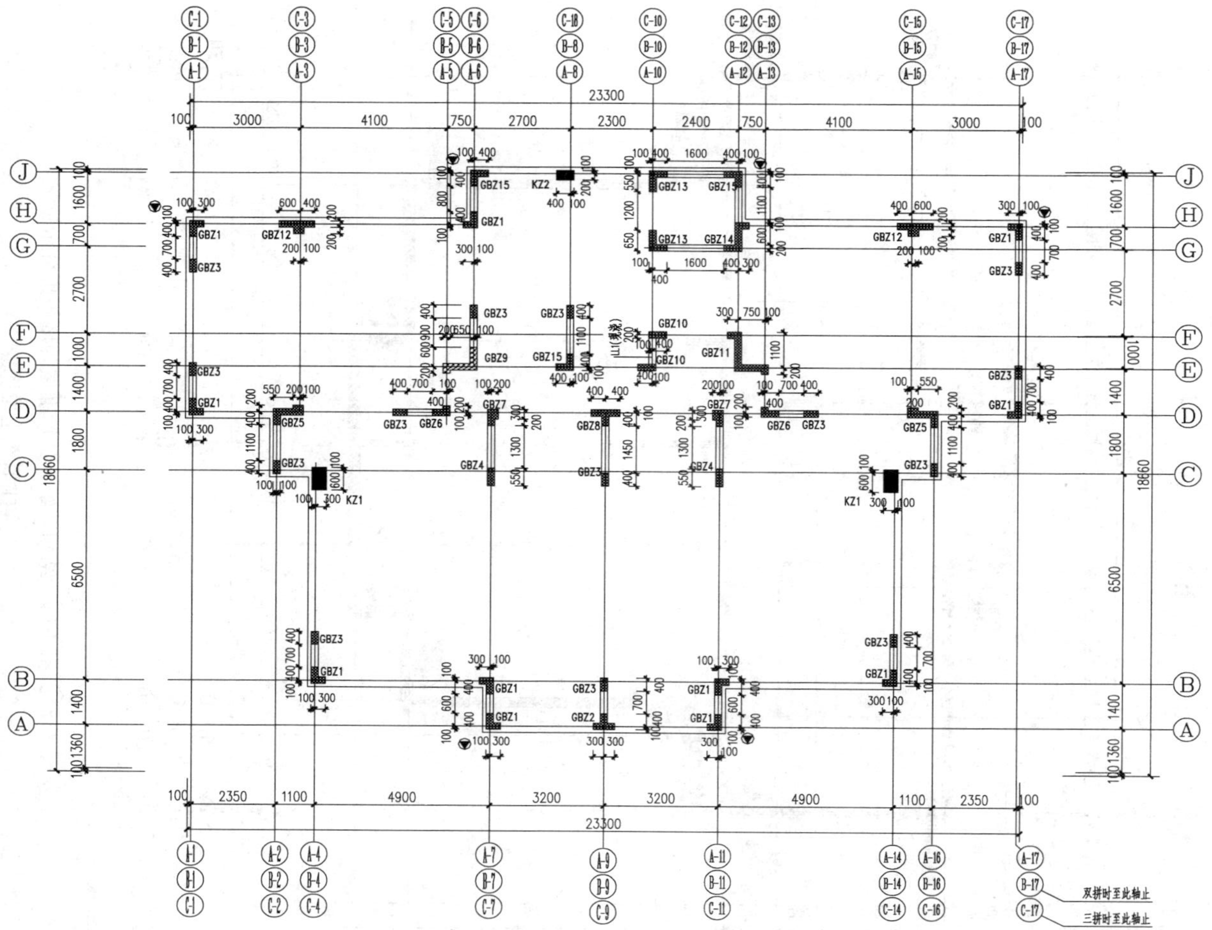

图 4-80　结构图纸一：标准层墙柱平面定位图

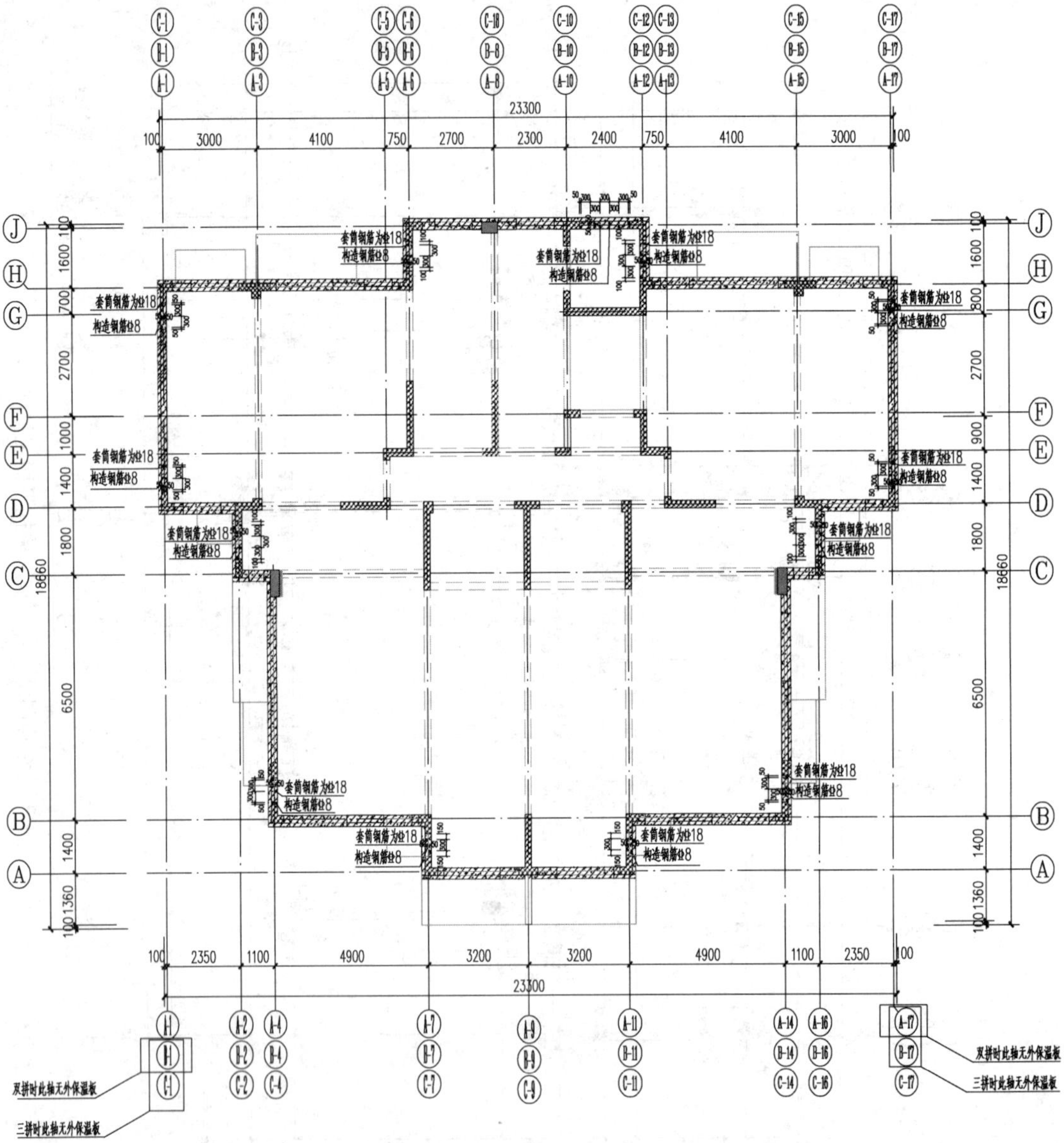

图 4-81　结构图纸二：标准层外墙板拆分示意柱平面定位图

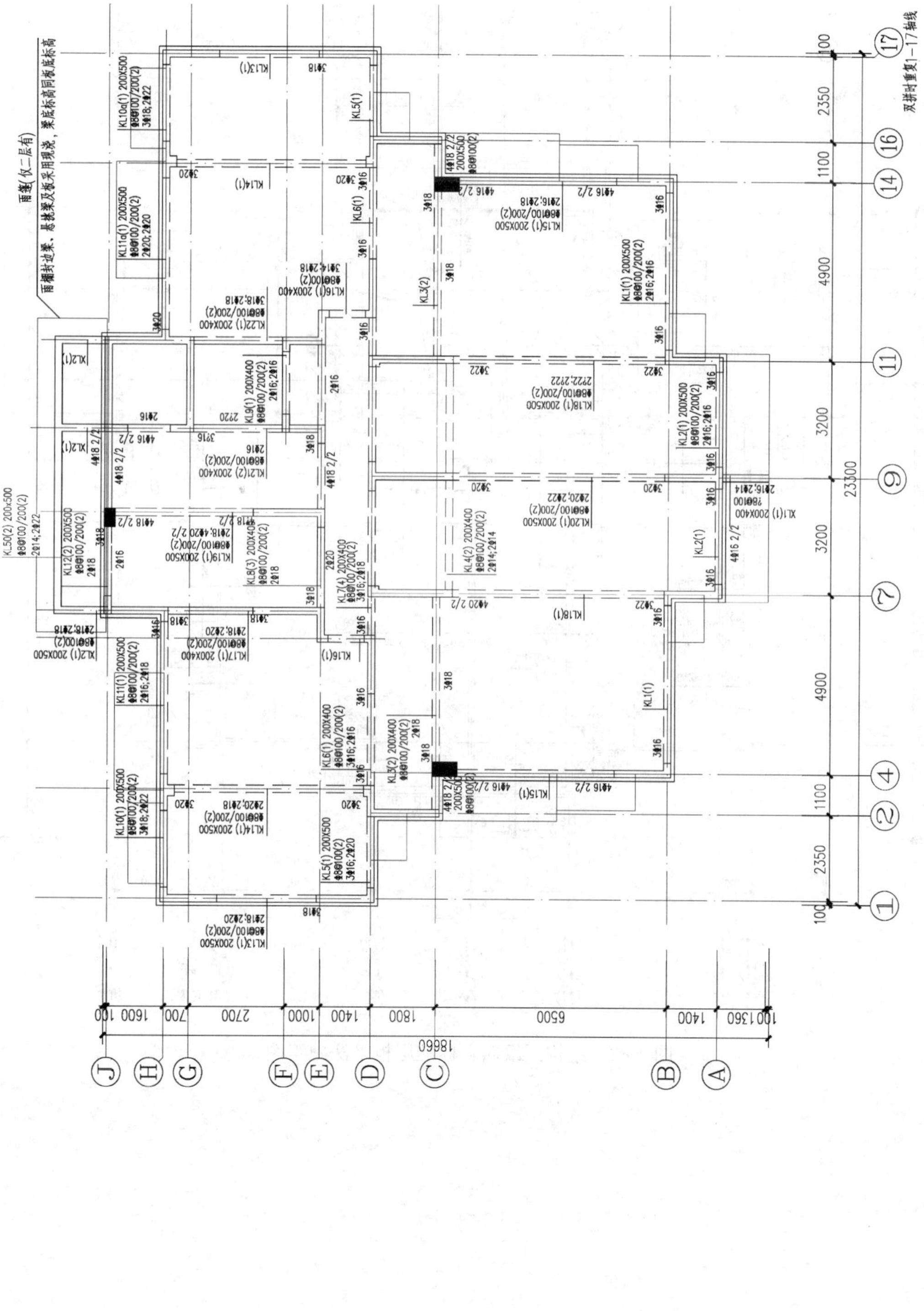


图 4-82 结构图纸三：标准层梁平法施工图

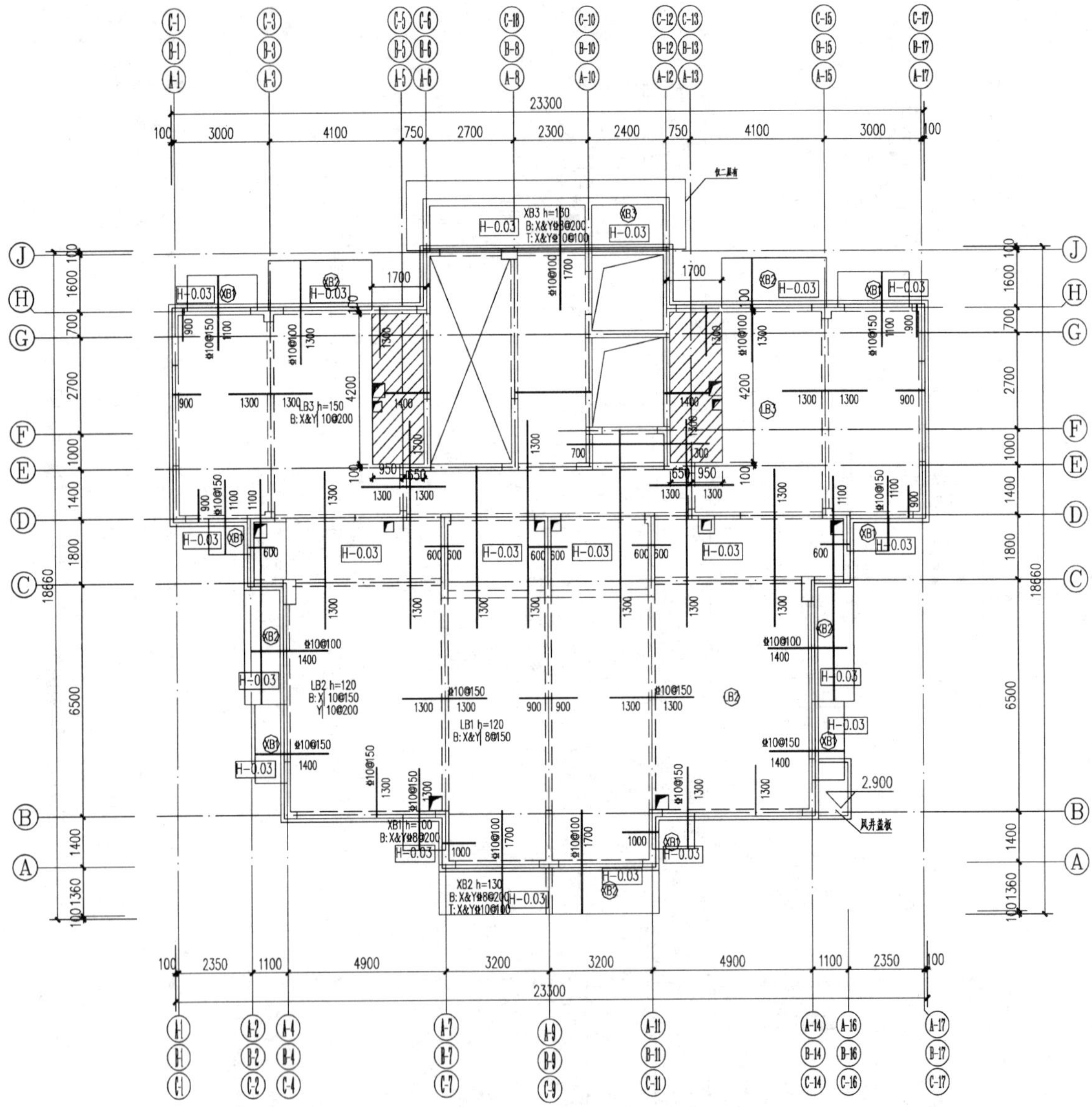


图 4-83　结构图纸四：标准层板平法施工图

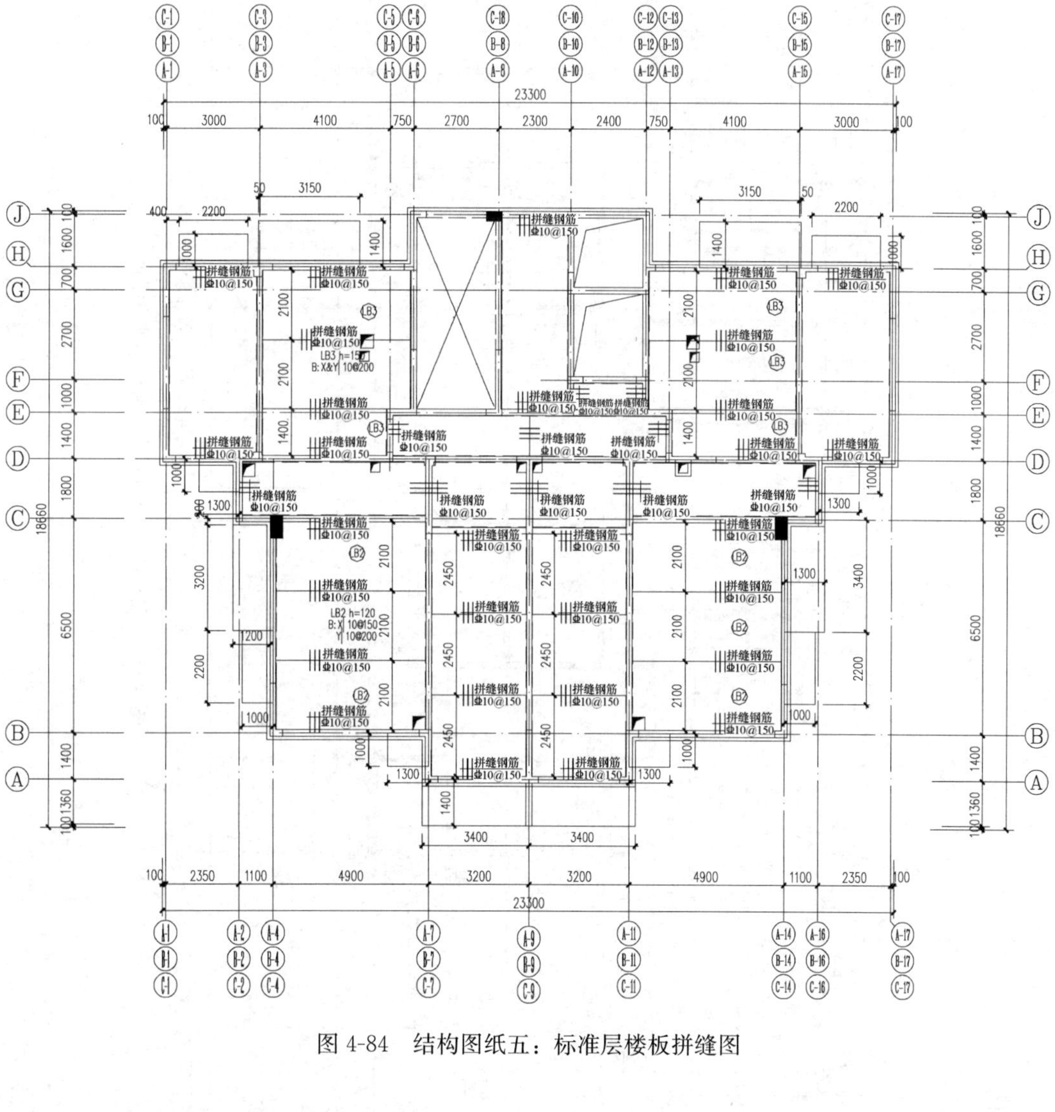

图 4-84　结构图纸五：标准层楼板拼缝图

### 3. 工艺图

见图 4-85～图 4-89。

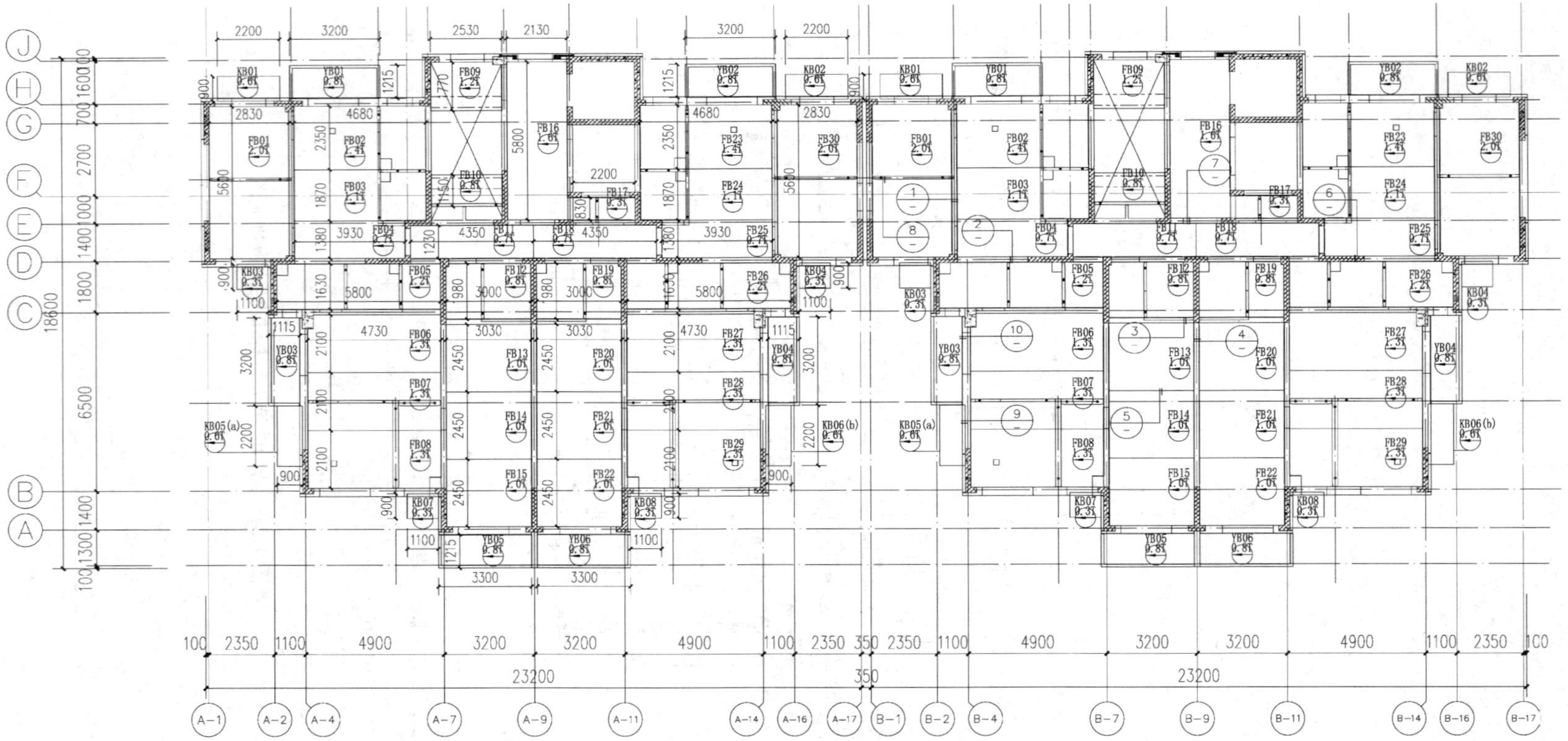

图 4-85　工艺图一：标准层预制楼板平面图

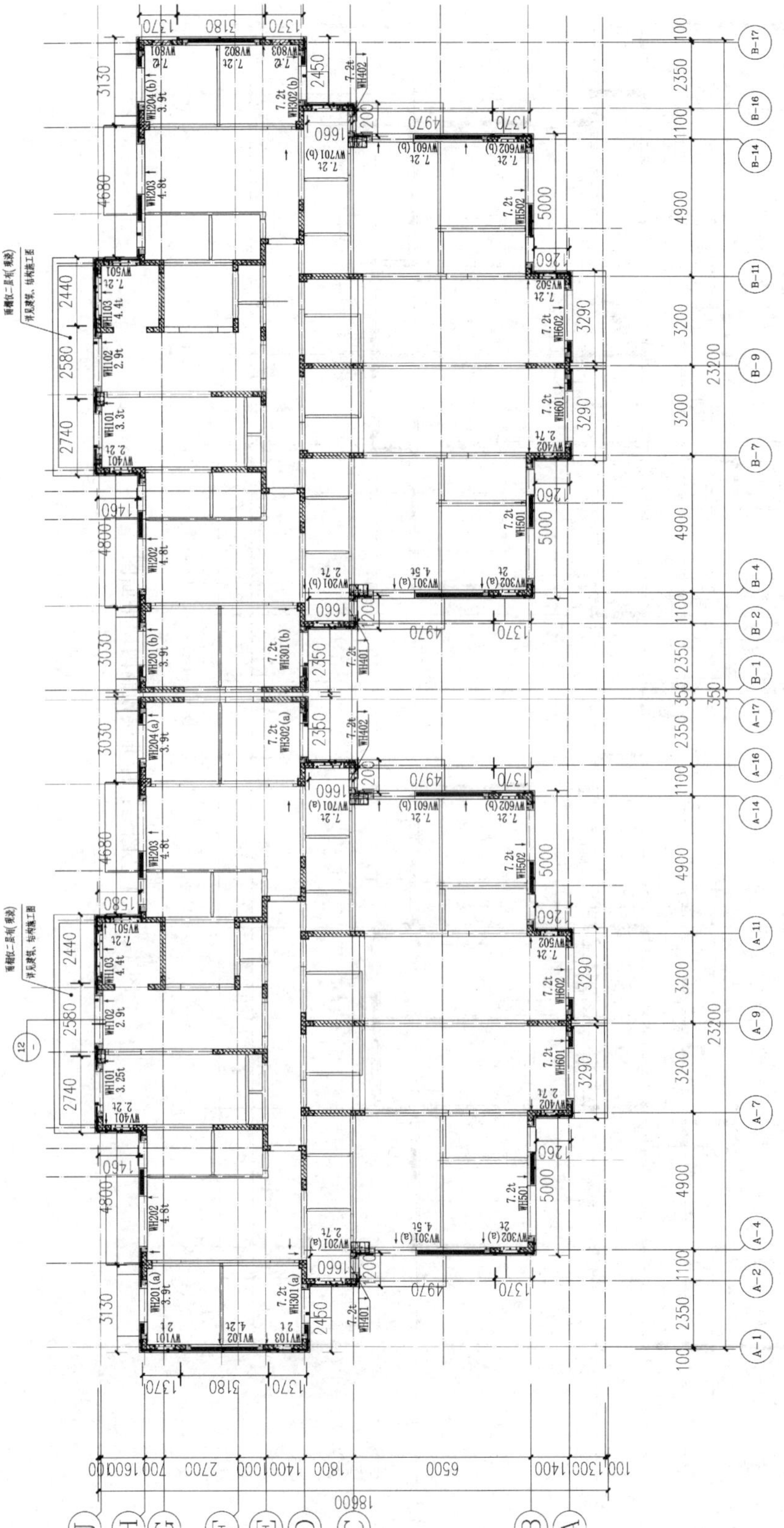

图 4-86　工艺图二：标准层外墙板平面布置图

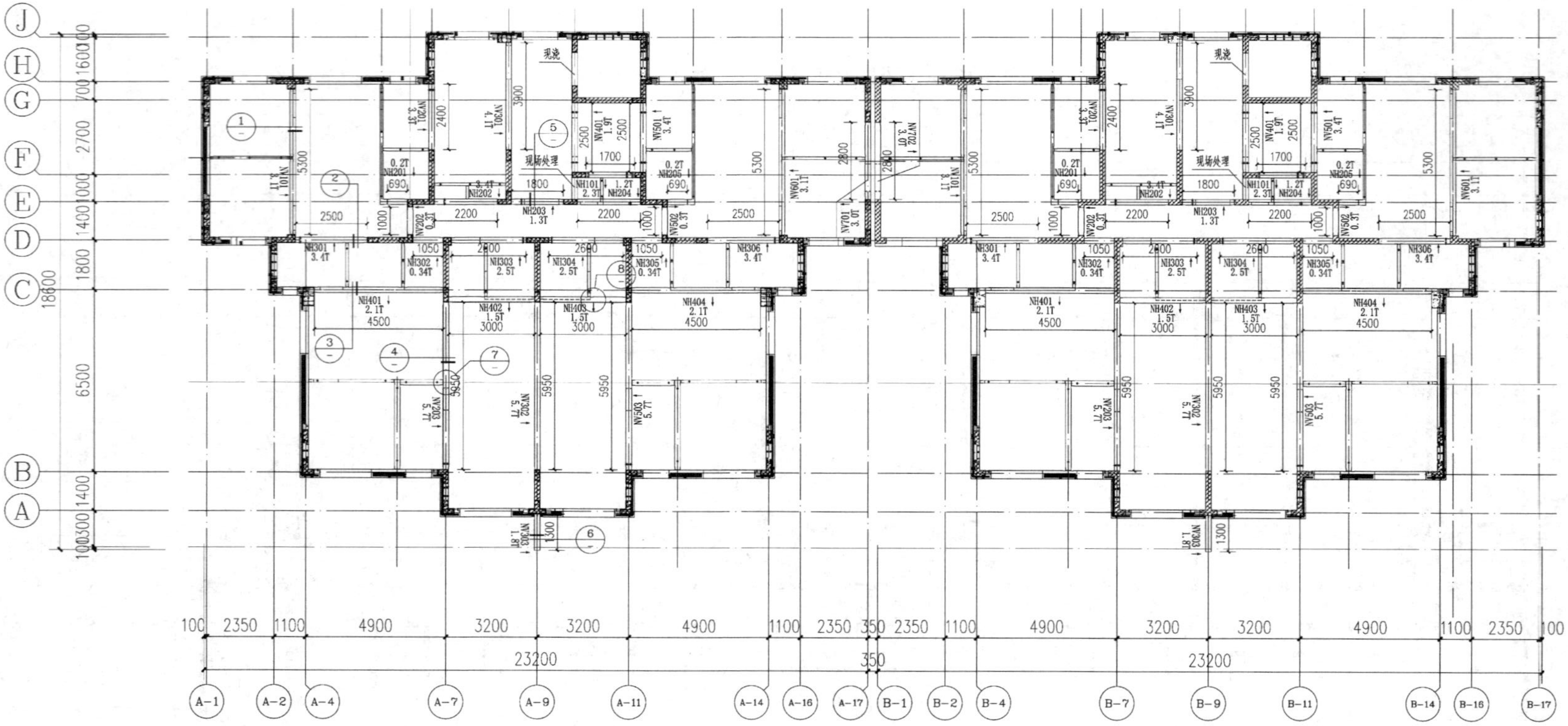


图 4-87　工艺图三：标准层预制内墙平面图

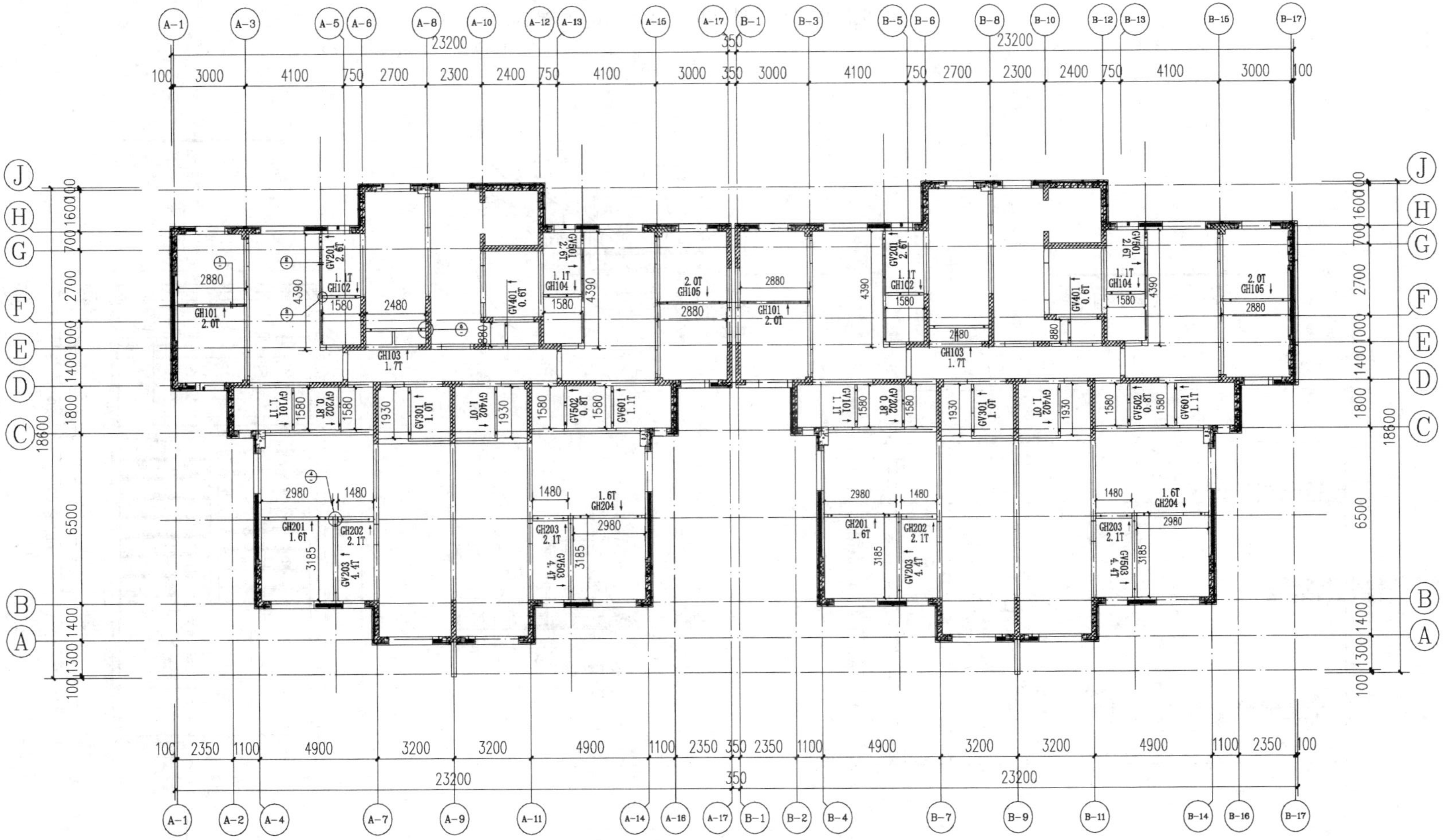


图 4-88　工艺图四：标准层预制隔墙平面图

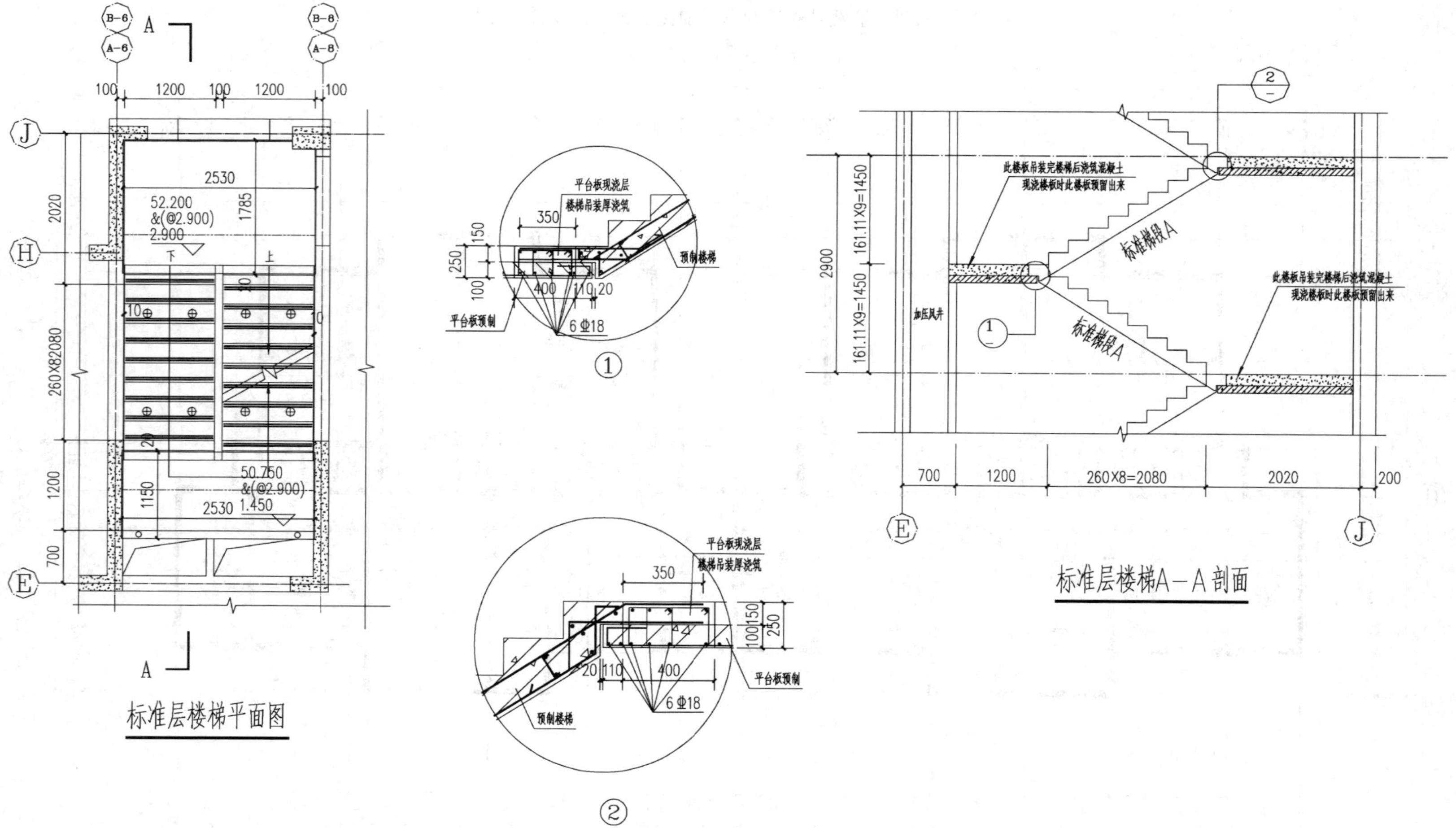


图 4-89　工艺图五：标准层楼梯平面图

## 4.4.3 工程量计算

### 4.4.3.1 装配式混凝土结构工程量计算规则

1. 装配式混凝土结构工程清单项目设置及工程量计算规则同 4.3 案例
2. 装配式混凝土结构工程定额工程量计算规则同 4.3 案例

### 4.4.3.2 工程量计算式

**1. PC 叠合板 清单编码：B010518005001**

以标准层叠合板 FB01 为例（图 4-90）

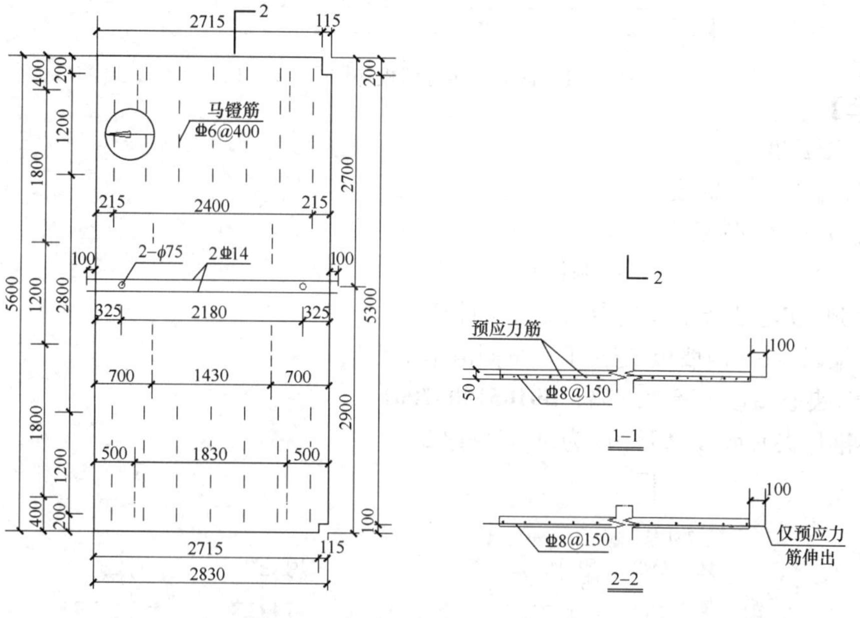


图 4-90 标准层叠合板详图：FB01

$$V = (2.83 \times 5.6 - 0.1 \times 0.115 - 0.2 \times 0.115) \times 0.05 = 0.791\text{m}^3$$

**【注释】**

2.83——长度

5.6——宽度

0.1×0.115−0.2×0.115——柱脚

0.05——叠合板预制部分板厚

其他 PC 叠合板工程量参照此方法计算

定额编码 G1-5 叠合板 定额工程量同清单工程量

**2. PC 实心墙板 清单编码：B010518006001**

以标准层实心墙板 NV101 为例（图 4-91）

$$V = (5.3 \times 2.38 \times 0.1 + 5.3 \times 0.35 \times 0.2 - 2.14 \times 0.9 \times 0.1 \times 2) = 1.247\text{m}^3$$

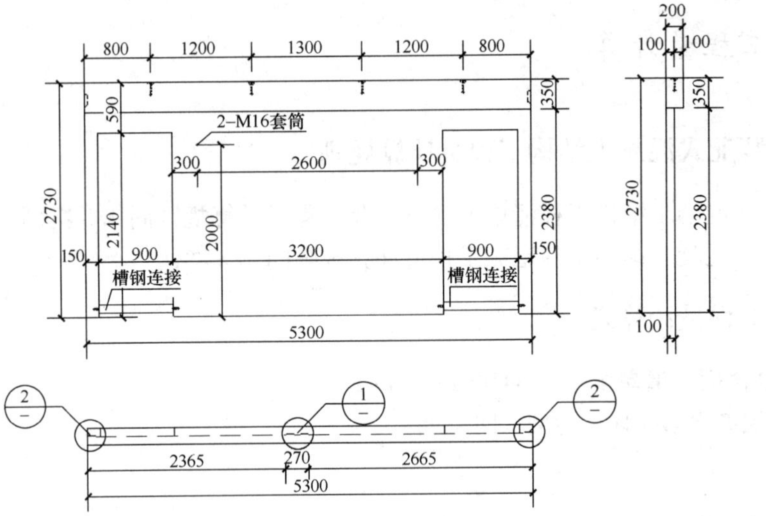


图 4-91 标准层实心墙板详图：NV101

【注释】

5.3——长度

2.38、0.35——高度

0.1、0.2——厚度

2.14×0.9×0.1×2——门洞体积

其他 PC 实心墙板工程量参照此方法计算

定额编码 G1-8 内墙板 定额工程量同清单工程量

**3. PC 夹心墙板　清单编码：B010518007001**

以标准层夹心墙板 WH103 为例（图 4-92）

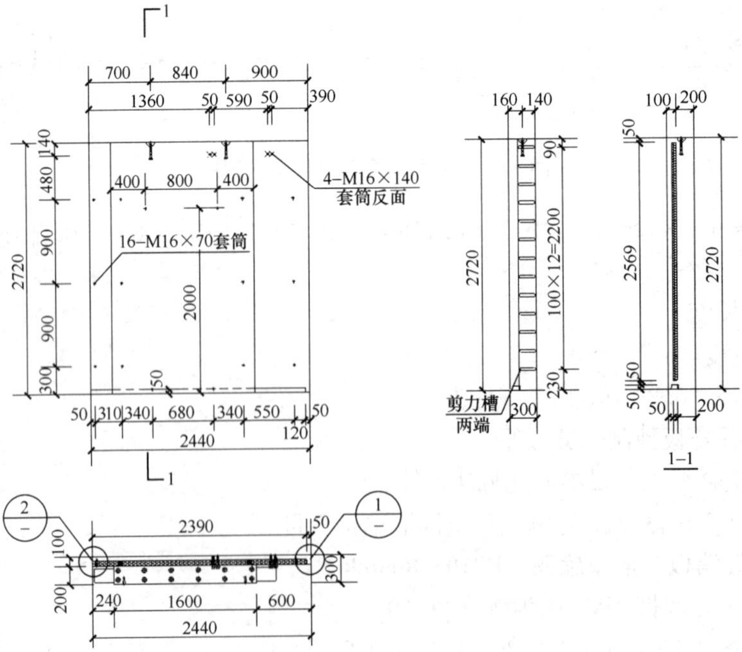


图 4-92 标准层夹心墙板详图：WH103

$$V = 2.44 \times 2.72 \times 0.3 - (0.24 + 0.6) \times 2.72 \times 0.2 = 1.534\text{m}^3$$

$N$=12 个×块数

【注释】

2.44——长度

2.72——高度

0.3——厚度

(0.24+0.6) ×2.72×0.2——凹槽接口部分

N——套筒注浆

其他 PC 夹心墙板工程量参照此方法计算

定额编码 G1-10 夹心保温剪力墙外墙板、G-26 套筒注浆　定额工程量同清单工程量

**4. PC 外挂墙板　清单编码：B010518010001**

以标准层外挂墙板 WH201（a）为例（图 4-93）

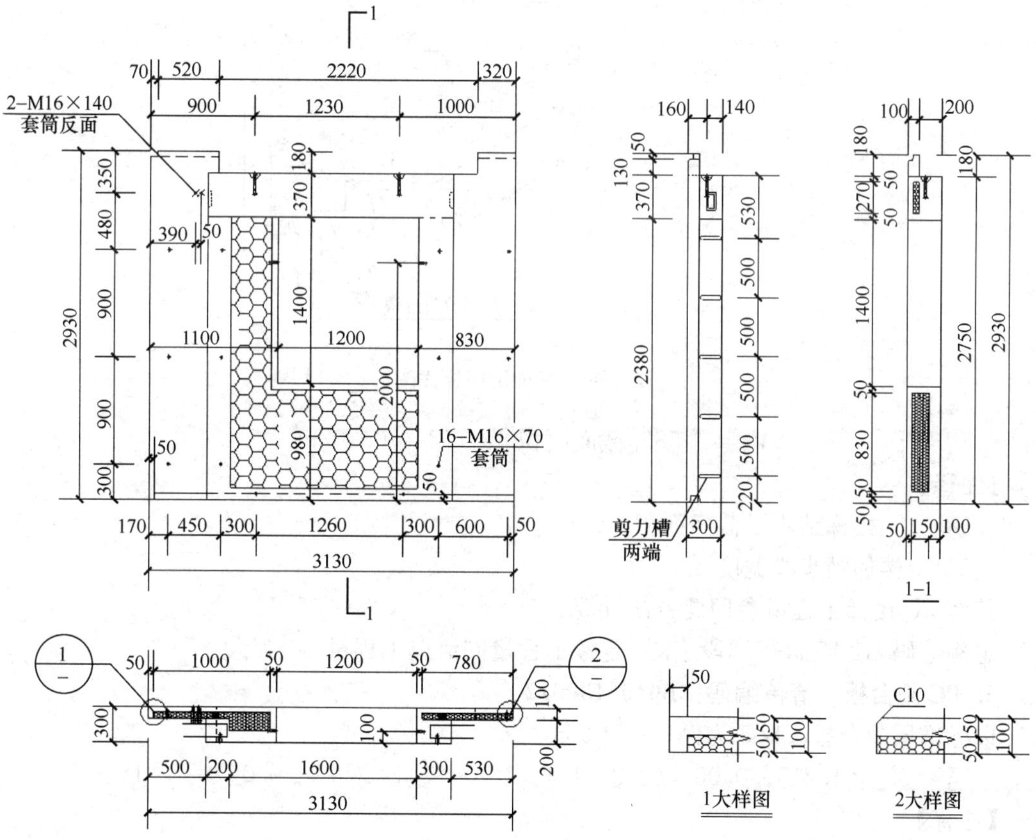


图 4-93　标准层外挂墙板详图：WH201（a）

$$V = 3.13 \times 2.75 \times 0.3 - (0.5 + 0.53) \times 2.75 \times 0.2 + (0.07 + 0.52 + 0.32) \times 0.13 \times 0.1 = 2.028\text{m}^3$$

【注释】

3.13——长度

2.75——高度

0.3——厚度

(0.5+0.53) ×2.75×0.2——凹槽接口部分

(0.07+0.52+0.32) ×0.13×0.1——上企口部分

其他 PC 实心墙板工程量参照此方法计算

定额编码 G1-16 外挂墙板 定额工程量同清单工程量

**5. PC 楼梯　清单编码：B010518011001**

以标准层楼梯为例（图 4-94）

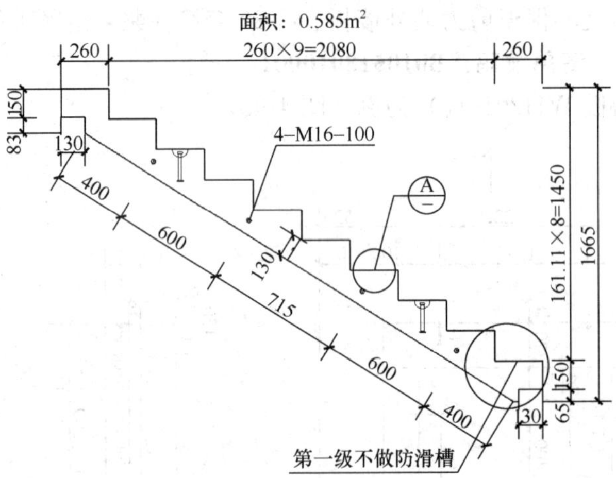


图 4-94　标准层楼梯详图

$$V = 0.585[\text{截面面积}] \times 1.2 = 0.702\text{m}^3$$

**【注释】**

0.585——楼梯踏步段截面面积

1.2——楼梯踏步段宽度

其他 PC 楼梯工程量参照此方法计算

定额编码 G1-17 直行梯段 简支 定额工程量同清单工程量

**6. PC 阳台板　清单编码：B0105180012**

以标准层阳台板 YB05 为例（图 4-95）

$$V=3.3\times1.215\times0.06+(3.3+1.115\times2)\times0.1\times(0.2-0.06)=0.318\text{m}^3$$

**【注释】**

3.3——阳台长

1.215——阳台宽

0.06——阳台预制部分厚度

(3.3+1.115×2) ×0.1× (0.2−0.06) ——阳台反边体积

其他 PC 阳台板工程量参照此方法计算

定额编码 G1-19　叠合板式阳台定额工程量同清单工程量

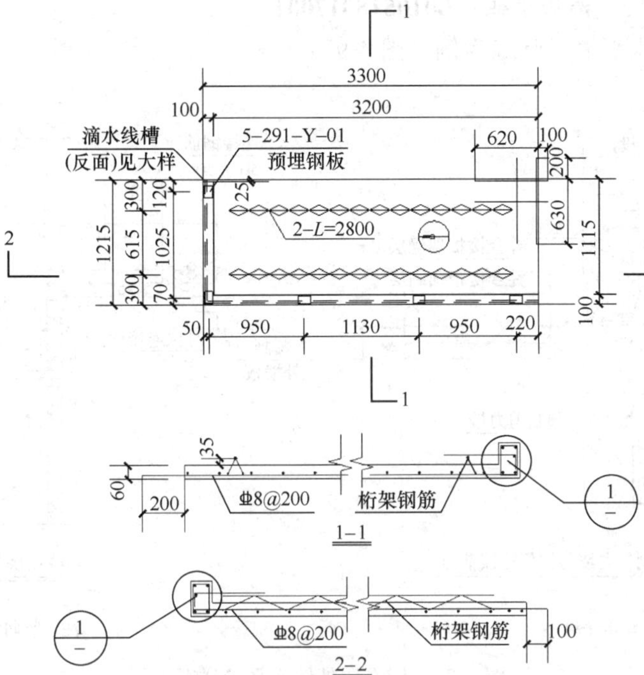


图 4-95　标准层阳台板详图：YB05

**7. PC 空调板　清单编码：B010518013001**

以标准层空调板 KB01 为例（图 4-96）

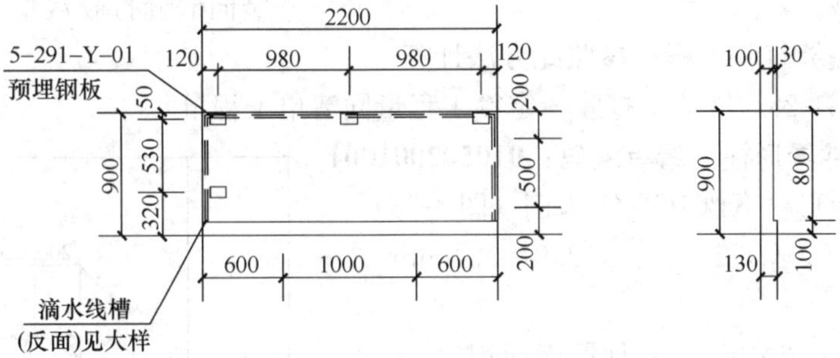


图 4-96　标准层空调板详图：KB01

$$V=2.2\times0.9\times0.1+2.2\times0.1\times0.03=0.205\text{m}^3$$

**【注释】**

2.2——空调板长

0.9——空调板宽

0.1——空调板厚度

2.2×0.1×0.03——空调板反边体积

其他 PC 空调板工程量参照此方法计算

定额编码 G1-22　空调板　定额工程量同清单工程量

**8. 外墙嵌缝打胶　清单编码：B010518017001**

以标准层外墙水平缝、竖缝为例（图 4-97）

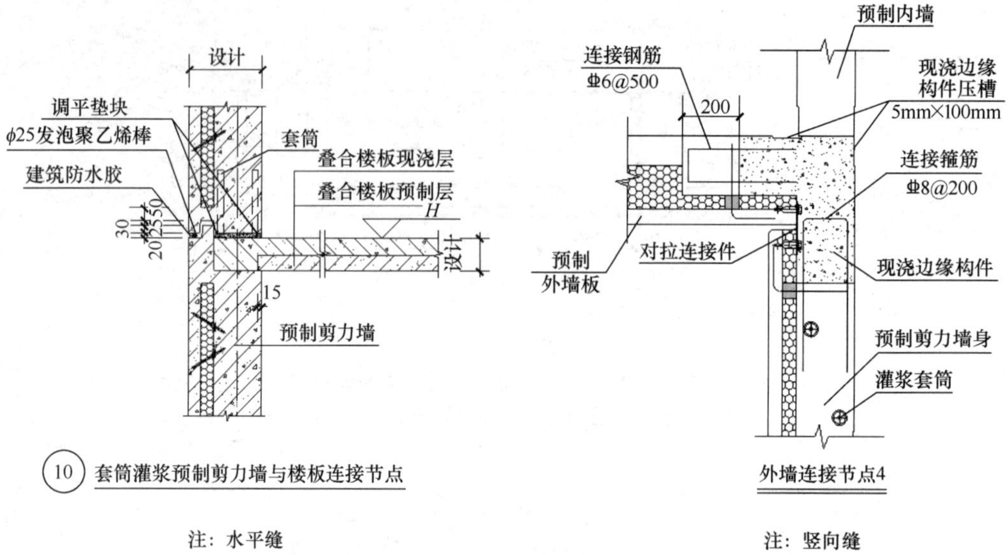


图 4-97　标准层外墙水平缝详图

$L = 152 \times 18 = 2736$m

**【注释】**

152——楼层外墙平面周长

18——层数

$L =（0.3 + 57.3）\times 48 = 2764.8$m

**【注释】**

（0.3＋57.3）——室外地坪至檐口距离

48——竖向嵌缝打胶数量

其他外墙嵌缝打胶工程量参照此方法计算

定额编码 G1-28　嵌缝、打胶　定额工程量同清单工程量

**9. 现浇构件异形柱　清单编码：010502001001**

以标准层矩形柱 KB01GBZ1 为例（图 4-98）

$V = (0.4 \times 0.2 + 0.2 \times 0.3) \times 2.9 = 0.406\text{m}^3$

**【注释】**

0.4×0.2＋0.2×0.3——柱截面面积

2.9——层高

其他现浇柱工程量参照此方法计算

定额编码 A5-109　商品砼构件　墙柱　定额工程量同清单工程量

| | |
|---|---|
| 截面 | 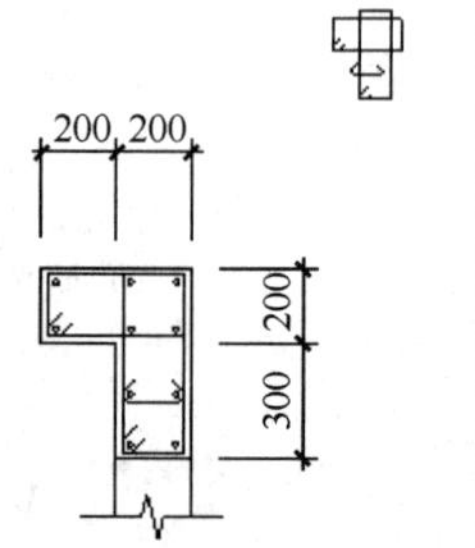 |
| 编号 | GBZ1 |
| 标高 | 0.000~52.200 |
| 纵筋 | 10⌀20 |
| 箍筋 | ⌀8@200 |

图 4-98　标准层矩形柱详图：KB01GBZ1

**10. 现浇混凝土有梁板　清单编码：010505001001**

以标准层 PC 叠合板 FB01 为例（图 4-99）

$V = (2.83 \times 5.6 - 0.1 \times 0.115 - 0.2 \times 0.115) \times (0.12 - 0.05) = 1.107\text{m}^3$

$V_{梁}[D \sim H/A3KL14(1)] = 5.5 \times 0.2 \times 0.12 = 0.132\text{m}^3$

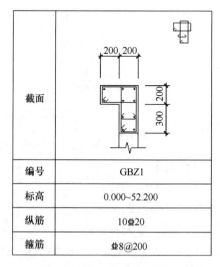

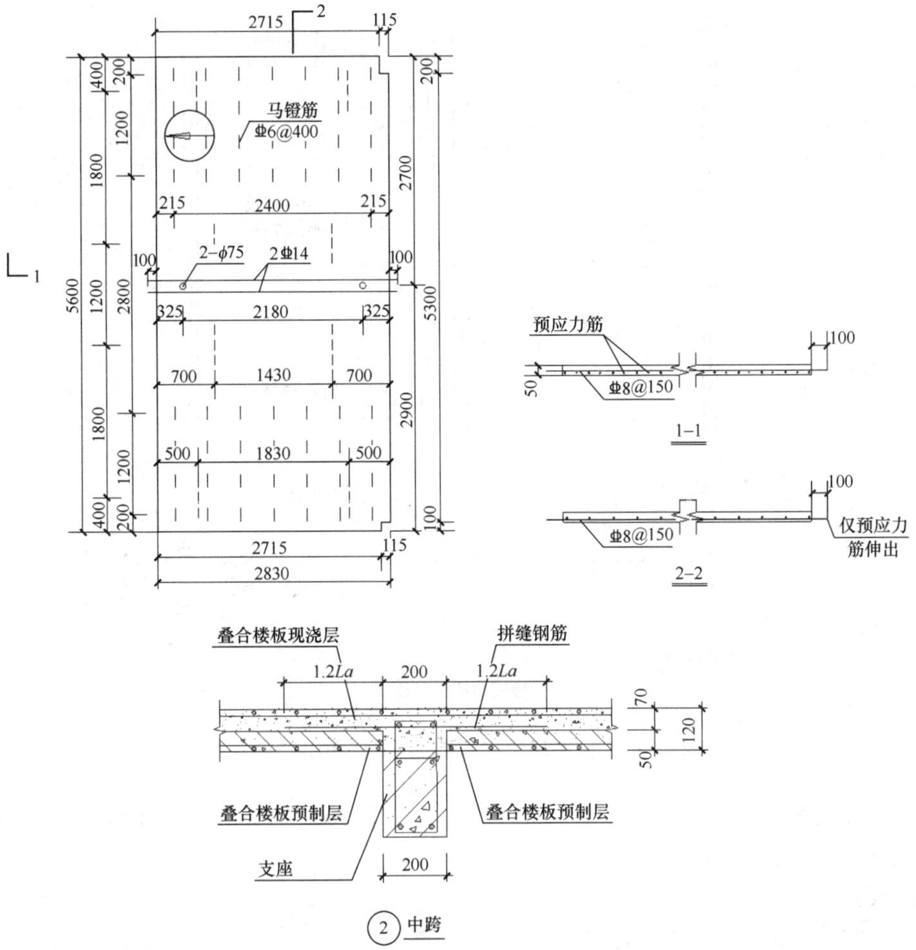


图 4-99　标准层 PC 叠合板详图：FB01

**【注释】**

2.83——板长度

5.6——板宽度

0.1×0.115−0.2×0.115——柱脚

(0.12−0.05）——叠合板现浇部分板厚

5.5——梁长

0.2——梁宽

0.12——叠合梁现浇部分的高度

其他 PC 叠合板、叠合梁现浇部分工程量参照此方法计算

定额编码 A5-108　商品砼构件　梁板　定额工程量同清单工程量

**11. 钢筋　清单编码：010515001001**

PC 构件产品为成品构件，成品构件价格已含构件内钢筋、混凝土、保温材料、水电预埋材料、预埋件等材料费，因此 PC 构件内的材料不再单独计算。仅计算现浇构件墙、柱、梁、板等钢筋，以及叠合梁板现浇部分的上部钢筋、叠合板拼缝钢筋、隔墙插筋。

以标准层拼缝板钢筋 FB13 与 FB14 为例（图 4-100）

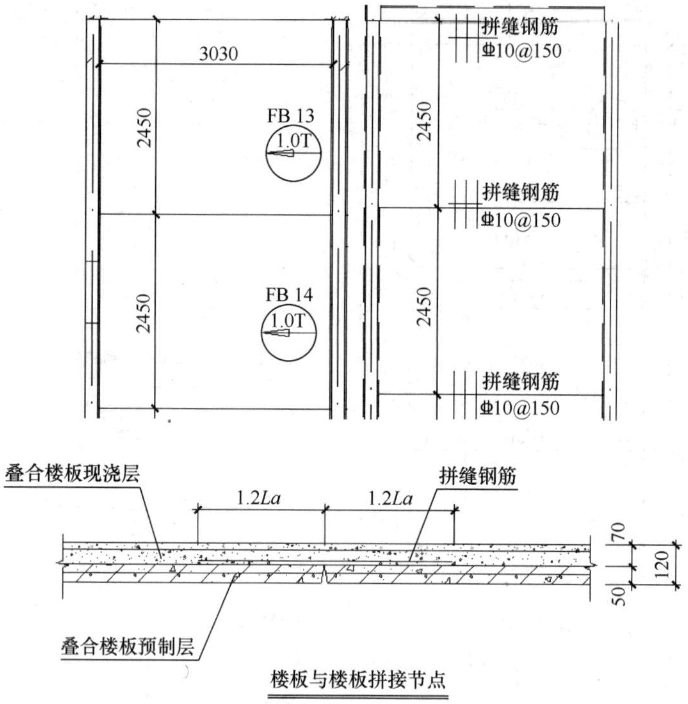


图 4-100　标准层拼缝板钢筋详图：FB13、FB14

G1 拼缝钢筋＝1.2×35×0.01×2×[(3.03－0.05×2)÷0.15＋1]×0.617kg/m＝10.88kg(分布钢筋另计)

**【注释】**

1.2×35×0.01——1.2 倍 La×D

[(3.03－0.05×2)÷0.15]＋1——根数＝分布距离除以间距向上取整加 1

0.617——钢筋每米重量

其他钢筋工程拼缝钢筋工程量参照此方法计算

定额编码 A5-16　带肋钢筋　直筋 10mm　定额工程量同清单工程量

**12. 异形柱模板　清单编码：011702004002**

以标准层异形柱 GBZ1（Ⓐ1/Ⓗ轴）为例

$$S=(0.3+0.2)\times 2.9=1.45\text{m}^2$$

**【注释】**

0.3、0.2——异性柱内边长

2.9——层高

若与该柱相连剪力墙为预制构件，则该构件按异形柱计算

定额编码：A13-21　现浇混凝土异形柱　工程量同清单工程量

注意：现浇构件墙柱模板工程量需扣除与预制构件接触处的面积；叠合梁板处取消模板

### 4.4.4 清单与计价

**单位工程工程量清单与造价表（一般计税法）**

**表 4-10**

工程名称：某住宅项目　　　　第 1 页　共 9 页

| 序号 | 项目编码 | 项目名称 | 项目特征描述 | 计量单位 | 工程量 | 金额（元） | | |
|---|---|---|---|---|---|---|---|---|
| | | | | | | 综合单价 | 合价 | 其中暂估价 |
| | | 整个项目 | | | | | 15162958.54 | |
| 1 | B010518004 | PC 叠合楼板 | 1. 板厚度：50mm　2. 混凝土强度等级 C35　3. 钢筋种类、规格及含量：含量 $169kg/m^3$，规格详图纸　4. 其他预埋要求：水电线管及底盒预埋 | $m^3$ | 733.73 | 3164.15 | 2321630.80 | |
| | G1-5 | 叠合板　吊装室外地面至檐口高度≤80m 人工×1.1. 机械×1.1 | | $10m^3$ | 73.37 | 31641.49 | 2321630.80 | |
| 2 | B010518006 | PC 实心墙板 | 1. 板厚度：200mm、100mm　2. 混凝土强度等级　C35　3. 钢筋种类、规格及含量：含量 $70kg/m^3$，规格详结构图纸 4. 其他预埋要求：水电线管及底盒预埋 5. 灌（嵌）缝材料种类：抗裂砂浆 | $m^3$ | 1063.32 | 2939.05 | 3125148.25 | |
| | G1-8 | 实心剪力墙内墙板墙厚≤200mm　吊装室外地面至檐口高度≤80m　人工×1.1. 机械×1.1 | | $10m^3$ | 106.33 | 29390.48 | 3125148.25 | |
| 3 | B010518007 | PC 夹心墙板 | 1. 板厚度：300mm　2. 混凝土强度等级　C35　3. 钢筋种类、规格及含量含量 $93kg/m^3$，规格详结构图纸　4. 其他预埋要求：水电线管及底盒预埋　5. 灌（嵌）缝材料种类：抗裂砂浆 | $m^3$ | 1431.98 | 3213.99 | 4602370.16 | |
| | G1-10 | 夹心保温剪力墙外墙板墙厚≤300mm　吊装室外地面至檐口高度≤80m　人工×1.1. 机械×1.1 | | $10m^3$ | 143.20 | 32037.77 | 4587744.95 | |
| | G1-26 | 套筒注浆钢筋直径≤$\phi$18mm | | 10 个 | 150.80 | 96.98 | 14625.21 | |
| 4 | B0105180010 | PC 外挂墙板 | 1. 板厚度：300mm | $m^3$ | 279.90 | 3273.79 | 916332.62 | |
| | 本页小计 | | | | | | 10965481.83 | |

## 单位工程工程量清单与造价表（一般计税法）

**表 4-10**

工程名称：某住宅项目　　　　第 2 页　共 9 页

| 序号 | 项目编码 | 项目名称 | 项目特征描述 | 计量单位 | 工程量 | 金额（元） | | |
|---|---|---|---|---|---|---|---|---|
| | | | | | | 综合单价 | 合价 | 其中<br>暂估价 |
| | G1-16 | 外挂墙板墙厚＞200mm　吊装室外地面至檐口高度≤80m　人工×1.1　机械×1.1 | 2. 混凝土强度等级：C35　3. 钢筋种类、规格及含量：规格详工艺图，含量为59kg/$m^3$　4. 其他预埋要求：水电线管及底盒预埋 | 10$m^3$ | 27.99 | 32737.86 | 916332.62 | |
| 5 | B010518011 | PC 楼梯 | 1. 结构形式：简支　2. 钢筋种类、规格及含量：含量 120kg/$m^3$，规格详图纸　3. 混凝土强度等级　C35　4. 其他预埋要求：水电线管及底盒预埋 | $m^3$ | 38.40 | 2965.13 | 113860.85 | |
| | G1-17 | 直行梯段简支　吊装室外地面至檐口高度≤80m　人工×1.1. 机械×1.1 | | 10$m^3$ | 3.84 | 29651.26 | 113860.85 | |
| 6 | B010518012 | PC 阳台板 | 1. 板厚度：60mm　2. 混凝土强度等级　C35　3. 钢筋种类、规格及含量：含量179kg/$m^3$，规格详图纸　4. 其他预埋要求：水电线管及底盒预埋 | $m^3$ | 31.94 | 3543.53 | 113180.25 | |
| | G1-19 | 叠合板式阳台　吊装室外地面至檐口高度≤80m　人工×1.1　机械×1.1 | | 10$m^3$ | 3.20 | 35435.27 | 113180.25 | |
| 7 | B010518013 | PC 空调板 | 1. 板厚度：100mm　2. 混凝土强度等级　C35　3. 钢筋种类、规格及含量：含量 100kg/$m^3$，规格详图纸 | $m^3$ | 17.91 | 3804.65 | 68141.22 | |
| | 本页小计 | | | | | | 295182.32 | |

**单位工程工程量清单与造价表（一般计税法）**

**表 4-10**

工程名称：某住宅项目　　　　第 3 页　共 9 页

| 序号 | 项目编码 | 项目名称 | 项目特征描述 | 计量单位 | 工程量 | 金额（元） | | |
|---|---|---|---|---|---|---|---|---|
| | | | | | | 综合单价 | 合价 | 其中<br>暂估价 |
| | G1-22 | 空调板　吊装室外地面至檐口高度≤80m　人工×1.1. 机械×1.1 | | $10m^3$ | 1.79 | 38046.47 | 68141.22 | |
| 8 | B010518017 | 外墙嵌缝打胶 | 1. 填缝要求：用泡沫棒封堵再用聚氨酯打胶密封　2. 胶品种、型号：聚氨酯密封胶 | m | 5395.60 | 49.38 | 266410.16 | |
| | G1-28 | 嵌缝、打胶 | | 100m | 53.956 | 4937.54 | 266410.16 | |
| 9 | 010515001001 | 现浇构件钢筋 | 1. 钢筋等级：HPB300　2. 直径：6.5mm | t | 3.355 | 30893.46 | 103647.54 | |
| | A5-2 | 圆钢筋　直径 6.5mm | | t | 12.296 | 8429.37 | 103647.54 | |
| 10 | 010515001002 | 现浇构件钢筋 | 1. 钢筋等级：HRB400　2. 直径：6.5mm | t | 1.619 | 8385.41 | 13575.97 | |
| | A5-16 | 带肋钢筋　直径 6.5mm | | t | 1.619 | 8385.41 | 13575.97 | |
| 11 | 010515001003 | 现浇构件钢筋 | 1. 钢筋等级：HRB400　2. 直径：8mm | t | 36.859 | 7118.99 | 262399.04 | |
| | A5-16 | 带肋钢筋　直径 8mm | | t | 36.859 | 7118.99 | 262399.04 | |
| 12 | 010515001004 | 现浇构件钢筋 | 1. 钢筋等级：HRB400　2. 直径：10mm | t | 6.353 | 6465.6 | 41075.93 | |
| | A5-16 | 带肋钢筋　直径 10mm | | t | 6.353 | 6465.6 | 41075.93 | |
| | 本页小计 | | | | | | 687108.65 | |

**单位工程工程量清单与造价表（一般计税法）** **表 4-10**

工程名称：某住宅项目 第 4 页　共 9 页

| 序号 | 项目编码 | 项目名称 | 项目特征描述 | 计量单位 | 工程量 | 金额（元） | | |
|---|---|---|---|---|---|---|---|---|
| | | | | | | 综合单价 | 合价 | 其中<br>暂估价 |
| 13 | 010515001005 | 现浇构件钢筋 | 1. 钢筋等级：HRB400　2. 直径：12mm | t | 13.557 | 6643.12 | 90060.79 | |
| | A5-17 | 带肋钢筋　直径 12mm | | t | 13.557 | 6643.12 | 90060.79 | |
| 14 | 010515001006 | 现浇构件钢筋 | 1. 钢筋等级：HRB400　2. 直径：14mm | t | 4.814 | 6336.55 | 30504.15 | |
| | A5-18 | 带肋钢筋　直径 14mm | | t | 4.814 | 6336.55 | 30504.15 | |
| 15 | 010515001007 | 现浇构件钢筋 | 1. 钢筋等级：HRB400　2. 直径：16mm | t | 11.83 | 6052.36 | 71599.45 | |
| | A5-19 | 带肋钢筋　直径 16mm | | t | 11.83 | 6052.36 | 71599.45 | |
| 16 | 010515001008 | 现浇构件钢筋 | 1. 钢筋等级：HRB400　2. 直径：18mm | t | 1.311 | 5855.62 | 7676.72 | |
| | A5-20 | 带肋钢筋　直径 18mm | | t | 1.311 | 5856.52 | 7676.72 | |
| 17 | 010515001009 | 现浇构件钢筋 | 1. 钢筋等级：HRB400　2. 直径：20mm | t | 14.659 | 5768.77 | 84564.34 | |
| | A5-21 | 带肋钢筋　直径 20mm | | t | 14.659 | 5768.77 | 84564.34 | |
| 18 | 010515001013 | 现浇构件钢筋（现浇部分） | 1. 钢筋等级：HRB400　2. 直径：6.5mm | t | 1.173 | 9186.76 | 10776.06 | |
| | A5-16 | 带肋钢筋　直径 10mm　装配式构件结合处混凝土的钢筋制作安装部分　人工×1.2. 机械×1.2 | | t | 1.173 | 9186.76 | 10776.06 | |
| | 本页小计 | | | | | | 295181.52 | |

## 单位工程工程量清单与造价表（一般计税法）

**表 4-10**

工程名称：某住宅项目　　　　第 5 页　共 9 页

| 序号 | 项目编码 | 项目名称 | 项目特征描述 | 计量单位 | 工程量 | 金额（元） | | |
|---|---|---|---|---|---|---|---|---|
| | | | | | | 综合单价 | 合价 | 其中<br>暂估价 |
| 19 | 010515001014 | 现浇构件钢筋（现浇部分） | 1. 钢筋等级：HRB400　2. 直径：8mm | t | 14.355 | 7667.06 | 110060.66 | |
| | A5-16 | 带肋钢筋　直径 10mm　装配式构件结合处混凝土的钢筋制作安装部分　人工×1.2. 机械×1.2 | | t | 14.355 | 7667.06 | 110060.66 | |
| 20 | 010515001015 | 现浇构件钢筋（现浇部分） | 1. 钢筋等级：HRB400　2. 直径：10mm | t | 20.997 | 6882.98 | 144521.97 | |
| | A5-16 | 带肋钢筋　直径 10mm　装配式构件结合处混凝土的钢筋制作安装部分　人工×1.2. 机械×1.2 | | t | 20.997 | 6882.98 | 144521.97 | |
| 21 | 010515001016 | 现浇构件钢筋（现浇部分） | 1. 钢筋等级：HRB400　2. 直径：12mm | t | 3.239 | 7066.94 | 22889.82 | |
| | A5-17 | 带肋钢筋　直径 12mm　装配式构件结合处混凝土的钢筋制作安装部分　人工×1.2. 机械×1.2 | | t | 3.239 | 7066.94 | 22889.82 | |
| 22 | 010515001017 | 现浇构件钢筋（现浇部分） | 1. 钢筋等级：HRB400　2. 直径：16mm | t | 5.901 | 6396.22 | 37744.07 | |
| | A5-19 | 带肋钢筋　直径 16mm　装配式构件结合处混凝土的钢筋制作安装部分　人工×1.2. 机械×1.2 | | t | 5.901 | 6396.22 | 37744.07 | |
| 23 | 010515001018 | 现浇构件钢筋（现浇部分） | 1. 钢筋等级：HRB400　2. 直径：18mm | t | 5.485 | 6164.72 | 33813.49 | |
| | A5-20 | 带肋钢筋　直径 18mm　装配式构件结合处混凝土的钢筋制作安装部分　人工×1.2. 机械×1.2 | | t | 5.485 | 6164.72 | 33813.49 | |
| | 本页小计 | | | | | | 349030.01 | |

## 单位工程工程量清单与造价表（一般计税法）

**表 4-10**

工程名称：某住宅项目　　　　第 6 页　共 9 页

| 序号 | 项目编码 | 项目名称 | 项目特征描述 | 计量单位 | 工程量 | 金额（元） | | |
|---|---|---|---|---|---|---|---|---|
| | | | | | | 综合单价 | 合价 | 其中 暂估价 |
| 24 | 010515001019 | 现浇构件钢筋（现浇部分） | 1. 钢筋等级：HRB400　2. 直径：20mm | t | 4.253 | 6060.38 | 25774.78 | |
| | A5-21 | 带肋钢筋　直径 20mm　装配式构件结合处混凝土的钢筋制作安装部分　人工×1.2. 机械×1.2 | | t | 4.253 | 6060.38 | 25774.78 | |
| 25 | 010515001010 | 现浇构件钢筋（现浇部分） | 1. 钢筋等级：HRB400　2. 直径：22mm | t | 2.078 | 5902.99 | 12266.41 | |
| | A5-22 | 带肋钢筋　直径 22mm　装配式构件结合处混凝土的钢筋制作安装部分　人工×1.2. 机械×1.2 | | t | 2.078 | 5902.99 | 12266.41 | |
| 26 | 010515001011 | 现浇构件钢筋（现浇部分） | 1. 钢筋等级：HRB400　2. 直径：25mm | t | 0.213 | 5774.20 | 1229.90 | |
| | A5-23 | 带肋钢筋　直径 25mm　装配式构件结合处混凝土的钢筋制作安装部分　人工×1.2. 机械×1.2 | | t | 0.213 | 5774.20 | 1229.90 | |
| 27 | 010515001012 | 电渣压力焊接 | 电渣压力焊接　$\phi$20～32 | 个 | 4438 | 8.73 | 38765.26 | |
| | A5-57 | 电渣压力焊接　$\phi$20～32 | | 10 个接头 | 443.8 | 87.35 | 38765.25 | |
| 28 | 010502001001 | 现浇梁板 | 1. 部位：梁板　2. 运输方式：泵送　3. 输送高度：50m＜$H$＜80m　4. 混凝土标高：C35 商品混凝土　5. 浇筑方式：现浇 | $m^3$ | 1051.57 | 604.54 | 635717.17 | |
| | 本页小计 | | | | | | 713753.52 | |

## 单位工程工程量清单与造价表（一般计税法）

**表 4-10**

工程名称：某住宅项目 第 7 页 共 9 页

| 序号 | 项目编码 | 项目名称 | 项目特征描述 | 计量单位 | 工程量 | 金额（元） | | |
|---|---|---|---|---|---|---|---|---|
| | | | | | | 综合单价 | 合价 | 其中暂估价 |
| | A5-108 | 商品混凝土构件 地面以上输送高度 30m 以内 梁板 超过 50m 机械［J6-38］ 含量×1.25 换为【普通商品混凝土 C30（碎石）】 换为【商品泵送混凝土砾 20 C35 水泥 42.5】 | | $100m^3$ | 10.51 | 60453.87 | 635717.17 | |
| 29 | 010502001002 | 现浇墙柱 | 1. 部位：墙柱 2. 运输方式：泵送 3. 输送高度：50m＜$H$＜80m 4. 混凝土标高：C35 商品混凝土 5. 浇筑方式：现浇 | $m^3$ | 419.39 | 660.17 | 276867.78 | |
| | A5-109 | 商品混凝土构件 地面以上输送高度 30m 以内 墙柱 超过 50m 机械［J6-38］ 含量×1.25 换为【商品泵送混凝土砾 20 C35 水泥 42.5】 | | $100m^3$ | 4.19 | 66016.15 | 276867.78 | |
| 30 | 010505008001 | 现浇雨篷 | 1. 部位：雨棚 2. 运输方式：泵送 3. 输送高度：50m＜$H$＜80m 4. 混凝土标高：C35 商品混凝土 5. 浇筑方式：现浇 | $m^3$ | 56.58 | 604.5 | 34202.38 | |
| | A5-108 | 商品混凝土构件 地面以上输送高度 30m 以内 梁板 超过 50m 机械［J6-38］ 含量×1.25 换为【普通商品混凝土 C30（碎石）】 换为【商品泵送混凝土砾 20 C35 水泥 42.5】 | | $100m^3$ | 0.56 | 60453.87 | 34202.38 | |
| 31 | 011702004001 | 现浇柱模板 | 1. 构件类型：柱模板 2. 支模高度：2.9m | $m^2$ | 348.16 | 71.09 | 24750.69 | |
| | A13-20 | 现浇混凝土模板 矩形柱 竹胶合板模板 钢支撑 装配式混凝土结构工程现浇混凝土模板（含±0.00 以下地下室部分），如采用竹胶合板 材料［050091］ 含量×1.5 | | $100m^2$ | 3.48 | 7109.47 | 24750.69 | |
| | 本页小计 | | | | | | 335820.85 | |

## 单位工程工程量清单与造价表（一般计税法）

**表 4-10**

工程名称：某住宅项目　　　　第 8 页　共 9 页

| 序号 | 项目编码 | 项目名称 | 项目特征描述 | 计量单位 | 工程量 | 金额（元） | | |
|---|---|---|---|---|---|---|---|---|
| | | | | | | 综合单价 | 合价 | 其中 暂估价 |
| 32 | 011702004002 | 现浇异形柱模板 | 1. 构件类型：柱模板　2. 支模高度：2.9m | $m^2$ | 1281.60 | 97.73 | 125247.41 | |
| | A13-21 | 现浇混凝土模板　异形柱　竹胶合板模板　钢支撑　装配式混凝土结构工程现浇混凝土模板（含±0.00 以下地下室部分），如采用竹胶合板　材料[050091]　含量×1.5 | | $100m^2$ | 12.82 | 9772.74 | 125247.41 | |
| 33 | 011702004002 | 直形墙模板 | 1. 构件类型：柱模板　2. 支模高度：2.9m | $m^2$ | 2654.04 | 49.91 | 132453.75 | |
| | A13-21 | 现浇混凝土模板　直形墙　竹胶合板模板　钢支撑　装配式混凝土结构工程现浇混凝土模板（含±0.00 以下地下室部分），如采用竹胶合板　材料[050091]　含量×1.5 | | $100m^2$ | 26.54 | 4990.65 | 132453.75 | |
| 34 | 011702014001 | 现浇有梁板模板 | 1. 构件类型：有梁板模板　2. 支模高度：2.9m | $m^2$ | 441.44 | 77.13 | 34048.56 | |
| | A13-36 | 现浇混凝土模板　有梁板　竹胶合板模板　钢支撑　装配式混凝土结构工程现浇混凝土模板（含±0.00 以下地下室部分），如采用竹胶合板　材料[050091]　含量×1.5 | | $100m^2$ | 4.41 | 7713.07 | 34048.56 | |
| | | 本页小计 | | | | | 291749.72 | |

## 单位工程工程量清单与造价表（一般计税法）

**表 4-10**

工程名称：某住宅项目

第 9 页　共 9 页

| 序号 | 项目编码 | 项目名称 | 项目特征描述 | 计量单位 | 工程量 | 金额（元） | | |
|---|---|---|---|---|---|---|---|---|
| | | | | | | 综合单价 | 合价 | 其中<br>暂估价 |
| 35 | 011701002001 | 脚手架 | 1. 搭设高度：　檐口高 56.7m　2. 脚手架材质：钢管 | $m^2$ | 11551.57 | 45.94 | 530636.51 | |
| | A12-14 | 综合脚手架　框架、剪力墙结构多高层建筑　檐口高 70m 以内　20m 以上　材料[010610]　含量为 60　装配式混凝土结构、装配式钢结构的综合脚手架　单价×0.85 | | $100m^2$ | 115.52 | 4593.63 | 530636.51 | |
| 36 | 011703001001 | 垂直运输 | 建筑物檐口高度　56.7m | $m^2$ | 11551.57 | 12.15 | 140367.74 | |
| | A14-5 | 垂直运输工程　建筑物地面以上　塔吊　建筑檐口高 80m 以内 | | 台班 | 79.30 | 1770.04 | 140367.73 | |
| 37 | 011704001001 | 超高施工增加 | 建筑物檐口高度　56.7m | $m^2$ | 11551.57 | 60.86 | 703082.32 | |
| | A15-1 | 多层建筑物超高增加费　檐高 60m 以内 | | $100m^2$ | 115.52 | 6086.47 | 703082.32 | |
| | | 单价措施费 | | | | | | |
| | 本页小计 | | | | | | 1374086.57 | |
| | 合计 | | | | | | 15307396.62 | |

# 第 5 章　工程成本预算编制方法

工程项目中标后，工程合同价款或计价条款已确定，为了确保工程项目在实施过程中施工成本可控，实现利润目标，首先要编制好工程成本预算。工程成本预算的编制主要是做好工、料、机、费的成本预算，根据这些数据和实际发生的成本数据进行比对。超出预算部分，需查出超出原因，及时进行差异调整和管控，成本预算数据要务实，这样的标准成本才有参照意义，才能达到成本管控的目的。下面介绍施工成本预算编制方法：

**一、工程量的计算**

分别按土建、装修、安装专业的清单计算规范和定额计算规则计算工程量。

**二、材料消耗量和材料单价的编制**

1. 材料成本分别按正负零以下工程、非标准层、标准层、出屋面层的材料进行编制；

2. 材料成本分别按土建材料、装修材料、安装材料、周转材料进行编制；

3. 编写材料成本时需填写材料名称、材料的规格型号、材料品牌、计量单位、工程量、材料价格、材料损耗率等；

4. 土建材料计算见表 5-1；装修材料计算见表 5-2；水电材料计算见表 5-3；周转材料计算见表 5-4。

**三、工程劳务成本的编制**

1. 劳务成本分别按正负零以下工程、非标准层、标准层、出屋面层的劳务进行编制；

2. 劳务成本分别按土建劳务、装修劳务、安装劳务进行编制；

3. 编写劳务成本时需填写项目名称、工作内容、计量单位、工程量、劳务单价与合价等。

4. 土建劳务计算见表 5-5；装修劳务计算见表 5-6；水电劳务计算见表 5-7。

**四、专项分包项目成本编制**

1. 专项分包成本分别按正负零以下工程、非标准层、标准层、出屋面层进行编制；

2. 专项分包成本分别按建筑工程、装修工程、安装工程进行编制；

3. 编写专项分包成本时需填写项目名称、工作内容、计量单位、工程量、综合单价与合价等；

4. 专项分包成本计算

见表 5-8。

**五、垂直运输机械费成本计算**

见表 5-9。

**六、临建及 CI 费成本费用计算**

见表 5-10。

**七、间接费成本计算表**

见表 5-11。

## 八、工程成本预算汇总表

见表 5-12。

以上工程成本计算分别列了计划成本和实际成本，便于调整和控制工程成本，表中的数据调整后可作为下个项目的参考数据。

**土建材料成本计算表** 表 5-1

| 序号 | 分部分项工程名称 | 规格/型号 | 材料品牌 | 单位 | 总计划 | | | | 本月度 | | | | | | 累计（实际成本） | |
|---|---|---|---|---|---|---|---|---|---|---|---|---|---|---|---|---|
| | | | | | 工程量 | 材料价格 | 材料损耗率 | 合价（元） | 工程量 | | 综合单价 | | 合价（元） | | 工程量 | 合价（元） |
| | | | | | | | | | 目标 | 实际 | 目标 | 实际 | 目标 | 实际 | | |
| 一 | ±0 以下工程土建材料 | | | | | | | | | | | | | | | |
| 二 | 非标准层土建材料 | | | | | | | | | | | | | | | |
| 三 | 标准层土建材料 | | | | | | | | | | | | | | | |
| 1 | PC 构件成品材料 | | | | | | | | | | | | | | | |
| 1） | 夹心保温外挂墙板 | | | $m^3$ | | | | | | | | | | | | |
| 2） | 叠合梁 | | | $m^3$ | | | | | | | | | | | | |
| 3） | 叠合板 | | | $m^3$ | | | | | | | | | | | | |
| 4） | 预制剪力墙 | | | $m^3$ | | | | | | | | | | | | |
| 5） | 预制内墙板 | | | $m^3$ | | | | | | | | | | | | |
| 6） | 楼梯梯段 | | | $m^3$ | | | | | | | | | | | | |
| 7） | 阳台板 | | | $m^3$ | | | | | | | | | | | | |
| 8） | 空调板 | | | $m^3$ | | | | | | | | | | | | |
| | ………… | | | $m^3$ | | | | | | | | | | | | |
| 2 | PC 构件吊装材料 | | | | | | | | | | | | | | | |
| 1） | 外墙板连接件 L 型 | | | 个 | | | | | | | | | | | | |
| 2） | 外墙板连接件一字型 | | | 个 | | | | | | | | | | | | |
| 3） | 水泥砂浆（座浆材料） | | | $m^3$ | | | | | | | | | | | | |
| 4） | 垫块 | | | 个 | | | | | | | | | | | | |
| 5） | 板缝封堵材料 | | | | | | | | | | | | | | | |
| （1） | 自粘防水卷材（竖向缝堵缝） | | | $m^2$ | | | | | | | | | | | | |
| （2） | 抗裂砂浆 | | | kg | | | | | | | | | | | | |
| | ………… | | | | | | | | | | | | | | | |

土建材料成本计算表

表 5-1

| 序号 | 分部分项工程名称 | 规格/型号 | 材料品牌 | 单位 | 总计划 | | | | 本月度 | | | | | | 累计（实际成本） | |
|---|---|---|---|---|---|---|---|---|---|---|---|---|---|---|---|---|
| | | | | | 工程量 | 材料价格 | 材料损耗率 | 合价（元） | 工程量 | | 综合单价 | | 合价（元） | | 工程量 | 合价（元） |
| | | | | | | | | | 目标 | 实际 | 目标 | 实际 | 目标 | 实际 | | |
| 6） | 套筒灌浆料 | | | kg | | | | | | | | | | | | |
| | ………… | | | | | | | | | | | | | | | |
| 3 | 现浇构件钢筋 | | | t | | | | | | | | | | | | |
| 1） | $\phi6$ | | | t | | | | | | | | | | | | |
| 2） | $\phi8$ | | | t | | | | | | | | | | | | |
| 3） | $\phi10$ | | | t | | | | | | | | | | | | |
| 4） | $\phi12$ | | | t | | | | | | | | | | | | |
| 5） | $\phi14$ | | | t | | | | | | | | | | | | |
| 6） | $\phi16$ | | | t | | | | | | | | | | | | |
| 7） | $\phi18$ | | | t | | | | | | | | | | | | |
| 8） | $\phi20$ | | | t | | | | | | | | | | | | |
| 9） | $\phi22$ | | | t | | | | | | | | | | | | |
| 10） | $\phi25$ | | | t | | | | | | | | | | | | |
| | ………… | | | | | | | | | | | | | | | |
| 4 | 现浇构件混凝土 | | | $m^3$ | | | | | | | | | | | | |
| 1） | 非泵送商品混凝土 | | | $m^3$ | | | | | | | | | | | | |
| （1） | C50 商品混凝土 | | | $m^3$ | | | | | | | | | | | | |
| （2） | C45 商品混凝土 | | | $m^3$ | | | | | | | | | | | | |
| （3） | C40 商品混凝土 | | | $m^3$ | | | | | | | | | | | | |
| （4） | C35 商品混凝土 | | | $m^3$ | | | | | | | | | | | | |
| 2） | 泵送商品混凝土 | | | $m^3$ | | | | | | | | | | | | |
| （1） | C50 商品混凝土 | | | $m^3$ | | | | | | | | | | | | |

**土建材料成本计算表**

表 5-1

| 序号 | 分部分项工程名称 | 规格/型号 | 材料品牌 | 单位 | 总计划 | | | | 本月度 | | | | | | 累计（实际成本） | |
|---|---|---|---|---|---|---|---|---|---|---|---|---|---|---|---|---|
| | | | | | 工程量 | 材料价格 | 材料损耗率 | 合价（元） | 工程量 | | 综合单价 | | 合价（元） | | 工程量 | 合价（元） |
| | | | | | | | | | 目标 | 实际 | 目标 | 实际 | 目标 | 实际 | | |
| (2) | C45 商品混凝土 | | | $m^3$ | | | | | | | | | | | | |
| (3) | C40 商品混凝土 | | | $m^3$ | | | | | | | | | | | | |
| (4) | C35 商品混凝土 | | | $m^3$ | | | | | | | | | | | | |
| | ………… | | | | | | | | | | | | | | | |
| 5 | 砌体工程 | | | $m^3$ | | | | | | | | | | | | |
| 1) | 砌体 | | | $m^3$ | | | | | | | | | | | | |
| 2) | 砌筑砂浆 | | | $m^3$ | | | | | | | | | | | | |
| 6 | 轻质墙板 | | | $m^2$ | | | | | | | | | | | | |
| | ………… | | | | | | | | | | | | | | | |
| 四 | 出屋面土建材料 | | | | | | | | | | | | | | | |
| | | | | | | | | | | | | | | | | |
| | | | | | | | | | | | | | | | | |
| | | | | | | | | | | | | | | | | |
| 五 | 合计 | | | | | | | | | | | | | | | |

表 5-2

## 装修材料成本计算表

| 序号 | 分部分项工程名称 | 规格/型号 | 材料品牌 | 单位 | 总计划 | | | | 本月度 | | | | | | 累计（实际成本） | |
|---|---|---|---|---|---|---|---|---|---|---|---|---|---|---|---|---|
| | | | | | 工程量 | 材料价格 | 材料损耗率 | 合价（元） | 工程量 | | 综合单价 | | 合价（元） | | 工程量 | 合价（元） |
| | | | | | | | | | 目标 | 实际 | 目标 | 实际 | 目标 | 实际 | | |
| 一 | ±0 以下工程装修材料 | | | | | | | | | | | | | | | |
| 二 | 非标准层装修材料 | | | | | | | | | | | | | | | |
| 三 | 标准层装修材料 | | | | | | | | | | | | | | | |
| 1 | 户内装修材料 | | | | | | | | | | | | | | | |
| 1） | 户内部品部件 | | | | | | | | | | | | | | | |
| （1） | 整体浴室 | | | 套 | | | | | | | | | | | | |
| （2） | 厨柜保管费 | | | 套 | | | | | | | | | | | | |
| （3） | 门及门套 | | | 套 | | | | | | | | | | | | |
| （4） | 套装门 | | | 套 | | | | | | | | | | | | |
| （5） | 半门套 | | | 套 | | | | | | | | | | | | |
| （6） | 门套 | | | 套 | | | | | | | | | | | | |
| 2） | 墙面抹灰砂浆 | | | $m^3$ | | | | | | | | | | | | |
| 3） | 地面找平砂浆 | | | $m^3$ | | | | | | | | | | | | |
| 4） | 墙面干粉粘结剂 | | | kg | | | | | | | | | | | | |
| 5） | 地面干粉粘结剂 | | | kg | | | | | | | | | | | | |
| 6） | 地面砖 | | | $m^2$ | | | | | | | | | | | | |
| 7） | 墙面砖 | | | $m^2$ | | | | | | | | | | | | |
| 8） | 瓷砖踢脚线 | | | m | | | | | | | | | | | | |
| 9） | 门洞大芯板 | | | $m^2$ | | | | | | | | | | | | |
| | ………… | | | | | | | | | | | | | | | |
| 2 | 公共区域装修材料 | | | | | | | | | | | | | | | |
| 1） | 电梯前室及过道 | | | | | | | | | | | | | | | |
| （1） | 墙面抹灰砂浆 | | | $m^3$ | | | | | | | | | | | | |

装修材料成本计算表 表 5-2

| 序号 | 分部分项工程名称 | 规格/型号 | 材料品牌 | 单位 | 总计划 | | | | 本月度 | | | | | | 累计（实际成本） | |
|---|---|---|---|---|---|---|---|---|---|---|---|---|---|---|---|---|
| | | | | | 工程量 | 材料价格 | 材料损耗率 | 合价（元） | 工程量 | | 综合单价 | | 合价（元） | | 工程量 | 合价（元） |
| | | | | | | | | | 目标 | 实际 | 目标 | 实际 | 目标 | 实际 | | |
| （2） | 地面找平砂浆 | | | $m^3$ | | | | | | | | | | | | |
| （3） | 墙面干粉粘结剂 | | | $m^3$ | | | | | | | | | | | | |
| （4） | 地面干粉粘结剂 | | | $m^3$ | | | | | | | | | | | | |
| （5） | 地面砖 | | | $m^2$ | | | | | | | | | | | | |
| （6） | 墙面砖 | | | $m^2$ | | | | | | | | | | | | |
| （7） | 瓷砖踢脚线 | | | m | | | | | | | | | | | | |
| （8） | 吊顶面板 | | | $m^2$ | | | | | | | | | | | | |
| （9） | 吊顶龙骨 | | | $m^2$ | | | | | | | | | | | | |
| （10） | 电梯门套大芯板 | | | $m^2$ | | | | | | | | | | | | |
| 2） | 楼梯间及前室 | | | | | | | | | | | | | | | |
| （1） | 墙面抹灰砂浆 | | | $m^3$ | | | | | | | | | | | | |
| （2） | 地面找平砂浆 | | | $m^3$ | | | | | | | | | | | | |
| | ………… | | | | | | | | | | | | | | | |
| 四 | 出屋面层装修工程 | | | | | | | | | | | | | | | |
| 五 | 合计 | | | 元 | | | | | | | | | | | | |

表 5-3

## 机电安装材料成本计算

| 序号 | 分部分项工程名称 | 规格/型号 | 材料品牌 | 单位 | 总计划 | | | | 本月度 | | | | | | 累计（实际成本） | |
|---|---|---|---|---|---|---|---|---|---|---|---|---|---|---|---|---|
| | | | | | 工程量 | 材料价格 | 材料损耗率 | 合价（元） | 工程量 | | 综合单价 | | 合价（元） | | 工程量 | 合价（元） |
| | | | | | | | | | 目标 | 实际 | 目标 | 实际 | 目标 | 实际 | | |
| 一 | ±0 以下工程安装材料 | | | | | | | | | | | | | | | |
| 二 | 非标准层安装材料 | | | | | | | | | | | | | | | |
| 三 | 标准层安装材料 | | | | | | | | | | | | | | | |
| 1 | 主体预埋 | | | | | | | | | | | | | | | |
| 1） | 电气预埋 | | | | | | | | | | | | | | | |
| （1） | 公共区域预埋 | | | | | | | | | | | | | | | |
| ① | 公共照明预埋 | | | | | | | | | | | | | | | |
| a | 线管 PVC $\Phi20$ | | | m | | | | | | | | | | | | |
| b | 86 接线盒 | | | 个 | | | | | | | | | | | | |
| ② | 应急照明预埋 | | | | | | | | | | | | | | | |
| a | 阻燃线管 PVC$\Phi20$ | | | m | | | | | | | | | | | | |
| b | KBG 接线盒 | | | 个 | | | | | | | | | | | | |
| ③ | 垂直线路预埋 | | | | | | | | | | | | | | | |
| （2） | 户内预埋 | | | | | | | | | | | | | | | |
| ① | 电井入户预埋 | | | | | | | | | | | | | | | |
| a | 线管 PVC$\Phi32$ | | | m | | | | | | | | | | | | |
| b | 86 接线盒 | | | 个 | | | | | | | | | | | | |
| ② | 户内电气预埋 | | | | | | | | | | | | | | | |
| a | 线管 PVC$\Phi20$ | | | m | | | | | | | | | | | | |
| b | 86 接线盒 | | | 个 | | | | | | | | | | | | |
| ③ | 电气预埋管件 | | | | | | | | | | | | | | | |
| a | PVC$\Phi32$ 直接 | | | 个 | | | | | | | | | | | | |
| b | PVC$\Phi32$ 锁母 | | | 个 | | | | | | | | | | | | |

**机电安装材料成本计算** **表 5-3**

| 序号 | 分部分项工程名称 | 规格/型号 | 材料品牌 | 单位 | 总计划 | | | | 本月度 | | | | | | 累计（实际成本） | |
|---|---|---|---|---|---|---|---|---|---|---|---|---|---|---|---|---|
| | | | | | 工程量 | 材料价格 | 材料损耗率 | 合价（元） | 工程量 | | 综合单价 | | 合价（元） | | 工程量 | 合价（元） |
| | | | | | | | | | 目标 | 实际 | 目标 | 实际 | 目标 | 实际 | | |
| 2） | 弱电预埋 | | | | | | | | | | | | | | | |
| （1） | 公共区域预埋 | | | | | | | | | | | | | | | |
| ① | 线管 PVC$\Phi$32 | | | m | | | | | | | | | | | | |
| ② | 86 接线盒 | | | 个 | | | | | | | | | | | | |
| （2） | 户内电气预埋 | | | | | | | | | | | | | | | |
| ① | 线管 PVC$\Phi$25 | | | m | | | | | | | | | | | | |
| ② | 线管 PVC$\Phi$20 | | | m | | | | | | | | | | | | |
| ③ | 86 接线盒 | | | 个 | | | | | | | | | | | | |
| （3） | 弱电预埋管件 | | | | | | | | | | | | | | | |
| ① | PVC$\Phi$32 直接 | | | 个 | | | | | | | | | | | | |
| ② | PVC$\Phi$32 锁母 | | | 个 | | | | | | | | | | | | |
| 3） | 报警系统预埋 | | | | | | | | | | | | | | | |
| （1） | KBG 管 $\Phi$20 | | | m | | | | | | | | | | | | |
| （2） | KBG 接线盒 | | | 个 | | | | | | | | | | | | |
| （3） | KBG$\Phi$20 锁母 | | | 个 | | | | | | | | | | | | |
| （4） | KBG$\Phi$20 弯头 | | | 个 | | | | | | | | | | | | |
| 4） | 防雷接地 | | | | | | | | | | | | | | | |
| 5） | 防水钢套管预埋 | | | | | | | | | | | | | | | |
| （1） | 刚性防水套管 $DN$100 | | | 个 | | | | | | | | | | | | |
| （2） | 刚性防水套管 $DN$200 | | | 个 | | | | | | | | | | | | |
| 2 | 标准层电气 | | | | | | | | | | | | | | | |
| 1） | 公共区域（电井、水井） | | | | | | | | | | | | | | | |
| （1） | KBG 管 $\Phi$20 | | | m | | | | | | | | | | | | |

**机电安装材料成本计算** **表 5-3**

| 序号 | 分部分项工程名称 | 规格/型号 | 材料品牌 | 单位 | 总计划 | | | | 本月度 | | | | | | 累计（实际成本） | |
|---|---|---|---|---|---|---|---|---|---|---|---|---|---|---|---|---|
| | | | | | 工程量 | 材料价格 | 材料损耗率 | 合价（元） | 工程量 | | 综合单价 | | 合价（元） | | 工程量 | 合价（元） |
| | | | | | | | | | 目标 | 实际 | 目标 | 实际 | 目标 | 实际 | | |
| (2) | 86 接线盒 | | | 个 | | | | | | | | | | | | |
| (3) | BV2.5mm$^2$（照明） | | | m | | | | | | | | | | | | |
| (4) | 二三孔插座（电井） | | | 个 | | | | | | | | | | | | |
| (5) | 单联单控开关（2×10A） | | | 个 | | | | | | | | | | | | |
| (6) | 壁灯（座头灯） | | | 套 | | | | | | | | | | | | |
| (7) | 双联单控开关（16A） | | | 个 | | | | | | | | | | | | |
| (8) | 触摸延时开关 | | | 个 | | | | | | | | | | | | |
| (9) | 4 寸筒灯（11W） | | | 套 | | | | | | | | | | | | |
| (10) | 声控延时灯 | | | 套 | | | | | | | | | | | | |
| 2) | 户内电气 | | | | | | | | | | | | | | | |
| (1) | 电井入户 | | | | | | | | | | | | | | | |
| ① | 线管 PVC$\Phi$32 | | | m | | | | | | | | | | | | |
| ② | BV10mm$^2$ | | | m | | | | | | | | | | | | |
| (2) | 户内电气 | | | | | | | | | | | | | | | |
| ① | 配电箱 | | | 台 | | | | | | | | | | | | |
| ② | 线管 PVC$\Phi$20 | | | m | | | | | | | | | | | | |
| ③ | 86 接线盒 | | | 个 | | | | | | | | | | | | |
| ④ | BV2.5mm$^2$ | | | m | | | | | | | | | | | | |
| ⑤ | BV4mm$^2$ | | | m | | | | | | | | | | | | |
| ⑥ | 单联单控开关（2×10A） | | | 个 | | | | | | | | | | | | |
| ⑦ | 双联单控开关（16A） | | | 个 | | | | | | | | | | | | |
| ⑧ | 单联双控开关（10A） | | | 个 | | | | | | | | | | | | |

**机电安装材料成本计算**

表 5-3

| 序号 | 分部分项工程名称 | 规格/型号 | 材料品牌 | 单位 | 总计划 | | | | 本月度 | | | | | | 累计（实际成本） | |
|---|---|---|---|---|---|---|---|---|---|---|---|---|---|---|---|---|
| | | | | | 工程量 | 材料价格 | 材料损耗率 | 合价（元） | 工程量 | | 综合单价 | | 合价（元） | | 工程量 | 合价（元） |
| | | | | | | | | | 目标 | 实际 | 目标 | 实际 | 目标 | 实际 | | |
| ⑨ | 插座（安全型）二三孔（10A） | | | 个 | | | | | | | | | | | | |
| ⑩ | 空调（挂机）插座三孔（2×10A） | | | 个 | | | | | | | | | | | | |
| ⑪ | 抽油烟机插座三孔（2×10A） | | | 个 | | | | | | | | | | | | |
| ⑫ | 冰箱插座三孔（2×16A） | | | 个 | | | | | | | | | | | | |
| ⑬ | 微波炉插座二三孔带开关 | | | 个 | | | | | | | | | | | | |
| ⑭ | 热水器插座二三孔带开关 | | | 个 | | | | | | | | | | | | |
| ⑮ | 洗衣机插座 | | | 个 | | | | | | | | | | | | |
| ⑯ | 4 寸筒灯（11W） | | | 套 | | | | | | | | | | | | |
| ⑰ | 阳台吸顶灯 | | | 套 | | | | | | | | | | | | |
| ⑱ | 座灯头 | | | 套 | | | | | | | | | | | | |
| 3 | 标准层厨卫通风 | | | | | | | | | | | | | | | |
| 1） | 厨卫通风 | | | | | | | | | | | | | | | |
| （1） | PVC-U 排水管 *De*110 | | | m | | | | | | | | | | | | |
| （2） | 不锈钢外气口 *DN*100 | | | 个 | | | | | | | | | | | | |
| （3） | PVC90 度弯头 *De*110 | | | 个 | | | | | | | | | | | | |
| 4 | 标准层给排水 | | | | | | | | | | | | | | | |
| 1） | PVC 套管 | | | | | | | | | | | | | | | |
| （1） | PVC 套管 110mm | | | 个 | | | | | | | | | | | | |
| （2） | PVC 套管 160mm | | | 个 | | | | | | | | | | | | |
| 2） | 户内给水 | | | | | | | | | | | | | | | |
| （1） | 给水管 | | | | | | | | | | | | | | | |
| ① | 铜管 *DN*15mm | | | m | | | | | | | | | | | | |

**机电安装材料成本计算** 表 5-3

| 序号 | 分部分项工程名称 | 规格/型号 | 材料品牌 | 单位 | 总计划 | | | | 本月度 | | | | | | 累计（实际成本） | |
|---|---|---|---|---|---|---|---|---|---|---|---|---|---|---|---|---|
| | | | | | 工程量 | 材料价格 | 材料损耗率 | 合价（元） | 工程量 | | 综合单价 | | 合价（元） | | 工程量 | 合价（元） |
| | | | | | | | | | 目标 | 实际 | 目标 | 实际 | 目标 | 实际 | | |
| ② | PPR 给水管 *De*20 | | | m | | | | | | | | | | | | |
| ③ | PPR 给水管 *De*25 | | | m | | | | | | | | | | | | |
| ④ | PPR 给水管 *De*32 | | | m | | | | | | | | | | | | |
| ⑤ | PPR 热水管 *De*20 | | | m | | | | | | | | | | | | |
| ⑥ | PPR 热水管 *De*25 | | | m | | | | | | | | | | | | |
| （2） | 给水管附件 | | | | | | | | | | | | | | | |
| ① | 铜球阀 *DN*20 | | | 个 | | | | | | | | | | | | |
| ② | 洗衣机水龙头 *DN*15 | | | 个 | | | | | | | | | | | | |
| （3） | 户内给水管管件 | | | | | | | | | | | | | | | |
| ① | PPR 弯头 *De*20 | | | 个 | | | | | | | | | | | | |
| ② | PPR 弯头 *De*25 | | | 个 | | | | | | | | | | | | |
| ③ | PPR 直接 *De*20 | | | 个 | | | | | | | | | | | | |
| ④ | PPR 铜外牙弯头 *De*20×1/2″ | | | 个 | | | | | | | | | | | | |
| ⑤ | PPR 铜外牙弯头 *De*25×1/2″ | | | 个 | | | | | | | | | | | | |
| ⑥ | PPR 铜外牙直接 *De*20×1/2″ | | | 个 | | | | | | | | | | | | |
| ⑦ | PPR 异径接头 *De*25×20 | | | 个 | | | | | | | | | | | | |
| ⑧ | PPR 异径接头 *De*32×25 | | | 个 | | | | | | | | | | | | |
| ⑨ | PPR 三通 *De*20 | | | 个 | | | | | | | | | | | | |
| ⑩ | PPR 三通 *De*25 | | | 个 | | | | | | | | | | | | |
| ⑪ | PPR 异径三通 *De*25×20 | | | 个 | | | | | | | | | | | | |

## 机电安装材料成本计算

表 5-3

| 序号 | 分部分项工程名称 | 规格/型号 | 材料品牌 | 单位 | 总计划 | | | | 本月度 | | | | | | 累计（实际成本） | |
|---|---|---|---|---|---|---|---|---|---|---|---|---|---|---|---|---|
| | | | | | 工程量 | 材料价格 | 材料损耗率 | 合价（元） | 工程量 | | 综合单价 | | 合价（元） | | 工程量 | 合价（元） |
| | | | | | | | | | 目标 | 实际 | 目标 | 实际 | 目标 | 实际 | | |
| ⑫ | 镀锌管卡 *De*20 | | | 个 | | | | | | | | | | | | |
| ⑬ | 镀锌管卡 *De*25 | | | 个 | | | | | | | | | | | | |
| ⑭ | 镀锌管卡 *De*32 | | | 个 | | | | | | | | | | | | |
| 3） | 户内排水 | | | | | | | | | | | | | | | |
| （1） | 排水管 | | | | | | | | | | | | | | | |
| ① | PVC-U 排水管 *De*50 | | | m | | | | | | | | | | | | |
| ② | PVC-U 排水管 *De*110 | | | m | | | | | | | | | | | | |
| （2） | 排水器具 | | | | | | | | | | | | | | | |
| ① | 洗衣机地漏 *De*50 | | | 个 | | | | | | | | | | | | |
| （3） | 户内排水管管件 | | | | | | | | | | | | | | | |
| ① | PVC90 度弯头 *De*50 | | | 个 | | | | | | | | | | | | |
| ② | PVC90 度弯头 *De*110 | | | 个 | | | | | | | | | | | | |
| ③ | PVC45 度弯头 *De*50 | | | 个 | | | | | | | | | | | | |
| ④ | PVC 大小头 *De*110×50 | | | 个 | | | | | | | | | | | | |
| ⑤ | PVC 斜三通 *De*110 | | | 个 | | | | | | | | | | | | |
| ⑥ | PVC 斜三通 *De*110×50 | | | 个 | | | | | | | | | | | | |

## 机电安装材料成本计算

表 5-3

| 序号 | 分部分项工程名称 | 规格/型号 | 材料品牌 | 单位 | 总计划 | | | | 本月度 | | | | | | 累计（实际成本） | |
|---|---|---|---|---|---|---|---|---|---|---|---|---|---|---|---|---|
| | | | | | 工程量 | 材料价格 | 材料损耗率 | 合价（元） | 工程量 | | 综合单价 | | 合价（元） | | 工程量 | 合价（元） |
| | | | | | | | | | 目标 | 实际 | 目标 | 实际 | 目标 | 实际 | | |
| ⑦ | PVC 顺水三通 $De110\times50$ | | | 个 | | | | | | | | | | | | |
| ⑧ | S 型存水弯 $De50$（带检查口） | | | 个 | | | | | | | | | | | | |
| 4） | 公共区域给水 | | | | | | | | | | | | | | | |
| （1） | 给水管 | | | | | | | | | | | | | | | |
| ① | SP 钢塑复合管 $DN32$ | | | m | | | | | | | | | | | | |
| ② | SP 钢塑复合管 $DN25$ | | | m | | | | | | | | | | | | |
| ③ | 管道消毒、冲洗（直径 50mm 以内） | | | m | | | | | | | | | | | | |
| ④ | 管道压力试验（直径 50mm 以内） | | | m | | | | | | | | | | | | |
| （2） | 给水管附件 | | | | | | | | | | | | | | | |
| ① | 铜截止阀 $DN32$（螺纹） | | | 个 | | | | | | | | | | | | |
| ② | 铜截止阀 $DN40$（螺纹） | | | 个 | | | | | | | | | | | | |
| ③ | 铜截止阀 $DN50$（螺纹） | | | 个 | | | | | | | | | | | | |
| ④ | 铜闸阀 $DN50$（螺纹） | | | 个 | | | | | | | | | | | | |
| ⑤ | 铸钢闸阀 $DN65$（法兰） | | | 个 | | | | | | | | | | | | |
| ⑥ | 铸钢闸阀 $DN80$（法兰） | | | 个 | | | | | | | | | | | | |
| ⑦ | 闸阀 $DN100$ | | | 个 | | | | | | | | | | | | |
| ⑧ | 自动排气阀 $DN25$ | | | 个 | | | | | | | | | | | | |
| ⑨ | 减压阀组 $DN50$ | | | 组 | | | | | | | | | | | | |
| ⑩ | IC 水表 $DN20$ | | | 组 | | | | | | | | | | | | |
| ⑪ | IC 水表 $DN25$ | | | 组 | | | | | | | | | | | | |
| （3） | 公共区域给水管管件 | | | | | | | | | | | | | | | |
| ① | SP 钢塑复合管 90 度弯头 $DN20$ | | | 个 | | | | | | | | | | | | |

**机电安装材料成本计算** 表 5-3

| 序号 | 分部分项工程名称 | 规格/型号 | 材料品牌 | 单位 | 总计划 | | | | 本月度 | | | | | | 累计（实际成本） | |
|---|---|---|---|---|---|---|---|---|---|---|---|---|---|---|---|---|
| | | | | | 工程量 | 材料价格 | 材料损耗率 | 合价（元） | 工程量 | | 综合单价 | | 合价（元） | | 工程量 | 合价（元） |
| | | | | | | | | | 目标 | 实际 | 目标 | 实际 | 目标 | 实际 | | |
| ② | SP 钢塑复合管 90 度弯头 $DN25$ | | | 个 | | | | | | | | | | | | |
| ③ | SP 钢塑复合管 90 度弯头 $DN32$ | | | 个 | | | | | | | | | | | | |
| ④ | SP 钢塑复合管 45 度弯头 $DN20$ | | | 个 | | | | | | | | | | | | |
| ⑤ | SP 钢塑复合管 45 度弯头 $DN25$ | | | 个 | | | | | | | | | | | | |
| ⑥ | SP 钢塑复合管 45 度弯头 $DN32$ | | | 个 | | | | | | | | | | | | |
| ⑦ | SP 钢塑复合管异径接头 $DN32\times25$ | | | 个 | | | | | | | | | | | | |
| ⑧ | 镀锌管卡 $DN25$ | | | 个 | | | | | | | | | | | | |
| ⑨ | 镀锌管卡 $DN32$ | | | 个 | | | | | | | | | | | | |
| ⑩ | 卡箍 $DN100$ | | | 个 | | | | | | | | | | | | |
| 5） | 公共区域排水 | | | | | | | | | | | | | | | |
| （1） | 冷凝水 | | | | | | | | | | | | | | | |
| | PVC-U 排水管 $De50$ | | | m | | | | | | | | | | | | |
| （2） | 阳台雨水 | | | | | | | | | | | | | | | |
| ① | PVC-U 排水管 $De110$ | | | m | | | | | | | | | | | | |
| ② | PVC-U 排水管 $De50$ | | | m | | | | | | | | | | | | |
| ③ | 阻火圈 $De110$ | | | 个 | | | | | | | | | | | | |
| ④ | 阳台雨水地漏 $DN50$ | | | 个 | | | | | | | | | | | | |
| （3） | 屋面雨水 | | | | | | | | | | | | | | | |
| ① | 承压 PVC-U 排水管 $De110$ | | | m | | | | | | | | | | | | |
| ② | 阻火圈 $De110$ | | | 个 | | | | | | | | | | | | |
| ③ | 雨水斗 $\phi100$mm | | | 个 | | | | | | | | | | | | |

**机电安装材料成本计算** 表 5-3

| 序号 | 分部分项工程名称 | 规格/型号 | 材料品牌 | 单位 | 总计划 | | | | 本月度 | | | | | | 累计（实际成本） | |
|---|---|---|---|---|---|---|---|---|---|---|---|---|---|---|---|---|
| | | | | | 工程量 | 材料价格 | 材料损耗率 | 合价（元） | 工程量 | | 综合单价 | | 合价（元） | | 工程量 | 合价（元） |
| | | | | | | | | | 目标 | 实际 | 目标 | 实际 | 目标 | 实际 | | |
| ④ | 侧雨水斗 $\phi$100mm | | | 个 | | | | | | | | | | | | |
| (4) | 生活污水 | | | | | | | | | | | | | | | |
| ① | PVC-U 排水管 *De*110 | | | m | | | | | | | | | | | | |
| ② | PVC-U 排水管 *De*110（内螺旋消声） | | | m | | | | | | | | | | | | |
| ③ | PVC-U 排水管 *De*160 | | | m | | | | | | | | | | | | |
| ④ | 阻火圈 *De*110 | | | 个 | | | | | | | | | | | | |
| ⑤ | 阻火圈 *De*160 | | | 个 | | | | | | | | | | | | |
| (5) | 公共区域排水管管件 | | | | | | | | | | | | | | | |
| ① | PVC90 度弯头 *De*50 | | | 个 | | | | | | | | | | | | |
| ② | PVC90 度弯头 *De*75 | | | 个 | | | | | | | | | | | | |
| ③ | PVC90 度弯头 *De*110 | | | 个 | | | | | | | | | | | | |
| ④ | PVC 直接 *De*110 | | | 个 | | | | | | | | | | | | |
| ⑤ | PVC 直接 *De*160 | | | 个 | | | | | | | | | | | | |
| ⑥ | PVC 立检口 *De*50 | | | 个 | | | | | | | | | | | | |
| ⑦ | PVC 立检口 *De*110 | | | 个 | | | | | | | | | | | | |
| ⑧ | PVC 斜三通 *De*110×50 | | | 个 | | | | | | | | | | | | |
| ⑨ | PVC 斜三通 *De*110×75 | | | 个 | | | | | | | | | | | | |
| ⑩ | PVC 斜三通 *De*160×110 | | | 个 | | | | | | | | | | | | |

**机电安装材料成本计算** **表 5-3**

| 序号 | 分部分项工程名称 | 规格/型号 | 材料品牌 | 单位 | 总计划 | | | | 本月度 | | | | | | 累计（实际成本） | |
|---|---|---|---|---|---|---|---|---|---|---|---|---|---|---|---|---|
| | | | | | 工程量 | 材料价格 | 材料损耗率 | 合价（元） | 工程量 | | 综合单价 | | 合价（元） | | 工程量 | 合价（元） |
| | | | | | | | | | 目标 | 实际 | 目标 | 实际 | 目标 | 实际 | | |
| ⑪ | PVC 顺水三通 $De50$ | | | 个 | | | | | | | | | | | | |
| ⑫ | PVC 顺水三通 $De75$ | | | 个 | | | | | | | | | | | | |
| ⑬ | PVC 顺水三通 $De110$ | | | 个 | | | | | | | | | | | | |
| ⑭ | PVC 顺水三通 $De160$ | | | 个 | | | | | | | | | | | | |
| ⑮ | PVC 顺水三通 $De75\times50$ | | | 个 | | | | | | | | | | | | |
| ⑯ | PVC 顺水三通 $De110\times50$ | | | 个 | | | | | | | | | | | | |
| ⑰ | PVC 顺水三通 $De110\times75$ | | | 个 | | | | | | | | | | | | |
| ⑱ | PVC 顺水三通 $De160\times110$ | | | 个 | | | | | | | | | | | | |
| ⑲ | PVC 四通 $De50$ | | | 个 | | | | | | | | | | | | |
| ⑳ | P 型存水弯 $De50$（带检查口） | | | 个 | | | | | | | | | | | | |
| ㉑ | P 型存水弯 $De110$ | | | 个 | | | | | | | | | | | | |
| ㉒ | H 管 $De110\times75\times110$ | | | 个 | | | | | | | | | | | | |
| | ………… | | | | | | | | | | | | | | | |
| 四 | 出屋面安装材料 | | | | | | | | | | | | | | | |
| 五 | 合计 | | | | | | | | | | | | | | | |

## 周转材料成本计算表

表 5-4

| 序号 | 分部分项工程名称 | 规格/型号 | 单位 | 总计划 | | | | 本月度 | | | | | | 累计（实际成本） | |
|---|---|---|---|---|---|---|---|---|---|---|---|---|---|---|---|
| | | | | 工程量 | 综合单价 | 材料损耗率 | 合价（元） | 工程量 | | 综合单价 | | 合价（元） | | 工程量 | 合价（元） |
| | | | | | | | | 目标 | 实际 | 目标 | 实际 | 目标 | 实际 | | |
| 一 | ±0 以下工程 | | | | | | | | | | | | | | |
| 二 | 非标准层 | | | | | | | | | | | | | | |
| 三 | 标准层 | | | | | | | | | | | | | | |
| 1 | 墙板临时支撑 | | 套·次 | | | | | | | | | | | | |
| 2 | 叠合梁、楼板支撑 | | $m^2$ | | | | | | | | | | | | |
| 3 | 墙体定位件 1（200×100） | | 个 | | | | | | | | | | | | |
| 4 | 吊装工具 | | 项 | | | | | | | | | | | | |
| 5 | 防护栏杆材料 | | m | | | | | | | | | | | | |
| 6 | 现浇混凝土柱、墙模板 | | $m^2$ | | | | | | | | | | | | |
| 7 | 电梯井字架 | | 座 | | | | | | | | | | | | |
| 8 | 外墙挂架 | | 项 | | | | | | | | | | | | |
| | ………… | | | | | | | | | | | | | | |
| 四 | 出屋面层 | | | | | | | | | | | | | | |
| 五 | 合计 | | 元 | | | | | | | | | | | | |

## 土建劳务分包工程成本计算表

表 5-5

| 序号 | 分部分项工程名称 | 工作内容 | 单位 | 总计划 | | | 本月度 | | | | | | 累计（实际成本） | |
|---|---|---|---|---|---|---|---|---|---|---|---|---|---|---|
| | | | | 工程量 | 综合单价 | 合价（元） | 工程量 | | 综合单价 | | 合价（元） | | 工程量 | 合价（元） |
| | | | | | | | 目标 | 实际 | 目标 | 实际 | 目标 | 实际 | | |
| 一 | ±0 以下工程 | | | | | | | | | | | | | |
| 二 | 非标准层 | | | | | | | | | | | | | |
| 三 | 标准层 | | | | | | | | | | | | | |
| 1 | PC 构件吊装（含支撑搭设） | | $m^2$ | | | | | | | | | | | |
| 2 | 套筒灌浆 | | 个 | | | | | | | | | | | |
| 3 | 现浇构件钢筋制作、安装 | | t | | | | | | | | | | | |
| 4 | 电渣压力焊接 | | 个 | | | | | | | | | | | |
| 5 | 套筒连接 | | 个 | | | | | | | | | | | |
| 6 | 现浇混凝土工程 | | $m^3$ | | | | | | | | | | | |
| 1） | 非泵送商品混凝土 | | $m^3$ | | | | | | | | | | | |
| 2） | 泵送商品混凝土 | | $m^3$ | | | | | | | | | | | |
| 7 | 模板工程 | | $m^2$ | | | | | | | | | | | |
| 8 | 电梯井字架搭、拆 | | 座 | | | | | | | | | | | |
| 9 | 外墙挂架搭拆 | | 项 | | | | | | | | | | | |
| 10 | 防护栏杆搭拆 | | 项 | | | | | | | | | | | |
| | ………… | | | | | | | | | | | | | |
| 四 | 出屋面层 | | | | | | | | | | | | | |
| 五 | 安全文明施工费 | | 元 | | | | | | | | | | | |
| 六 | 管理费和利润 | | 元 | | | | | | | | | | | |
| 七 | 税金 | | 元 | | | | | | | | | | | |
| 八 | 合计 | | 元 | | | | | | | | | | | |

**装修劳务分包工程成本计算表**

表 5-6

| 序号 | 分部分项工程名称 | 工作内容 | 单位 | 总计划 | | | 本月度 | | | | | | 累计（实际成本） | |
|---|---|---|---|---|---|---|---|---|---|---|---|---|---|---|
| | | | | 工程量 | 综合单价 | 合价（元） | 工程量 | | 综合单价 | | 合价（元） | | 工程量 | 合价（元） |
| | | | | | | | 目标 | 实际 | 目标 | 实际 | 目标 | 实际 | | |
| 一 | ±0 以下工程装修劳务 | | | | | | | | | | | | | |
| 二 | 非标准层装修劳务 | | | | | | | | | | | | | |
| 三 | 标准层装修劳务 | | | | | | | | | | | | | |
| 1 | 户内装修施工工程 | | | | | | | | | | | | | |
| 1） | 户内初装修工程 | | | | | | | | | | | | | |
| （1） | 楼板、墙板勾缝处理 | | m | | | | | | | | | | | |
| （2） | 墙面抹灰 | | $m^2$ | | | | | | | | | | | |
| （3） | 地面找平 | | $m^2$ | | | | | | | | | | | |
| （4） | 门洞大芯板打底 | | 套 | | | | | | | | | | | |
| 2） | 户内精装修 | | | | | | | | | | | | | |
| （1） | 贴地砖 | | $m^2$ | | | | | | | | | | | |
| （2） | 贴墙砖 | | $m^2$ | | | | | | | | | | | |
| （3） | 户内打胶 | | m | | | | | | | | | | | |
| （4） | 带胶头不锈钢门碰 | | 个 | | | | | | | | | | | |
| （5） | 部品部件安装费 | | | | | | | | | | | | | |
| ① | 整体浴室安装 | | 套 | | | | | | | | | | | |
| ② | 厨柜安装 | | 套 | | | | | | | | | | | |
| ③ | 套装门 | | 套 | | | | | | | | | | | |
| ④ | 半门套 | | 套 | | | | | | | | | | | |
| ⑤ | 门套 | | 套 | | | | | | | | | | | |
| | ………… | | | | | | | | | | | | | |

装修劳务分包工程成本计算表

表 5-6

| 序号 | 分部分项工程名称 | 工作内容 | 单位 | 总计划 | | | 本月度 | | | | | | 累计（实际成本） | |
|---|---|---|---|---|---|---|---|---|---|---|---|---|---|---|
| | | | | 工程量 | 综合单价 | 合价（元） | 工程量 | | 综合单价 | | 合价（元） | | 工程量 | 合价（元） |
| | | | | | | | 目标 | 实际 | 目标 | 实际 | 目标 | 实际 | | |
| 2 | 公共区域装修施工工程 | | | | | | | | | | | | | |
| 1） | 电梯前室及过道 | | | | | | | | | | | | | |
| （1） | 楼板、墙板勾缝处理 | | m | | | | | | | | | | | |
| （2） | 墙面抹灰 | | $m^2$ | | | | | | | | | | | |
| （3） | 电梯门套基层 | | $m^2$ | | | | | | | | | | | |
| （4） | 贴地砖 | | $m^2$ | | | | | | | | | | | |
| （5） | 贴墙砖 | | $m^2$ | | | | | | | | | | | |
| （6） | 矿棉板天花 | | $m^2$ | | | | | | | | | | | |
| 2） | 楼梯间及前室 | | | | | | | | | | | | | |
| （1） | 水泥砂浆地面 | 清理基层、调运砂浆、刷素水泥浆、抹面、压光、养护 | $m^2$ | | | | | | | | | | | |
| （2） | 踢脚线 | 基层处理，刷涂料一底两面 | m | | | | | | | | | | | |
| 3 | 措施项目费（装饰脚手架、成品保护等） | | $m^2$ | | | | | | | | | | | |
| 4 | 卫生清洁费 | | $m^2$ | | | | | | | | | | | |
| 四 | 出屋面层装修工程 | | | | | | | | | | | | | |
| 五 | 管理费和利润 | | 元 | | | | | | | | | | | |
| 六 | 税金 | | 元 | | | | | | | | | | | |
| 七 | 合计 | | 元 | | | | | | | | | | | |

**机电劳务分包工程成本计算表** 　　表 5-7

| 序号 | 分部分项工程名称 | 工作内容 | 单位 | 总计划 | | | 本月度 | | | | | | 累计（实际成本） | |
|---|---|---|---|---|---|---|---|---|---|---|---|---|---|---|
| | | | | 工程量 | 综合单价 | 合价（元） | 工程量 | | 综合单价 | | 合价（元） | | 工程量 | 合价（元） |
| | | | | | | | 目标 | 实际 | 目标 | 实际 | 目标 | 实际 | | |
| 一 | ±0 以下工程安装劳务 | | $m^2$ | | | | | | | | | | | |
| 二 | 非标准层安装劳务 | | $m^2$ | | | | | | | | | | | |
| 三 | 标准层安装劳务 | | $m^2$ | | | | | | | | | | | |
| 1） | 水电预埋 | | $m^2$ | | | | | | | | | | | |
| 2） | 水电安装 | | $m^2$ | | | | | | | | | | | |
| 四 | 屋面工程安装劳务 | | $m^2$ | | | | | | | | | | | |
| 五 | 管理费和利润 | | 元 | | | | | | | | | | | |
| 六 | 税金 | | 元 | | | | | | | | | | | |
| 七 | 合计 | | 元 | | | | | | | | | | | |

## 专项分包工程成本计算表

表 5-8

<table>
<tr><th rowspan="3">序号</th><th rowspan="3">分部分项工程名称</th><th rowspan="3">工作内容</th><th rowspan="3">单位</th><th colspan="3">总计划</th><th colspan="6">本月度</th><th colspan="2">累计（实际成本）</th></tr>
<tr><th rowspan="2">工程量</th><th rowspan="2">综合单价</th><th rowspan="2">合价（元）</th><th colspan="2">工程量</th><th colspan="2">综合单价</th><th colspan="2">合价（元）</th><th rowspan="2">工程量</th><th rowspan="2">合价（元）</th></tr>
<tr><th>目标</th><th>实际</th><th>目标</th><th>实际</th><th>目标</th><th>实际</th></tr>
<tr><td>一</td><td>±0 以下专项分包</td><td></td><td></td><td></td><td></td><td></td><td></td><td></td><td></td><td></td><td></td><td></td><td></td><td></td></tr>
<tr><td>二</td><td>非标准层专项分包</td><td></td><td></td><td></td><td></td><td></td><td></td><td></td><td></td><td></td><td></td><td></td><td></td><td></td></tr>
<tr><td>三</td><td>标准层专项分包</td><td></td><td></td><td></td><td></td><td></td><td></td><td></td><td></td><td></td><td></td><td></td><td></td><td></td></tr>
<tr><td>1</td><td>建筑部件</td><td></td><td></td><td></td><td></td><td></td><td></td><td></td><td></td><td></td><td></td><td></td><td></td><td></td></tr>
<tr><td>1）</td><td>外墙涂料工程</td><td></td><td>$m^2$</td><td></td><td></td><td></td><td></td><td></td><td></td><td></td><td></td><td></td><td></td><td></td></tr>
<tr><td>2）</td><td>空调板刷防水涂料</td><td></td><td>$m^2$</td><td></td><td></td><td></td><td></td><td></td><td></td><td></td><td></td><td></td><td></td><td></td></tr>
<tr><td>3）</td><td>外墙缝防水</td><td></td><td>m</td><td></td><td></td><td></td><td></td><td></td><td></td><td></td><td></td><td></td><td></td><td></td></tr>
<tr><td>4）</td><td>铝合金门窗</td><td></td><td>$m^2$</td><td></td><td></td><td></td><td></td><td></td><td></td><td></td><td></td><td></td><td></td><td></td></tr>
<tr><td>5）</td><td>单元门</td><td></td><td>$m^2$</td><td></td><td></td><td></td><td></td><td></td><td></td><td></td><td></td><td></td><td></td><td></td></tr>
<tr><td>6）</td><td>铝合金百叶</td><td></td><td>$m^2$</td><td></td><td></td><td></td><td></td><td></td><td></td><td></td><td></td><td></td><td></td><td></td></tr>
<tr><td>7）</td><td>轻钢雨棚</td><td></td><td>$m^2$</td><td></td><td></td><td></td><td></td><td></td><td></td><td></td><td></td><td></td><td></td><td></td></tr>
<tr><td>8）</td><td>栏杆及扶手</td><td></td><td>m</td><td></td><td></td><td></td><td></td><td></td><td></td><td></td><td></td><td></td><td></td><td></td></tr>
<tr><td>9）</td><td>入户门</td><td></td><td>樘</td><td></td><td></td><td></td><td></td><td></td><td></td><td></td><td></td><td></td><td></td><td></td></tr>
<tr><td>10）</td><td>防火门</td><td></td><td>$m^2$</td><td></td><td></td><td></td><td></td><td></td><td></td><td></td><td></td><td></td><td></td><td></td></tr>
<tr><td>11）</td><td>成品装饰线条</td><td></td><td>m</td><td></td><td></td><td></td><td></td><td></td><td></td><td></td><td></td><td></td><td></td><td></td></tr>
<tr><td>12）</td><td>烟道/排气道</td><td></td><td>m</td><td></td><td></td><td></td><td></td><td></td><td></td><td></td><td></td><td></td><td></td><td></td></tr>
<tr><td>13）</td><td>外墙变形缝</td><td></td><td>m</td><td></td><td></td><td></td><td></td><td></td><td></td><td></td><td></td><td></td><td></td><td></td></tr>
</table>

**专项分包工程成本计算表**

**表 5-8**

| 序号 | 分部分项工程名称 | 工作内容 | 单位 | 总计划 | | | 本月度 | | | | | | 累计（实际成本） | |
|---|---|---|---|---|---|---|---|---|---|---|---|---|---|---|
| | | | | 工程量 | 综合单价 | 合价（元） | 工程量 | | 综合单价 | | 合价（元） | | 工程量 | 合价（元） |
| | | | | | | | 目标 | 实际 | 目标 | 实际 | 目标 | 实际 | | |
| 2 | 装修专项分包 | | | | | | | | | | | | | |
| 1） | 户内装修 | | | | | | | | | | | | | |
| （1） | 户内初装修 | | | | | | | | | | | | | |
| ① | 厨房、阳台、卫生间防水 | | $m^2$ | | | | | | | | | | | |
| ② | 墙面、天花刮腻子 | | $m^2$ | | | | | | | | | | | |
| （2） | 户内精装修 | | | | | | | | | | | | | |
| ① | 墙面刷墙漆 | | $m^2$ | | | | | | | | | | | |
| ② | 厨房成品铝塑板吊顶 | | $m^2$ | | | | | | | | | | | |
| ③ | 墙纸安装工程 | | $m^2$ | | | | | | | | | | | |
| ④ | 强化复合地板 | | $m^2$ | | | | | | | | | | | |
| ⑤ | 人造石飘窗板 | | $m^2$ | | | | | | | | | | | |
| ⑥ | 门踏板、窗台板 | | m | | | | | | | | | | | |
| 2） | 公共区域装修 | | | | | | | | | | | | | |
| （1） | 电梯不锈钢门套 | | $m^2$ | | | | | | | | | | | |
| （2） | 墙面、天花刮腻子 | | $m^2$ | | | | | | | | | | | |
| （3） | 墙面、天花刷墙漆 | | $m^2$ | | | | | | | | | | | |

**专项分包工程成本计算表** 表 5-8

| 序号 | 分部分项工程名称 | 工作内容 | 单位 | 总计划 | | | 本月度 | | | | | | 累计（实际成本） | |
|---|---|---|---|---|---|---|---|---|---|---|---|---|---|---|
| | | | | 工程量 | 综合单价 | 合价（元） | 工程量 | | 综合单价 | | 合价（元） | | 工程量 | 合价（元） |
| | | | | | | | 目标 | 实际 | 目标 | 实际 | 目标 | 实际 | | |
| 3 | 机电专项分包 | | | | | | | | | | | | | |
| 1） | 电梯工程 | | 台 | | | | | | | | | | | |
| 2） | 弱电工程 | | $m^2$ | | | | | | | | | | | |
| 3） | 三网工程 | | $m^2$ | | | | | | | | | | | |
| 4） | 消防工程 | | $m^2$ | | | | | | | | | | | |
| 5） | 供水工程 | | $m^2$ | | | | | | | | | | | |
| 6） | 燃气工程 | | 户 | | | | | | | | | | | |
| 7） | 高低压配电工程 | | $m^2$ | | | | | | | | | | | |
| 四 | 出屋面工程 | | | | | | | | | | | | | |
| 五 | 合计 | | 元 | | | | | | | | | | | |

**施工机械费成本计算表**

表 5-9

| 序号 | 分部分项工程名称 | 工作内容 | 单位 | 总计划 | | | 本月度 | | | | | | 累计（实际成本） | |
|---|---|---|---|---|---|---|---|---|---|---|---|---|---|---|
| | | | | 工程量 | 综合单价 | 合价（元） | 工程量 | | 综合单价 | | 合价（元） | | 工程量 | 合价（元） |
| | | | | | | | 目标 | 实际 | 目标 | 实际 | 目标 | 实际 | | |
| 一 | 塔吊机械 | | | | | | | | | | | | | |
| 1 | 塔吊基础 | | 个 | | | | | | | | | | | |
| 2 | 塔吊进出场费 | | 台 | | | | | | | | | | | |
| 3 | 塔吊安拆费 | | 台 | | | | | | | | | | | |
| 4 | 塔吊机械使用费 | | 台班 | | | | | | | | | | | |
| 1） | 塔吊机械人工费 | | 月·台 | | | | | | | | | | | |
| 2） | 塔吊使用电费 | | kW·h | | | | | | | | | | | |
| 3） | 塔吊的租赁费 | | 月·台 | | | | | | | | | | | |
| 二 | 施工电梯 | | | | | | | | | | | | | |
| 1 | 电梯基础 | | 个 | | | | | | | | | | | |
| 2 | 施工电梯进出场 | | 台 | | | | | | | | | | | |
| 3 | 施工电梯安拆费 | | 台 | | | | | | | | | | | |
| 4 | 施工电梯使用费 | | 台班 | | | | | | | | | | | |
| 1） | 施工电梯机械人工费 | | 月·台 | | | | | | | | | | | |
| 2） | 施工电梯使用电费 | | kW·h | | | | | | | | | | | |
| 3） | 施工电梯租赁费 | | 月·台 | | | | | | | | | | | |
| 三 | 合计 | | 元 | | | | | | | | | | | |

**临建及CI费成本计算表** 表5-10

| 序号 | 分部分项工程名称 | 单位 | 总计划 | | | | | 累计（实际成本） | | | 本月度摊销（元） | 累计摊销（元） |
|---|---|---|---|---|---|---|---|---|---|---|---|---|
| | | | 数量 | 购买/租赁单价 | 摊销比例/租赁期 | 合计（元） | | 数量 | 综合单价 | 合计（元） | | |
| | | | | | | 投入 | 摊销 | | | | | |
| 一 | 临时办公及生活用房 | 元 | | | | | | | | | | |
| 1 | 办公用活动板房 | $m^2$ | | | | | | | | | | |
| 2 | 生活用活动板房 | $m^2$ | | | | | | | | | | |
| 3 | 临电可周转材料费（电缆等） | 元 | | | | | | | | | | |
| 4 | 门卫室岗亭 | 个 | | | | | | | | | | |
| 5 | CI标牌 | 元 | | | | | | | | | | |
| 6 | 柒牌一图（不锈钢支架） | 个 | | | | | | | | | | |
| 7 | 安全通道、电井房（因方案变更，原安全通道材料闲置） | 元 | | | | | | | | | | |
| 8 | 大门 | 个 | | | | | | | | | | |
| 9 | 小门 | 个 | | | | | | | | | | |
| 二 | 临时围墙及其他土建工程 | 元 | | | | | | | | | | |
| 1 | 新建板房基础 | 元 | | | | | | | | | | |
| 2 | 场坪混凝土地面 | $m^2$ | | | | | | | | | | |
| 3 | 排水沟 | m | | | | | | | | | | |
| 4 | 围墙（含基础、抹灰及涂料） | m | | | | | | | | | | |
| 5 | 砖砌大门柱 | 个 | | | | | | | | | | |
| 6 | 砖砌配电房 | 个 | | | | | | | | | | |
| 7 | 砖砌洗碗池 | 个 | | | | | | | | | | |
| 8 | 砖砌洗衣台 | 个 | | | | | | | | | | |
| 9 | 晾衣架 | 个 | | | | | | | | | | |
| 10 | 水池 | 个 | | | | | | | | | | |

**临建及 CI 费成本计算表** 表 5-10

| 序号 | 分部分项工程名称 | 单位 | 总计划 | | | | | 累计（实际成本） | | | 本月度摊销（元） | 累计摊销（元） |
|---|---|---|---|---|---|---|---|---|---|---|---|---|
| | | | 数量 | 购买/租赁单价 | 摊销比例/租赁期 | 合计（元） | | 数量 | 综合单价 | 合计（元） | | |
| | | | | | | 投入 | 摊销 | | | | | |
| 11 | 洗车槽 | 个 | | | | | | | | | | |
| 12 | 化粪池 | 个 | | | | | | | | | | |
| 13 | 沉淀池 | 个 | | | | | | | | | | |
| 14 | 蓄水池 | 个 | | | | | | | | | | |
| 15 | 标养室（含标养室砌筑及设备） | 个 | | | | | | | | | | |
| 16 | 绿化（含花坛的砌筑及种植花草） | $m^2$ | | | | | | | | | | |
| 17 | 临时水电工程劳务费 | 工日 | | | | | | | | | | |
| 18 | 砖砌洗手池 | 个 | | | | | | | | | | |
| 20 | 零星用工（钢筋除锈、运钢模等） | 工日 | | | | | | | | | | |
| 三 | 水、电费 | 元 | | | | | | | | | | |
| 1 | 生产用水费 | t | | | | | | | | | | |
| 2 | 生活用水费 | t | | | | | | | | | | |
| 3 | 生产用电费（办公区用电，及小型机器具用电） | kW·h | | | | | | | | | | |
| 4 | 生活电费 | kW·h | | | | | | | | | | |
| 四 | 施工道路 | 元 | | | | | | | | | | |
| 1 | 道路整平 | $m^2$ | | | | | | | | | | |
| 2 | 路基工程 | $m^2$ | | | | | | | | | | |
| 3 | 路面工程 | $m^2$ | | | | | | | | | | |
| 五 | 安全文明施工及 CI 费用 | 元 | | | | | | | | | | |
| 六 | 合计 | 元 | | | | | | | | | | |

**间接费成本计算表** 表 5-11

| 序号 | 费用名称 | 单位 | 总计划 | | | | 累计实际成本 | | | | 本月度摊销（元） | 累计摊销（元） | 备注 |
|---|---|---|---|---|---|---|---|---|---|---|---|---|---|
| | | | 数量 | 单价 | 时间 | 合价（元） | 数量 | 单价 | 时间 | 合价（元） | | | |
| 一 | 管理费用 | 元 | | | | | | | | | | | |
| 1 | 管理人员工资、津贴、福利 | 元 | | | | | | | | | | | |
| 2 | 差旅费、交通及通讯费 | 元 | | | | | | | | | | | |
| 3 | 办公设备购置及房租费 | 元 | | | | | | | | | | | |
| 4 | 其他费用 | 元 | | | | | | | | | | | |
| 5 | 现场办公及资料费 | 元 | | | | | | | | | | | |
| 二 | 总部及分公司管理费 | $m^2$ | | | | | | | | | | | |
| 三 | 业务招待费 | 元 | | | | | | | | | | | |
| 四 | 材料检验试验费 | 元 | | | | | | | | | | | |
| 1 | 钢筋检验 | 元 | | | | | | | | | | | |
| 2 | 混凝土检验 | 元 | | | | | | | | | | | |
| 五 | 工程质量检测费 | 元 | | | | | | | | | | | |
| 六 | 后期维修费用 | 元 | | | | | | | | | | | |
| 七 | 以上间接费合计 | 元 | | | | | | | | | | | |
| 八 | 合计 | | | | | | | | | | | | |

**单项工程成本预算汇总表**

表 5-12

| 序号 | 项目费用名称 | 附表编号 | 投标测算价（元） | 目标成本价（元） | 平米成本（元/$m^2$） | 本月度成本（元） | | | | 自开工累计成本（元） | | | |
|---|---|---|---|---|---|---|---|---|---|---|---|---|---|
| | | | | | | 合同收入 | 目标成本 | 实际成本 | 降低额目标-实际 | 合同收入 | 目标成本 | 实际成本 | 降低额目标-实际 |
| 一 | 工程材料费 | | | | | | | | | | | | |
| 1 | 土建材料费 | | | | | | | | | | | | |
| 2 | 装修材料费 | | | | | | | | | | | | |
| 3 | 水电安装材料 | | | | | | | | | | | | |
| 4 | 周转材料（钢支撑、架管、模板、防护栏杆等） | | | | | | | | | | | | |
| 二 | 劳务分包费（人工、辅材、小型机具等） | | | | | | | | | | | | |
| 1 | 土建工程劳务分包费 | | | | | | | | | | | | |
| 2 | 装修工程劳务分包费 | | | | | | | | | | | | |
| 3 | 安装工程劳务分包费 | | | | | | | | | | | | |
| 三 | 专项分包工程费 | | | | | | | | | | | | |
| 1 | 土建专项分包工程费 | | | | | | | | | | | | |
| 2 | 装修专项分包工程费 | | | | | | | | | | | | |
| 3 | 安装专项分包工程费 | | | | | | | | | | | | |
| 四 | 施工机械费 | | | | | | | | | | | | |
| 1 | 塔吊机械费 | | | | | | | | | | | | |
| 2 | 施工电梯机械费 | | | | | | | | | | | | |
| 五 | 临建及 CI 费 | | | | | | | | | | | | |
| 六 | 间接费 | | | | | | | | | | | | |
| 七 | 规费 | | | | | | | | | | | | |
| 八 | 税金 | | | | | | | | | | | | |
| 九 | 成本合计 | | | | | | | | | | | | |
| 十 | 合同收入 | | | | | | | | | | | | |
| 十一 | 降低额（收入－成本） | | | | | | | | | | | | |
| 十二 | 降低率（降低额/收入×100%） | | | | | | | | | | | | |

附件

# 相 关 文 件

## 国务院办公厅关于大力发展装配式建筑的指导意见

国办发〔2016〕71号

各省、自治区、直辖市人民政府，国务院各部委、各直属机构：

装配式建筑是用预制部品部件在工地装配而成的建筑。发展装配式建筑是建造方式的重大变革，是推进供给侧结构性改革和新型城镇化发展的重要举措，有利于节约资源能源、减少施工污染、提升劳动生产效率和质量安全水平，有利于促进建筑业与信息化工业化深度融合、培育新产业新动能、推动化解过剩产能。近年来，我国积极探索发展装配式建筑，但建造方式大多仍以现场浇筑为主，装配式建筑比例和规模化程度较低，与发展绿色建筑的有关要求以及先进建造方式相比还有很大差距。为贯彻落实《中共中央国务院关于进一步加强城市规划建设管理工作的若干意见》和《政府工作报告》部署，大力发展装配式建筑，经国务院同意，现提出以下意见。

一、总体要求

（一）指导思想。全面贯彻党的十八大和十八届三中、四中、五中全会以及中央城镇化工作会议、中央城市工作会议精神，认真落实党中央、国务院决策部署，按照“五位一体”总体布局和“四个全面”战略布局，牢固树立和贯彻落实创新、协调、绿色、开放、共享的发展理念，按照适用、经济、安全、绿色、美观的要求，推动建造方式创新，大力发展装配式混凝土建筑和钢结构建筑，在具备条件的地方倡导发展现代木结构建筑，不断提高装配式建筑在新建建筑中的比例。坚持标准化设计、工厂化生产、装配化施工、一体化装修、信息化管理、智能化应用，提高技术水平和工程质量，促进建筑产业转型升级。

（二）基本原则。坚持市场主导、政府推动。适应市场需求，充分发挥市场在资源配置中的决定性作用，更好发挥政府规划引导和政策支持作用，形成有利的体制机制和市场环境，促进市场主体积极参与、协同配合，有序发展装配式建筑。坚持分区推进、逐步推广。根据不同地区的经济社会发展状况和产业技术条件，划分重点推进地区、积极推进地区和鼓励推进地区，因地制宜、循序渐进，以点带面、试点先行，及时总结经验，形成局部带动整体的工作格局。坚持顶层设计、协调发展。把协同推进标准、设计、生产、施工、使用维护等作为发展装配式建筑的有效抓手，推动各个环节有机结合，以建造方式变革促进工程建设全过程提质增效，带动建筑业整体水平的提升。

（三）工作目标。以京津冀、长三角、珠三角三大城市群为重点推进地区，常住人口超过300万的其他城市为积极推进地区，其余城市为鼓励推进地区，因地制宜发展装配式混凝土结构、钢结构和现代木结构等装配式建筑。力争用10年左右的时间，使装配式建筑占新建建筑面积的比例达到30%。同时，逐步完善法律法规、技术标准和监管体系，推动形成一批设计、施工、部品部件规模化生产企业，具有现代装配建造水平的工程总承包企业以及与之相适应的专业化技能队伍。

二、重点任务

（四）健全标准规范体系。加快编制装配式建筑国家标准、行业标准和地方标准，支持企业编制标准、加强技术创新，鼓励社会组织编制团体标准，促进关键技术和成套技术研究成果转化为标准规范。强化建筑材料标准、部品部件标准、工程标准之间的衔接。制修订装配式建筑工程定额等计价依据。完善装配式建筑防火抗震防灾标准。研究建立装配式建筑评价标准和方法。逐步建立完善覆盖设计、生产、施工和使用维护全过程的装配式建筑标准规范体系。

（五）创新装配式建筑设计。统筹建筑结构、机电设备、部品部件、装配施工、装饰装修，推行装配式建筑一体化集成设计。推广通用化、模数化、标准化设计方式，积极应用建筑信息模型技术，提高建筑领域各专业协同设计能力，加强对装配式建筑建设全过程的指导和服务。鼓励设计单位与科研院所、高校等联合开发装配式建筑设计技术和通用设计软件。

（六）优化部品部件生产。引导建筑行业部品部件生产企业合理布局，提高产业聚集度，培育一批技术先进、专业配套、管理规范的骨干企业和生产基地。支持部品部件生产企业完善产品品种和规格，促进专业化、标准化、规模化、信息化生产，优化物流管理，合理组织配送。积极引导设备制造企业研发部品部件生产装备机具，提高自动化和柔性加工技术水平。建立部品部件质量验收机制，确保产品质量。

（七）提升装配施工水平。引导企业研发应用与装配式施工相适应的技术、设备和机具，提高部品部件的装配施工连接质量和建筑安全性能。鼓励企业创新施工组织方式，推行绿色施工，应用结构工程与分部分项工程协同施工新模式。支持施工企业总结编制施工工法，提高装配施工技能，实现技术工艺、组织管理、技能队伍的转变，打造一批具有较高装配施工技术水平的骨干企业。

（八）推进建筑全装修。实行装配式建筑装饰装修与主体结构、机电设备协同施工。积极推广标准化、集成化、模块化的装修模式，促进整体厨卫、轻质隔墙等材料、产品和设备管线集成化技术的应用，提高装配化装修水平。倡导菜单式全装修，满足消费者个性化需求。

（九）推广绿色建材。提高绿色建材在装配式建筑中的应用比例。开发应用品质优良、节能环保、功能良好的新型建筑材料，并加快推进绿色建材评价。鼓励装饰与保温隔热材料一体化应用。推广应用高性能节能门窗。强制淘汰不符合节能环保要求、质量性能差的建筑材料，确保安全、绿色、环保。

（十）推行工程总承包。装配式建筑原则上应采用工程总承包模式，可按照技术复杂类工程项目招投标。工程总承包企业要对工程质量、安全、进度、造价负总责。要健全与装配式建筑总承包相适应的发包承包、施工许可、分包管理、工程造价、质量安全监管、竣工验收等制度，实现工程设计、部品部件生产、施工及采购的统一管理和深度融合，优化项目管理方式。鼓励建立装配式建筑产业技术创新联盟，加大研发投入，增强创新能力。支持大型设计、施工和部品部件生产企业通过调整组织架构、健全管理体系，向具有工程管理、设计、施工、生产、采购能力的工程总承包企业转型。

（十一）确保工程质量安全。完善装配式建筑工程质量安全管理制度，健全质量安全责任体系，落实各方主体质量安全责任。加强全过程监管，建设和监理等相关方可采用驻厂监造等方式加强部品部件生产质量管控；施工企业要加强施工过程质量安全控制和检验检测，完善装配施工质量保证体系；在建筑物明显部位设置永久性标牌，公示质量安全责任主体和主要责任人。加强行业监管，明确符合装配式建筑特点的施工图审查要求，建立全过程质量追溯制度，加大抽查抽测力度，严肃查处质量安全违法违规行为。

三、保障措施

（十二）加强组织领导。各地区要因地制宜研究提出发展装配式建筑的目标和任务，建立健全工作机制，完善配套政策，组织具体实施，确保各项任务落到实处。各有关部门要加大指导、协调和支持力度，将发展装配式建筑作为贯彻落实中央城市工作会议精神的重要工作，列入城市规划建设管理工作监督考核指标体系，定期通报考核结果。

（十三）加大政策支持。建立健全装配式建筑相关法律法规体系。结合节能减排、产业发展、科技创新、污染防治等方面政策，加大对装配式建筑的支持力度。支持符合高新技术企业条件的装配式建筑部品部件生产企业享受相关优惠政策。符合新型墙体材料目录的部品部件生产企业，可按规定享受增值税即征即退优惠政策。在土地供应中，可将发展装配式建筑的相关要求纳入供地方案，并落实到土地使用合同中。鼓励各地结合实际出台支持装配式建筑发展的规划审批、土地供应、基础设施配套、财政金融等相关政策措施。政府投资工程要带头发展装配式建筑，推动装配式建筑“走出去”。在中国人居环境奖评选、国家生态园林城市评估、绿色建筑评价等工作中增加装配式建筑方面的指标要求。

（十四）强化队伍建设。大力培养装配式建筑设计、生产、施工、管理等专业人才。鼓励高等学校、职业学校设置装配式建筑相关课程，推动装配式建筑企业开展校企合作，创新人才培养模式。在建筑行业专业技术人员继续教育中增加装配式建筑相关内容。加大职业技能培训资金投入，建立培训基地，加强岗位技能提升培训，促进建筑业农民工向技术工人转型。加强国际交流合作，积极引进海外专业人才参与装配式建筑的研发、生产和管理。

（十五）做好宣传引导。通过多种形式深入宣传发展装配式建筑的经济社会效益，广泛宣传装配式建筑基本知识，提高社会认知度，营造各方共同关注、支持装配式建筑发展的良好氛围，促进装配式建筑相关产业和市场发展。

国务院办公厅
2016 年 9 月 27 日

# 北京市住房和城乡建设委员会关于执行2017年《〈北京市建设工程计价依据——预算消耗量定额〉装配式房屋建筑工程》有关规定的通知

京建法〔2017〕8号

各有关单位：

为贯彻执行2017年《〈北京市建设工程计价依据——预算消耗量定额〉装配式房屋建筑工程》（以下简称“定额”），规范装配式房屋建筑工程计价行为，引导市场合理确定并有效控制工程造价，现就有关规定通知如下：

一、适用范围

本定额适用于北京市行政区域内按照国家和本市相关标准、要求建设的装配式房屋建筑工程。其中，装配式混凝土房屋建筑工程是指建筑高度在60米（含）以下、单体建筑预制率不低于40%或建筑高度在60米以上、单体建筑预制率不低于20%的项目。

二、定额作用

（一）本定额作为国有资金投资工程编制建设工程预算、编制最高投标限价的依据，作为编制工程投标报价、确定工程施工承包合同签约合同价的参考依据。

（二）本定额为在正常施工条件下完成规定计量单位的合格产品所消耗的人工、材料、施工机具的数量标准。

三、计价规定

（一）本定额中人工、材料、机械等要素的价格执行预算编制当期的市场价格，市场价格不包含增值税可抵扣进项税。

（二）本定额中其他材料费、其他机具费，分别以材料费（不含其他材料费）、人工费为基数按“%”计算。

（三）本定额未包含的项目，除另有说明外，按2012年《北京市建设工程计价依据——预算定额》相应定额子目执行。

（四）因设计变更导致装配式混凝土住宅工程预制率发生变化的，竣工结算适用的企业管理费率和利润率按合同约定执行。

四、其他规定

（一）装配式混凝土住宅工程定额工期，±0.000标高以上部分按2009年《北京市建设工程工期定额》全现浇结构住宅工程定额工期乘以系数0.93计算。

（二）本通知规定的适用范围以外的其他工程，按2012年《北京市建设工程计价依据——预算定额》执行。

（三）装配式房屋建筑工程需要补充的项目，按《2012预算定额的补充预算定额申报流程》（京建发〔2014〕57号）规定的流程办理。

五、执行时间

本通知自2017年6月1日起执行。2017年5月31日（含）前，已发出招标文件或依法已签订工程施工合同的工程，仍按原规定执行。

北京市住房和城乡建设委员会

2017年5月18日

# 广东省住房和城乡建设厅文件

粤建科〔2017〕151号

## 广东省住房和城乡建设厅关于印发《广东省装配式建筑工程综合定额（试行）》的通知

各地级以上市及顺德区住房城乡建设主管部门，各有关单位：

为贯彻落实《国务院办公厅关于大力发展装配式建筑的指导意见》（国办发〔2016〕71号）、《广东省人民政府办公厅关于大力发展装配式建筑的实施意见》（粤府办〔2017〕28号）等文件要求，满足装配式建筑工程计价需要，我厅组织制订了《广东省装配式建筑工程综合定额（试行）》（以下简称“本综合定额”），现印发给你们，自2017年8月1日起施行。

本综合定额是我省装配式建筑工程计价的标准，是编审装配式建筑工程设计概算、招标控制价、施工因预算、工程计量与价款支付、工程价款调整、竣工结算，以及调解工程造价纠纷、鉴定工程造价的依据。

本综合定额作为《广东省建筑与装饰工程综合定额（2010）》的组成部分，与2010版广东省建设工程计价依据配套使用。凡在2017年8月1日起经招标管理机构批准招标或非招标来签订合同的装配式建筑工程，均执行本综合定额；2017年8月1日前已发出招标文件或已签订合同的装配式建筑工程，有约定的按其约定计价，没有约定的则不得调整。

本综合定额的勘误、解释、补充、修改等工作由广东省建设工程造价管理总站负责。各单位在执行过程中遇到的问题，请及时向广东省建设工程造价管理总站反映。

广东省住房和城乡建设厅
2017年7月7日

# 湖南省住房和城乡建设厅<br>关于印发《湖南省装配式建设工程消耗量标准（试行）》的通知

湘建价〔2016〕237号

各市州住房和城乡建设局（建委、规划建设局），各有关单位：

为配合发展装配式建筑，我厅按照国务院和省政府统一部署，组织编制了《湖南省装配式建设工程消耗量标准（试行）》（以下简称《装配式标准》），现印发给你们，并就有关事项通知如下：

一、《装配式标准》与2014年《湖南省建设工程计价办法》及《湖南省建设工程消耗量标准》配套使用，补充工程量清单与《建设工程工程量清单计价规范》（GB 50500—2013）配套使用。

二、《装配式标准》的取费标准按《湖南省住房和城乡建设厅关于调整补充增值税条件下建设工程计价依据的通知》（湘建价〔2016〕160号）执行。

三、本通知自2017年3月1日起施行。我厅2015年12月24日印发的《湖南省住房和城乡建设厅关于印发〈湖南省装配式混凝土—现浇剪力墙结构住宅计价依据〉的通知》（湘建价〔2015〕191号）同时废止。

实施过程中，如有任何意见或建议请及时反馈至省造价管理总站。联系电话：0731—85588382。

湖南省住房和城乡建设厅
2016年12月30日

# 关于发布《安徽省工业化建筑计价定额》的通知

建标〔2015〕242号

各市住房城乡建设委（城乡建设委、城乡规划建设委），广德、宿松县住房城乡建设委（局），省直有关单位：

为加快推进我省建筑产业现代化发展，满足工业化建筑计价需要，我厅组织编制了《安徽省工业化建筑计价定额》，现予发布，并就有关事项通知如下：

一、本计价定额适用于安徽省内的工业化建筑工程。

二、本计价定额是编制和审查工业化建筑设计概算、施工图预算的指导性依据，是编制与审核最高投标限价、调解处理工程造价纠纷以及鉴定工程造价的依据，是企业投标报价和工程结算的参考依据。

三、本计价定额自2015年11月1日起施行。

四、本计价定额由安徽省建设工程造价管理总站负责解释和管理。

2015年10月16日

# 江苏省住房和城乡建设厅文件

苏建价〔2017〕83号

## 省住房城乡建设厅关于印发《江苏省装配式混凝土建筑工程定额（试行)》的通知

各设区市建设局（委），省有关厅、局：

为了落实《国务院办公厅关于大力发展装配式建筑的指导意见》（国办发〔2016〕71号文），为装配式混凝土建筑工程提供计价依据，我厅组织编制了《江苏省装配式混凝土建筑工程定额（试行)》，现予颁发，自2017年4月1日起执行。适用于2017年4月1日起发布招标文件的招投标工程和签订施工合同的非招投标工程。

上述定额由江苏省建设工程造价管理总站负责解释和管理。

江苏省住房和城乡建设厅
2017年2月20日

# 《装配式建筑工程消耗量定额》自3月1日起施行

发布部门：浙江省住房和城乡建设厅　发布时间：2017年02月21日

为贯彻落实中央城市工作会议精神和《国务院办公厅关于大力发展装配式建筑的指导意见》，满足装配式建筑工程计价需要，住房城乡建设部发布《装配式建筑工程消耗量定额》（以下简称《装配式定额》），自2017年3月1日起执行。《装配式定额》由浙江省住房和城乡建设厅牵头主编完成，省建设工程造价管理总站承担了《装配式建筑工程消耗量定额》具体编制工作。

《装配式定额》结合目前推行装配式建筑的特点，根据《工业化建筑评价标准》（GB/T 51129—2015），针对标准化设计、工厂化制作、装配化施工、一体化装修、信息化管理、智能化应用建筑特征的建筑产品，编制了装配式混凝土结构工程、装配式钢结构工程、装配式木结构工程、建筑构件及部品工程、措施项目等五部分内容，编制了236个子目，填补和完善了全国装配式建筑工程计价体系的空白。

《装配式定额》的人工、材料、机械消耗量标准，充分考虑环境保护、扬尘整治、节能减排、工期进度、社会人力资源整合利用等因素，综合分析经济效益、社会效益、环境效益。《装配式定额》采用适度先进的消耗量水平，倒逼生产企业按照标准提高生产工艺和效率，降低成本，推进行业转型升级，为实现装配式建筑工程标准、规范、定额一体化提供基础保障。

《装配式定额》将绿色环保的设计理念、施工技术和工艺，通过价格的形式提供给建设各方主体，将技术与经济深度融合，为建设单位科学决策提供了更为客观的参考。

（省建设工程造价管理总站　供稿）

# 关于颁布《河北省装配式混凝土结构工程定额（试行)》《河北省装配式混凝土结构工程工程量清单（试行)》的通知

各市（含定州、辛集市）住房和城乡建设局（建设局）：

为推进我省建筑产业现代化发展，满足建筑工业化生产计价的需要，合理确定和有效控制工程造价，我厅组织编制了《河北省装配式混凝土结构工程定额（试行)》及其费率、《河北省装配式混凝土结构工程工程量清单（试行)》，现予颁布，自 2016 年 9 月 1 日起施行。

本定额和本清单由省工程建设造价管理总站负责管理和解释。请在施行过程中积累资料，及时反馈意见和建议，以臻完善。

附件：河北省装配式混凝土结构工程定额（试行）；河北省装配式混凝土结构工程工程量清单（试行）

河北省住房和城乡建设厅

2016 年 8 月 17 日

# 山东省住房和城乡建设厅

鲁建标字［2015］17号

## 关于发布《山东省装配整体式混凝土结构建筑工程补充定额（试行）》的通知

发布时间：2015-11-17　08：48

各市住房和城乡建委（建设局）、各有关单位：

为进一步完善我省建设工程造价计价依据体系，适应建筑市场发展需要，推进建筑产业创新驱动、转型升级和绿色发展，切实转变建设模式和建筑业发展方式，我厅组织编制了《山东省装配整体式混凝土结构建筑工程补充定额（试行）》（以下简称本定额），现予以发布，并就有关问题通知如下：

一、本定额自2015年12月1日起试行。凡在试行日之前已签订合同的工程，仍按原合同及有关规定执行。

二、本定额适用于山东省行政区域内装配整体式混凝土结构建筑工程。

三、装配整体式混凝土结构建筑工程按《山东省建设工程费用项目组成及计算规则》中“建筑工程”有关规定计取各项费用。

四、本定额由山东省工程建设标准定额站负责管理、解释。

五、在执行过程中遇到的问题，请及时反映给山东省工程建设标准定额站。

附件：山东省装配整体式混凝土结构建筑工程补充定额（试行）

2015年10月21日
省标准定额站